“十二五”普通高等教育本科国家级规划教材
中国科学技术大学国家基础科学人才培养基地物理学丛书
主　编　杨国桢　副主编　程福臻　叶邦角

力学与理论力学(下册)

(第三版)

秦　敢　向守平　编著

科学出版社
北　京

内 容 简 介

本书是《力学与理论力学》的下册，即理论力学部分，也是“中国科学技术大学国家基础科学人才培养基地物理学丛书”中的一本. 本书是作者在中国科学技术大学授课时所用讲稿的基础上，经过近二十年的教学实践不断修改而成的，其特点是分析力学贯穿整个教材，介绍了拉格朗日力学和哈密顿力学的基本内容，以及它们在几个典型问题上的应用. 本书注意各章节的逻辑顺序，叙事风格平实无华，原理阐述深入浅出，例题与相应知识点密切结合，并为其他学科开设了一些窗口和接口. 本书旨在帮助学生理解从牛顿力学到分析力学的视角转换，培养抽象思维能力，开拓思路，为后续课程的学习打好基础.

本书可作为综合性大学及理工类院校的理论力学教材或参考书，也可供大专院校物理师生及物理教学研究工作者参考.

图书在版编目(CIP)数据

力学与理论力学. 下册 / 秦敢，向守平编著. -- 3 版. -- 北京 : 科学出版社，2025. 3. --（“十二五”普通高等教育本科国家级规划教材）(中国科学技术大学国家基础科学人才培养基地物理学丛书 / 杨国桢主编). -- ISBN 978-7-03-080681-9

Ⅰ. O3

中国国家版本馆 CIP 数据核字第 2024RD3706 号

责任编辑：窦京涛　杨　探 / 责任校对：杨聪敏
责任印制：师艳茹 / 封面设计：楠竹文化

科学出版社 出版
北京东黄城根北街 16 号
邮政编码：100717
http://www.sciencep.com

北京中科印刷有限公司印刷
科学出版社发行　各地新华书店经销

*

2008 年 6 月第　一　版　开本：787×1092 1/16
2017 年 8 月第　二　版　印张：15 3/4
2025 年 3 月第　三　版　字数：345 000
2025 年 3 月第十七次印刷

定价：59.00 元

(如有印装质量问题，我社负责调换)

第三版丛书序

这套丛书是国内目前唯一一套普通物理和理论物理的完整的基础物理学教材，全国近 50 所大学将其作为教科书. 2008 年正式出版，2013 年进行了第二次修订，至今已经使用 16 年. 随着时间的推移，有不少学科新的发展内容需要补充，正如多年前我受命主编的《中国大百科全书》(第三版)物理学卷，与前二版相比修改、补充的词条多达约两千条. 这次的丛书修订工作增加了几位年轻作者，新老结合便于传承. 在此基础上，要继续保持丛书的两个特点：一是把 CUSPEA 的十年教学精华保留下来，二是将普通物理与理论物理融合思想体现其中.

一套物理学教材从写作到出版到修订再版的背后，是很多位物理学者数十年的坚持不懈，是几代人科学精神和教学理念的传承和发展. 科学出版社对本套丛书的出版和修订给予了大力支持，此致谢意，还要感谢修订过程中提出意见和建议的各高校老师们，特别要感谢参与本次修订的各本教材的作者们.

希望第三版丛书能在大学物理学基础教学中发挥它的作用，能为优秀拔尖人才的培养作出一点贡献.

杨国桢

2024 年 7 月于北京

第二版丛书序

2008年本套丛书正式出版，至今使用已五年，回想当初编书动机，有一点值得一提. 我初到中国科学技术大学理学院担任院长，一次拜访吴杭生先生，向他问起科大的特点在哪里，他回答在于它的本科教学，数理基础课教得认真，学生学得努力，特别体现在十年 CUSPEA 考试(中美联合招收赴美攻读物理博士生考试)中，科大学生表现突出. 接着谈起一所大学对社会最重要的贡献是什么，他认为是培养出优秀的学生，当前特别是培养出优秀的本科生. 这次交谈给了我很深的印象和启示. 后来一些参加过 CUSPEA 教学的老教师向我提出，编一套科大物理类本科生物理教材，我便欣然同意，并且在大家一致的请求下担任了主编. 我的期望是，通过编写本套丛书将 CUSPEA 教学的一些成果保留下来，进而发扬光大.

应该说这套书是在十年 CUSPEA 班的教学内容与经验基础上发展而来的，它所涵盖的内容有相当的深度与广度，系统性与科学的严谨性突出；另外，注重了普通物理与理论物理的关联与融合、各本书物理内容的相互呼应. 但是，使用了五年后，经过教师的教学实践与学生的互动，发现了一些不尽如人意的地方和错误，这次能纳入"'十二五'普通高等教育本科国家级规划教材"是一次很好的修改机会，同时大家也同意出版配套的习题解答，也许更便于校内外的教师选用. 为大学本科生教学做一点贡献是我们的责任，也是我们的荣幸. 盼望使用本套丛书的老师和同学提出宝贵建议.

2013年10月于合肥

第一版丛书序

2008 年是中国科学技术大学建校五十周年.值此筹备校庆之际,几位长年从事基础物理教学的老师建议,编著一套理科基础物理教程,向校庆五十周年献礼.这一建议在理学院很快达成了共识,并受到学校的高度重视和大力支持.随后,理学院立即组织了在理科基础物理教学方面有丰富教学经验的老师,组成了老、中、青相结合的班子,着手编著这套丛书,并以此进一步推动理科基础物理的教学改革与创新.

中国科学技术大学在老一辈物理学家、教育家吴有训先生、严济慈先生、钱临照先生、赵忠尧先生、施汝为先生的亲自带领和指导下,一贯重视基础物理教学,历经五十年如一日的坚持,现已形成良好的教学传统.特别是严济慈和钱临照两位先生在世时身体力行,多年讲授本科生的力学、理论力学、电磁学、电动力学等基础课.他们以渊博的学识、精湛的讲课艺术、高尚的师德,带领出一批又一批杰出的年轻教员,培养了一届又一届优秀学生.本套丛书的作者,应该说都直接或间接受到过两位先生的教诲.出版本套丛书也是表达作者对先生的深深感激和最好纪念.

本套丛书共九本:《力学与理论力学(上、下)》《电磁学与电动力学(上、下)》《光学》《原子物理与量子力学(上、下)》《热学　热力学与统计物理(上、下)》.每本约 40 万字,主要是为物理学相关专业本科生编写的,也可供工科专业物理教师参考.每本书的教学学时约为 72 学时.可以认为,这套丛书系列不仅是普通物理与理论物理横向关联、纵向自洽的基础物理教程,同时更加适合我校理科人才培养的教学安排,并充分考虑了与数学教学的相互配合.因此,在教材的设置上,《力学与理论力学(上、下)》和《电磁学与电动力学(上、下)》中,上册部分分别是普通物理内容,而下册部分为理论物理内容.还要指出的是,在《原子物理与量子力学(上、下)》和《热学　热力学与统计物理(上、下)》中,考虑到普通物理与理论物理内容的界限已不再那样泾渭分明,而比较直接地用现代的、实用的概念、物理图像和理论来阐述,这确实不失为一种有意义的尝试.

本套丛书在编著过程中,不仅广泛吸取了校内老师的经验,采纳了学生的意见,而且还征求了中国科学院许多相关专家的意见和建议,体现了“所系结合”的特点.同时,还聘请了兄弟院校及校内有丰富教学经验的教授进行双重审稿,期望将其错误率降至最低.

历经几年，在科学出版社大力支持下，本套丛书终于面世，愿她能在理科教学改革与创新中起到一点作用，成为引玉之砖，共同促进物理学教学水平的提高及其优秀人才的培养，并希望广大师生及有关专家们继续提出宝贵意见和建议，以便改进. 最后，对方方面面为本套丛书的编著与出版付出艰辛努力及给予关心、帮助的同志表示深切感谢！

中国科学技术大学理学院院长

杨国桢 院士

2007 年 10 月

第三版前言

本书在科学出版社《力学与理论力学(下册)》2008 年第一版和 2017 年第二版的基础上，做了进一步的修订和补充.

相比于第二版，本版主要改动如下.

(1)知识点. 在“2.4 带电粒子在电磁场中的拉格朗日函数”中增加了“4.规范变换与拉格朗日函数的非唯一性”；在“3.2.2 泊松括号的应用”中增加了“4.用泊松括号求解力学量”；删除了“3.3.3 无限小正则变换”中欠严谨的“2.性质”；在“4.4.4 定点转动的对称陀螺——拉格朗日陀螺”中增加了“4.规则进动”.

(2)例题. 在“1.4.2 拉格朗日方程解题实例”“1.6.2 不独立坐标拉格朗日方程”“3.2.2 泊松括号的应用”“3.3.3 无限小正则变换”“4.3.4 惯量椭球”中各增加了一个例题；在“4.4.3 对称欧拉陀螺”中增加两个例题.

(3)习题. 在“非线性振动”“泊松括号”“正则变换”和“欧拉动力学方程和应用”中各增加了一个习题.

此外，一些笔误、字体和表述欠妥处也做了修订，在这里作者衷心感谢 2023 年秋季课堂刘子潮、韩一诺和郑颖欣等同学的贡献.

感谢中国科学技术大学理论教研组的广大同仁们对本书提出的意见和建议！

感谢科学出版社窦京涛编辑耐心、细心和非常专业的沟通及引导！

在改版过程中，我们深刻领悟到自身的局限和知识的无限，希望广大读者批评指正.

秦　敢　向守平

2024 年 9 月于中国科学技术大学

第二版前言

本书是在科学出版社2008年7月《力学与理论力学(下册)》(秦敢、向守平编著) 第一版的基础上进行修订和补充后再版的.

相比于第一版，本版补充了“1.6 不独立坐标”和“2.5 连续体系的拉格朗日方程”两节内容；将“两体问题的约化”从“2.2.1 两体系统”移到“2.1.3 粒子散射的一般性理论”中；将3.2与3.3两节互换顺序，并在“3.3 正则变换”中，增加了“3.3.3 无穷小正则变换”和“3.3.4 正则变换的辛矩阵理论”两小节；在“4.4.4 定点转动的对称陀螺——拉格朗日陀螺”中增补了“3. 快速陀螺实例——拉莫尔进动”. 由于在“3.3.4 正则变换的辛矩阵理论”中对于泊松括号正则不变性有了更简洁的论证，所以删除了第一版附录中的“3. 泊松括号正则变换不变性的证明”. 此外，一些笔误和欠妥处也做了修订，个别习题做了更合适的表述并放到更恰当的位置.

在第一版长达8年多的使用过程中，中国科学技术大学的同仁和同学对本书提出了不少有意义的意见和建议，在此深表感谢!

中国科学技术大学朱界杰副教授仔细审阅了第二版手稿，提出了若干意见和建议，特别是对泊松括号正则不变性提供了更简洁严谨的证明，在此特别感谢!

由于水平有限，本书不妥之处在所难免. 希望广大读者和同仁继续批评指正.

秦　敢　向守平

2016年12月于中国科学技术大学

第一版前言

以“力”为研究着眼点的牛顿理论取得了从天上到人间的辉煌成功，证明了该理论是描述宏观低速力学体系的正确理论．但这一事实并不能说明力学领域中牛顿理论是独一无二的．如果我们能跳出“力”这个日常生活中比较熟悉的概念，寻找到其他恰当物理量作为研究的核心，以此为出发点，就可能建立起另一套力学理论．

几何光学的情况就是正确理论不唯一的一个例子．我们知道在几何光学适用的范围里，光在均匀介质中直线传播，在两个介质的边界上有反射定律和折射定律．这三个基本定律可以从惠更斯原理（更严格的是麦克斯韦电磁波理论）证明．然而还有一种思路完全不同的理论，即费马原理，其表述是，在起点和终点固定时，光的实际路径一定使光程取极值．令人惊奇的是，从费马原理也能得到几何光学的三个基本定律．

经过以拉格朗日和哈密顿为杰出代表的众多数理科学家的努力，两大类全新的力学理论建立了起来，它们统称为分析力学．分析力学以“能量”或“类能量”（拉格朗日函数）为立足点，只要得到某力学体系中它们的数学形式，将之代入到新理论体系的动力学方程后就可以对该力学体系进行求解．由于能量是一个标量，与力矢量相比较，数学处理往往较简单，且与坐标系方向无关，也容易推广到量子力学和相对论情形①．对于约束问题，分析力学通过引入广义坐标和其他一些数学手段，可以很方便地进行求解，作为对比，牛顿理论中的运动方程涉及事先未知的约束力，求解比较繁琐．当然分析力学的更大意义在于，由于能量是所有运动形式的共有“度量”，分析力学能应用到力学体系之外的其他领域，特别是近代物理学科，如量子力学和统计物理等，这是以“力”为中心的牛顿理论难以做到的．

从“力”转到“能量”，刚开始需要一段适应过程．希望同学们从现在开始，有意识地培养新的习惯，以便在普通物理学知识的基础上更顺利地学习更高层次的物理学知识．

本书是《力学与理论力学》的下册，上册中对于牛顿理论体系已经作了全面的阐述，所以在下册中，一开始就介绍分析力学，使大家能在有限的学时里充分熟悉和掌握这些新的理论体系．具体安排如下：

---

① 在相对论情形，能量作为四矢量的一个分量作相对论变换，而力的相对论变换较复杂．

第 1 章从达朗贝尔原理和哈密顿变分原理两条途径建立拉格朗日方程，并分析对称性与守恒定律的内在联系. 第 2 章是拉格朗日方程的一些有意义的应用，主要包括碰撞与散射和小振动，对非线性振动以及电磁场中带电粒子也作了简单的介绍. 第 3 章是哈密顿力学，包括哈密顿正则方程、正则变换、泊松括号以及哈密顿-雅可比方程等.

刚体是理论力学传统的内容之一，知识点颇多，单独成章是极其自然的. 尽管本书主要采用拉格朗日力学方法讨论该问题，但由于刚体有太多属于自身的特别性质，所以为避免冲淡分析力学主体内容的连贯性，我们把这一章放到哈密顿力学之后.

自 20 世纪 60 年代以来，非线性科学开始了迅速的发展，并逐渐引起人们普遍的关注. 不仅是数学和物理学，在化学、生物学、医学、气象学、天文学以及工程、信息科学等领域，甚至在经济学、金融学以及社会学等人文科学领域，对非线性问题的研究都日益广泛和深入. 现在人们了解到，非线性现象是普遍存在的，世界的本质可以说就是非线性的，而真正线性的问题反而只是一些特殊或局部的情况. 因此，我们深感有必要向大学生介绍一些非线性现象的基本知识. 考虑到非线性问题数学处理的复杂性以及本书篇幅的限制，本书只对非线性力学的基本概念和重要结论作一简要介绍，例如非线性与混沌、确定性的随机、分形与分维以及非线性波与孤立子等. 当然，这些概念和结论中，很多不仅适用于力学，而且在其他领域也是普适的.

理论力学是理论物理的第一门课程，所以指出学习理论物理与普通物理时的区别是很有必要的. 普通物理侧重于从个别的实验事实归纳出局部的理论规律，最后再上升到这一学科领域的统一规律. 在论述问题时采用的数学工具比较初等，有时在逻辑严密性上不太苛求. 而理论物理往往一开始就介绍最普遍规律，之后才是这些规律在各种具体情形时的简化以及应用. 在论述问题时采用的数学工具更高级，推演过程有着严格的逻辑性. 这种风格上的差异决定了学习时的方法也应该有所不同，比如说，相比于普通物理课程，在理论物理课程的学习中掌握基本原理，在做题时举一反三就显得更加重要.

在学习中，还要处理好“树木”和“森林”的关系，既要对每一个关键细节揣摩，也要注意学习的整体性，具体是两个方面，其一是各分析力学体系之间，以及它们与牛顿力学体系之间的比较，其二是分析力学与其他学科，如电磁学、光学、量子力学以及统计物理学等的联系.

此外，要顺利地学习这门课程，下列数学基础也是至关重要的——微积分、张量分析、线性代数、常微分方程和简单的偏微分方程.

在本书的编写过程中，中国科学技术大学理论力学教研组的全体同仁曾对本书的风格和结构展开积极的讨论，提供了一些建设性的思路. 中国科学院国家天文台邹振隆研究员、清华大学物理系安宇教授、中国科学技术大学李书民副教授和汪秉宏教授认真阅读了本书的初稿，并提出了很多重要的建议和修正意见. 本丛书全体编写组成员多次的相互讨论，也使我们受益匪浅. 另外，在去年的试讲中热心同学的得力相助使本书增色不少. 在此我们一并表示衷心的感谢!

本书在编写过程参考了国内外很多理论力学教材，比较重要的列在附录中. 作者希望能博采众家之长，并在一些章节中加入我们自己对若干基本概念、重要原理以及科学方法的理解，目的是抛砖引玉，激发同学们的进一步思考.

尽管我们已经尽心尽力，但限于自身的科研教学水平，本书一定存在不妥之处. 希望广大读者提出宝贵意见，以便再版时及时修正.

秦　敢　向守平

2008 年 3 月于中国科学技术大学

目　录

第 1 章 拉格朗日方程

1.1 约束和广义坐标

物体的机械运动可以分为两类：一类称为**自由运动**，做此类运动的物体，其坐标和速度完全取决于有确定形式的力和初始条件；另一类运动，除了要满足运动方程外，物体的坐标和速度还存在一些形式上不涉及任何力的限制关系，我们称这些关系为**约束**，称这类运动为**非自由运动**或**有约束运动**.

在牛顿力学框架中，对于有 N 个自由运动质点的体系的求解，可归结为求解二阶微分方程组

$$m_i\ddot{\boldsymbol{r}}_i = \sum_{j=1,j\neq i}^{N} \boldsymbol{F}_{ji} + \boldsymbol{F}_i^{\mathrm{e}}, \quad i = 1,2,\cdots,N \tag{1.1.1}$$

上式右边的第一项是除了第 i 个质点外的其余 $N-1$ 个质点对第 i 个质点的作用力，属于体系的内力；第二项是第 i 个质点所受到的体系外的作用力，即外力. 这些力都有给定的明确表达式，称为**主动力**. 求解上述方程组只是一个数学问题，简单情形有解析解，复杂情形则总有数值解，所以原则上自由运动问题都已经解决了.

非自由运动的运动方程为

$$m_i\ddot{\boldsymbol{r}}_i = \sum_{j=1,j\neq i}^{N} \boldsymbol{F}_{ji} + \boldsymbol{F}_i^{\mathrm{e}} + \boldsymbol{R}_i \tag{1.1.2}$$

与式(1.1.1)相比，上式右边多了最后一项 $\boldsymbol{R}_i$，它表示第 i 个质点的运动服从某种给定约束形式的**约束力**. 与主动力不同，约束力不能事先就给出确切的表达式，而是与质点的运动状态相关，所以在研究约束体系时必须对包含约束力的运动方程以及所有约束方程（详见 1.1.1 节）进行联合求解. 求解方式将因约束情况的不同而千差万别，往往复杂烦琐，不再像自由运动情形那样简单明了.

与牛顿力学有所不同，分析力学通过一些数学手段，对于一些非自由运动问题，无须求解约束力就可以求得最终解. 此外，分析力学中“能量”或“类能量”代替了牛顿力学中“力”的地位，所以新的研究方法可以很方便地用于非力学体系.

分析力学是一个博大精深的理论体系，本章是其入门，所以有必要介绍一些基本概念. 我们首先对约束进行分类，然后引入简化此类运动问题的一个重要工具——广义坐标.

1.1.1 约束的分类

根据约束对质点或质点系运动的限制条件的不同性质，可以按以下三种方法对约束进行分类.

1. 完整约束与非完整约束

对于 N 个质点组成的质点系，记 $\boldsymbol{r}_i$ 为第 i 个质点的位矢，所谓**完整约束**（或**几何约束**），是指质点系满足约束方程

$$f(\boldsymbol{r}_1,\boldsymbol{r}_2,\cdots,\boldsymbol{r}_N;t)=0 \tag{1.1.3}$$

也就是说约束仅与各质点的坐标以及时间参量 t 有关，而与各质点的速度无关.

常见的完整约束是:质点被约束在某一曲线或曲面上运动，则约束方程就是该曲线或曲面的方程. 例如，在水平圆环上运动的质点，在图 1.1.1 所示坐标系中，受到的完整约束是

$$\begin{cases}x^2+y^2=R^2\\ z=0\end{cases} \tag{1.1.4}$$

而在图 1.1.2 中旋转抛物面上运动的质点，其完整约束方程是

$$x^2+y^2=2pz \tag{1.1.5}$$

又如，刚体中的任意两个质点之间的距离不变

$$|\boldsymbol{r}_i-\boldsymbol{r}_j|=d_{ij}=\text{const} \tag{1.1.6}$$

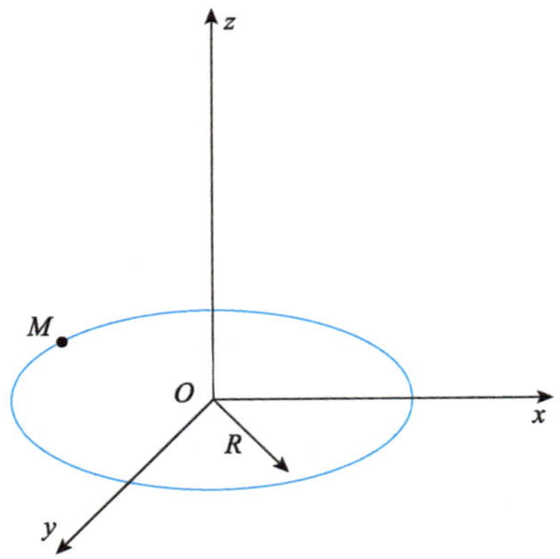

图 1.1.1 在水平圆环上运动的质点

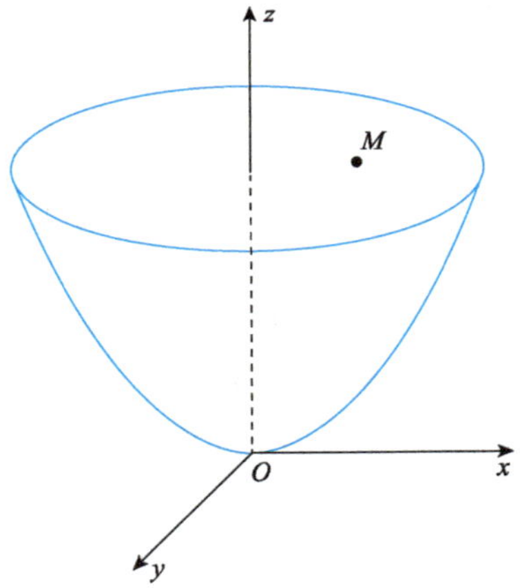

图 1.1.2 在旋转抛物面上运动的质点

但要注意，完整约束不仅仅对坐标有约束. 如果将完整约束关系式对时间分别求一次或二次导数，就能得到与速度或加速度相关的约束. 可见这些约束也存在于完整约束之中，只是它们与坐标约束并不独立.

描述一个完整约束体系所需独立参量的数目被定义为该体系的**自由度**. 在三维空间中，确定一个自由质点的空间位矢需要三个独立的参量，而 N 个自由质点

组成的体系则需要 $3N$ 个独立的参量来描述. 于是单个质点的自由度为 3，而 N 个自由质点体系的自由度是 $3N$.

如果该质点系存在 k 个完整约束

$$f_i(\boldsymbol{r}_1,\boldsymbol{r}_2,\cdots,\boldsymbol{r}_N;t)=0,\quad i=1,2,\cdots,k \tag{1.1.7}$$

则独立坐标的数目减少 k 个，自由度为

$$s=3N-k \tag{1.1.8}$$

如果约束方程不仅含有坐标和时间，还与速度相关，即

$$f(\boldsymbol{r}_1,\boldsymbol{r}_2,\cdots,\boldsymbol{r}_N;\dot{\boldsymbol{r}}_1,\dot{\boldsymbol{r}}_2,\cdots,\dot{\boldsymbol{r}}_N;t)=0 \tag{1.1.9}$$

则称该约束为**微分约束**.

有些微分约束具有可积性，能转化为式(1.1.7)的形式. 例如，如果两个质点的速度有以下限制关系：

$$\dot{\boldsymbol{r}}_1-\dot{\boldsymbol{r}}_2=\boldsymbol{v}_0 \tag{1.1.10}$$

其中 $\boldsymbol{v}_0$是常量. 此式可以积分为

$$\boldsymbol{r}_1-\boldsymbol{r}_2=\boldsymbol{v}_0t+\text{const} \tag{1.1.11}$$

所以该约束关系等价于仅仅对坐标的限制. 这类具有可积性的微分约束仍然属于完整约束.

相反，有些微分约束不具有可积性，即不能转化为坐标之间的约束关系，则称其为**非完整约束**. 例如，一个半径为 a 的圆盘保持竖直，在 Oxy 水平面上做纯滚动，如图 1.1.3 所示. 全面描述此运动体系的坐标可以选取为圆盘中心的坐标 x、y，速度与 x 轴的夹角 θ，以及圆盘的自转角 φ. 但这四个参量彼此不完全独立. 设盘心速度大小为 v，则

$$v=a\dot{\varphi},\quad \dot{x}=v\cos\theta,\quad \dot{y}=v\sin\theta \tag{1.1.12}$$

消去 v，得到两个微分约束方程

$$\mathrm{d}x-a\cos\theta\mathrm{d}\varphi=0,\quad \mathrm{d}y-a\sin\theta\mathrm{d}\varphi=0 \tag{1.1.13}$$

由式(1.1.13)消去 φ 得

$$\mathrm{d}x\sin\theta-\mathrm{d}y\cos\theta=0 \tag{1.1.14}$$

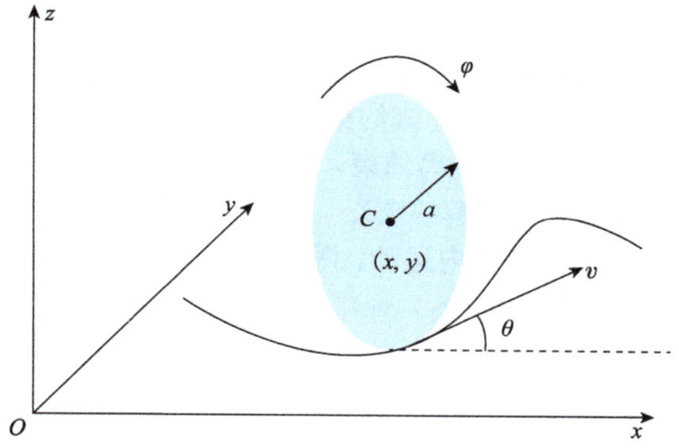

图 1.1.3 在水平面上滚动的竖直圆盘

数学上可以证明（见参考书目《分析动力学》，陈滨编著），微分式

$$F_x(x,y,z)\mathrm{d}x+F_y(x,y,z)\mathrm{d}y+F_z(x,y,z)\mathrm{d}z$$

具有**可积性**，即该式乘以某积分因子 $\phi(x, y, z)$后能变为全微分 $\mathrm{d}f(x, y, z)$的充分必要条件是

$$F_x\left(\frac{\partial F_y}{\partial z}-\frac{\partial F_z}{\partial y}\right)+F_y\left(\frac{\partial F_z}{\partial x}-\frac{\partial F_x}{\partial z}\right)+F_z\left(\frac{\partial F_x}{\partial y}-\frac{\partial F_y}{\partial x}\right)=0 \quad (1.1.15)$$

或者写成紧凑的形式为

$$\boldsymbol{F}\cdot(\nabla\times\boldsymbol{F})=0 \quad (1.1.16)$$

其中 $\boldsymbol{F}$ 的三个分量分别是 F_x、F_y 和 F_z.

可以证明，式(1.1.14)不能满足式(1.1.16)（将变量 z 换成θ），所以此处的微分约束不具有可积性，因而属于非完整约束.

与完整约束不同，非完整约束的独立参量数和自由度并不一致，详见1.6节.

2. 定常约束与非定常约束

需要指出的是，这些对质点约束的曲线或曲面既可以静止，也可以处于确定的运动状态，比如匀速运动或更复杂的其他运动. 从约束是否与时间有关的角度来考虑，我们把不显含时间的约束称为**定常约束（或稳定约束）**，其一般形式的数学表示为

$$f(\boldsymbol{r}_1,\boldsymbol{r}_2,\cdots,\boldsymbol{r}_N;\dot{\boldsymbol{r}}_1,\dot{\boldsymbol{r}}_2,\cdots,\dot{\boldsymbol{r}}_N)=0 \quad (1.1.17)$$

而显含时间的约束称为**非定常约束（或不稳定约束）**.

定常约束体系在另一个有相对运动的参考系中看，可以是非定常约束. 如一个质点在一个半径为 R 的固定球面上运动，则质点受定常约束 $x^2+y^2+z^2=R^2$，但在相对于固定球面沿 x 正方向以速度 v 运动的参考系中，约束关系变成了

$$(x'+vt)^2+y'^2+z'^2=R^2 \quad (1.1.18)$$

但是非定常约束和定常约束的这种转换并非总能进行，例如，一个质点被约束在一个球面上运动，但球面半径是随时间变化的，则约束方程为

$$x^2+y^2+z^2=R(t)^2 \quad (1.1.19)$$

此非定常约束就不能通过改变参考系来变换成定常约束.

3. 双侧约束与单侧约束

质点受约束的确定性也是约束的一个重要方面. 如果质点始终不能脱离某约束，即该约束是等式的形式，则称该约束为**双侧约束**（或称**双面约束、不可解约束**[①]）；如果质点可以在某一侧脱离约束，即该约束是不等式的形式，则称该约束为**单侧约束**（或称**单面约束、可解约束**）.

例如，两个质点在 xy 平面内运动，两质点由长为 l 的刚性杆相连，则该体系可以用这两个质点的直角坐标（x_1，y_1）和（x_2，y_2）来描述，这四个参量服从约

① 此处的“可解”是指**可以解脱**，不是常规所指的**可以求解**.

束关系

$$(x_1-x_2)^2+(y_1-y_2)^2=l^2 \tag{1.1.20}$$

这就是双侧约束．将此例中的刚性杆换成柔软且不可伸长的等长绳索时，约束关系为

$$(x_1-x_2)^2+(y_1-y_2)^2\leqslant l^2 \tag{1.1.21}$$

这就是单侧约束．

由于单侧约束中不等式的存在，因此一般认为它也是一种不完整约束．但与不可积的微分约束不同的是，通过对该约束进一步分析，可以将其从不完整约束中除去．例如，当式(1.1.21)取等号时，显然是完整约束，两个质点体系的自由度为3．而当式(1.1.21)取严格的不等号时，两个质点在平面内做自由度为4的运动，不存在任何约束，直至二者距离加大到l，又回到完整约束情形．

在本书的范围内我们重点讨论完整约束，理由有二．其一，通过消除不独立的坐标，完整约束问题总可以有一个形式解；而不完整约束问题不存在一般解法，作为非力学专业的教材，重点应该是掌握分析力学的框架和基本内容，回避这个问题是明智的．其二，通过线、面或容器壁加于系统的不完整约束只是研究宏观问题时的一种数学简化，由微观上原子分子的电磁力等效而来．在微观领域的研究（在经典力学方法依然有效的情形）中，这些约束不复存在．

1.1.2 广义坐标

1. 定义

如前所述，具有N个质点的体系，在受到k个完整约束的情况下，自由度$s=3N-k$．于是在直角坐标系中，这些质点的位矢$\boldsymbol{r}_1,\boldsymbol{r}_2,\cdots,\boldsymbol{r}_N$并不独立，这将给问题的求解带来困难．考虑到自由度是体系的内禀属性，其大小与具体坐标形式的选取无关，所以如果能找到s个独立变量q_1，q_2，…，q_s来取代原来的直角坐标变量，并且使得

$$\begin{aligned}\boldsymbol{r}_1&=\boldsymbol{r}_1(q_1,q_2,\cdots,q_s;t)\\ \boldsymbol{r}_2&=\boldsymbol{r}_2(q_1,q_2,\cdots,q_s;t)\\ &\cdots\cdots\\ \boldsymbol{r}_N&=\boldsymbol{r}_N(q_1,q_2,\cdots,q_s;t)\end{aligned} \tag{1.1.22}$$

则原来的约束问题就变成s个新独立变量下的自由运动问题，而原来所有的约束关系都包含在上述方程中．我们把任何一组能完全描述力学体系各部分位形的独立参量称为**广义坐标**．

2. 位形空间

具有N个自由质点的系统，其位形由它的$3N$个直角坐标值完全给出．也可以说$3N$维普通空间的一点（$\boldsymbol{r}_1$，$\boldsymbol{r}_2$，…，$\boldsymbol{r}_N$）一一对应地表示了质点系的位形．

类似地，对于一个自由度为 s 的约束体系，可以将每一个广义坐标 q_α 看作抽象空间的一个维度，则这一组广义坐标就张成了一个 s 维空间，称为**位形空间**. 位形空间中的一点（q_1，q_2，…，q_s）完全确定了质点系的位形，当力学系统随时间变化时，位形点在位形空间中划出一条曲线轨迹.

3. 广义坐标的选取

广义坐标的选择范围很广，既可以是直角坐标，也可以是球坐标或柱坐标等，甚至可以具有能量或角动量的量纲. 它们不必隶属于某个质点，而可以是若干质点坐标的组合，一般也不能像普通坐标那样适当地每三个分成一组来构成一个矢量.

有了位形空间的概念，就很容易理解，广义坐标的选取方式原则上可以有无限种，比如，将一组广义坐标在位形空间任意“旋转”，就可以得到一组新的广义坐标，而“旋转”的方式显然是无限多的.

当然，在求解具体问题时，我们一般不会去关心这种无限性，往往选取形式直观简洁、性质简单、能反映体系对称性的一组广义坐标. 最合适的选取方案有时凭借经验就能够很自然地找到. 例如，图 1.1.4 中，双摆的自由度为 2，很容易想到选择两个摆动角 θ_1 和 θ_2 作为广义坐标. 有时候可以有几种选择方案，究竟采用哪一种取决于个人的偏好. 例如，图 1.1.5 中，一根刚性杆斜靠于墙（保持在一竖直平面内运动）时，自由度为 1，选取质心的横坐标 x、纵坐标 y 或杆的倾斜角 θ 中的任意一个作为广义坐标都是适宜的.

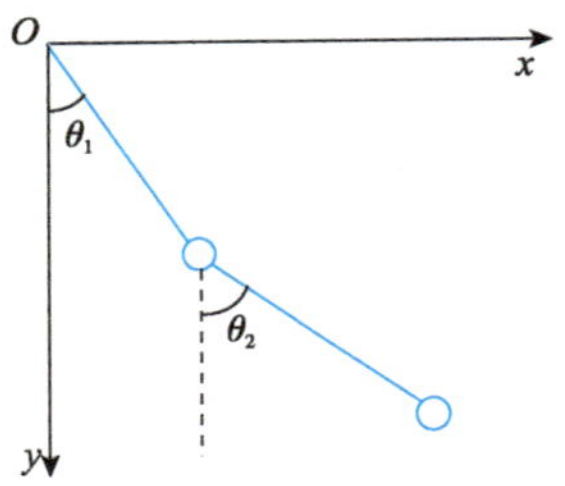

图 1.1.4　双摆

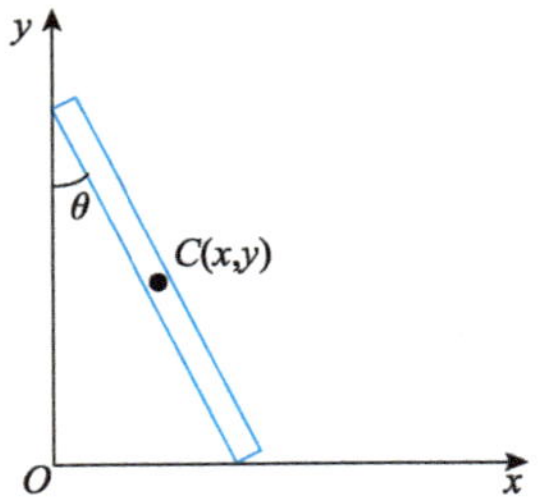

图 1.1.5　斜靠于墙的刚性杆

对于稍微复杂的体系，如何合理选取广义坐标就不是很显然了. 例如，在2.2.1节中研究多自由度自由小振动问题时，容易想到的是用质点的绝对位置作为广义坐标，但事实上采用质点相对于平衡位置的位移作为广义坐标，常常更简洁.

4. 广义速度

广义坐标对时间的一阶导数称为广义速度. 就像广义坐标不必表示常规的空间位矢一样，广义速度也不必是常规的速度.

与广义坐标和广义速度相配套的概念还有广义力、广义动量，我们将在下面陆续介绍.

1.2 达朗贝尔原理与拉格朗日方程

1.2.1 达朗贝尔原理

1. 虚位移

质点在某时刻某位置所假想的能满足约束条件的任意无限小位移，称为该质点在此时此地的**虚位移**. 它与**实位移**（这里特指实际发生的无限小位移）的区别在于:其一，虚位移的产生不需要时间；其二，虚位移不必是实际发生的，只需满足瞬时约束关系，因而可以有无限多种虚位移. 为了在形式上能与实位移 $d\boldsymbol{r}_i$ 区分，我们用 $\delta\boldsymbol{r}_i$ 表示 $\boldsymbol{r}_i$ 处的虚位移.

变分算符 δ 的运算规则:作用在空间坐标时，与微分算符 d(或更一般的 ∂)的运算规则相同，且与微分算符可以交换顺序；而作用在时间上则为零，即 $\delta t=0$①.

关于虚位移和实位移之间的关系，定常约束和非定常约束情形有所不同. 在定常约束情形下，如图 1.2.1(a) 所示，质点被约束在一固定曲面 S 上，其所在位置关于该曲面的切平面为 T，则 T 上任一方向都可以发生虚位移，而实位移必然是其中的一个. 在非定常约束情形下，约束曲面本身也在运动，如图 1.2.1(b) 所示. 设 t 时刻和 $t+dt$ 时刻的约束曲面分别为 S 和 S'. 实位移矢量的终端应该落在 S'上，必然脱离 S 的切平面. 但由于虚位移的发生不需要时间，所以 t 时刻的虚位移仍然在 S 的切平面上. 可见非定常约束情形的实位移不同于任何虚位移.

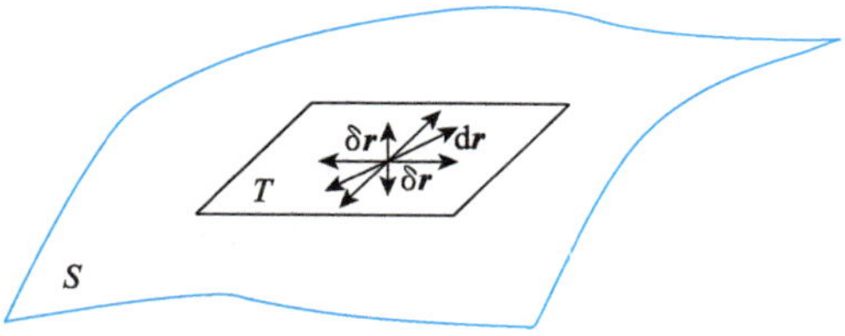

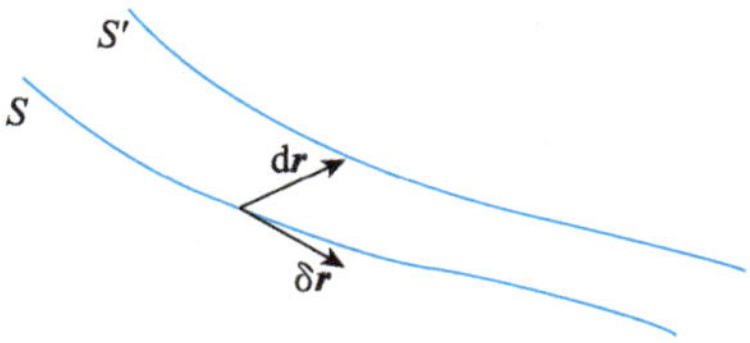

图 1.2.1 实位移与虚位移

(a) 定常约束；(b) 非定常约束

2. 虚功

力在虚位移下所做的假想功称为**虚功**. 考察具有 N 个质点的系统，其位形由坐标 $\boldsymbol{r}_1,\boldsymbol{r}_2,\cdots,\boldsymbol{r}_N$ 给定，$\boldsymbol{F}_i$ 和 $\boldsymbol{R}_i$ 分别为第 i 个质点所受的总主动力和总约束力，则这些力在虚位移 $\delta\boldsymbol{r}_i$ 上的虚功为

① 本书只讨论等时变分. 对于不等时变分，$\delta t\neq 0$.

$$\delta W=\sum_{i=1}^{N}(\boldsymbol{F}_i+\boldsymbol{R}_i)\cdot\delta\boldsymbol{r}_i \tag{1.2.1}$$

由于虚功是标量，故其值与惯性坐标系的方向无关.

需要注意的是，在利用上式计算虚功时，在虚位移过程中诸力是保持不变的，即使实际的力由于无限小位移会发生急剧的变化，这是因为虚位移并未真实发生.

3. 理想约束

如果所有约束力在虚位移下所做功之和为零，即

$$\sum_{i=1}^{N}\boldsymbol{R}_i\cdot\delta\boldsymbol{r}_i=0 \tag{1.2.2}$$

则称该约束为**理想约束**. 该约束条件使得约束力在虚功表达式中不再出现，简化了计算. 在实际中有很多情形的约束属于理想约束，几个典型的例子如下.

(1) 光滑曲面约束. 不论该曲面是静止的还是运动的，曲面对物体的约束力总是与物体的虚位移方向垂直，相应的虚功为零.

(2) 刚性约束. 设刚体中两个质点的位矢分别是 $\boldsymbol{r}_i$ 和 $\boldsymbol{r}_j$，二者间有约束方程

$$(\boldsymbol{r}_i-\boldsymbol{r}_j)^2=\boldsymbol{r}_{ij}^2=\text{const} \tag{1.2.3}$$

两质点彼此作用的约束力是一对内力，所以可以令

$$\boldsymbol{F}_i=-\boldsymbol{F}_j=2f(r_{ij})\frac{\boldsymbol{r}_{ij}}{r_{ij}} \tag{1.2.4}$$

根据上面这两个式子，这两个力所做虚功之和为

$$\delta W=\boldsymbol{F}_i\cdot\delta\boldsymbol{r}_i+\boldsymbol{F}_j\cdot\delta\boldsymbol{r}_j=\boldsymbol{F}_i\cdot\delta\boldsymbol{r}_{ij}=\frac{f(r_{ij})\delta\boldsymbol{r}_{ij}^2}{r_{ij}}=0 \tag{1.2.5}$$

因此刚体内力的总虚功为零.

(3) 接触约束. 两个刚体相接触，接触面光滑，会对彼此产生满足牛顿第三定律的约束力. 两个刚体产生的虚位移在接触点切平面方向的分量与约束力方向垂直，对虚功无贡献. 而为了使两刚体保持接触，两个虚位移在约束力方向的分量一定相等，于是在此方向的两个等大反向的约束力所做虚功正好抵消. 因此，接触约束力所做总虚功为零.

如果一个体系中存在滑动摩擦力等耗散力，则这类约束力的虚功之和一般不为零，理想约束条件遭到破坏. 但我们可以把耗散力归并到主动力中，使得整个体系仍然满足理想约束（参见 2.2.2 节阻尼振动）.

鉴于上述分析，以后除非特别注明，本书中只讨论理想约束.

4. 达朗贝尔原理

受约束的质点系中每一个质点的运动方程为

$$m_i\ddot{\boldsymbol{r}}_i=\boldsymbol{F}_i+\boldsymbol{R}_i,\quad i=1,2,\cdots,N \tag{1.2.6}$$

即

$$\boldsymbol{F}_i+\boldsymbol{R}_i-m_i\ddot{\boldsymbol{r}}_i=0,\quad i=1,2,\cdots,N \tag{1.2.7}$$

$-m_i\ddot{\boldsymbol{r}}_i$ 可视为第 i 个质点所受的惯性力①. 设体系产生虚位移 $\delta\boldsymbol{r}_i$，则

$$\sum_i (\boldsymbol{F}_i + \boldsymbol{R}_i - m_i\ddot{\boldsymbol{r}}_i) \cdot \delta\boldsymbol{r}_i = 0 \tag{1.2.8}$$

代入理想约束条件式(1.2.2)，上式简化为

$$\sum_i (\boldsymbol{F}_i - m_i\ddot{\boldsymbol{r}}_i) \cdot \delta\boldsymbol{r}_i = 0 \tag{1.2.9}$$

即质点系所受主动力和惯性力产生的总虚功为零，这就是**达朗贝尔原理**. 由于在达朗贝尔原理中，约束力在方程中不再出现，这就为求解约束体系带来了很大的便利.

5. 虚功原理

假设质点系的所有质点都处于平衡状态，即

$$\ddot{\boldsymbol{r}}_i = 0, \quad i = 1,2,\cdots,N \tag{1.2.10}$$

则达朗贝尔原理式(1.2.9)就简化为

$$\sum_i \boldsymbol{F}_i \cdot \delta\boldsymbol{r}_i = 0 \tag{1.2.11}$$

这就是静力学的一个基本原理——**虚功原理**，其文字表述为：理想约束体系的平衡条件是，作用于该体系的所有主动力的虚功之和等于零.

6. 达朗贝尔原理和虚功原理求解问题实例

例 1.1

如图 1.2.2 所示，一质点质量为 m_1，被约束在一光滑水平平台上运动，质点上系着一根长 l 的轻绳，绳子穿过平台上的小孔 O，下端挂着质点 m_2. 求此问题的运动方程.

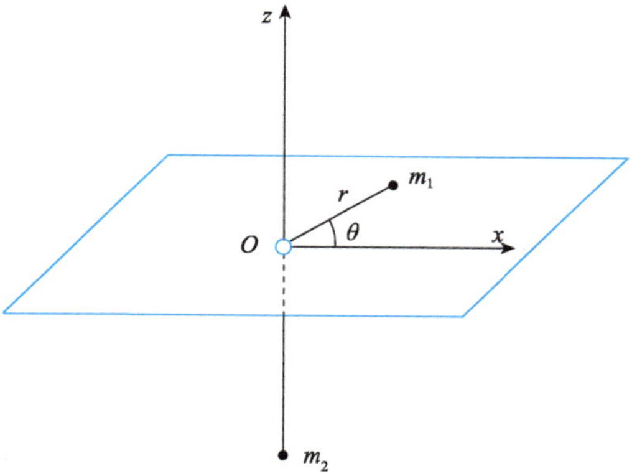

图 1.2.2　例 1.1 图

① 这里"惯性力"只是个称呼，因为只有在各个质点的随动参考系中质点的惯性力才是 $-m_i\ddot{\boldsymbol{r}}_i$.

解 以经过小孔的铅直方向为 z 轴建立柱坐标系. m_1 和 m_2 所受的主动力分别是

$$\boldsymbol{F}_1=-m_1g\boldsymbol{e}_z,\quad \boldsymbol{F}_2=-m_2g\boldsymbol{e}_z \tag{1}$$

两质点的位置分别为

$$\boldsymbol{r}_1=r\boldsymbol{e}_r,\quad \boldsymbol{r}_2=z\boldsymbol{e}_z=-(l-r)\boldsymbol{e}_z \tag{2}$$

它们的虚位移分别是

$$\delta\boldsymbol{r}_1=\delta r\boldsymbol{e}_r+r\delta\theta\boldsymbol{e}_\theta,\quad \delta\boldsymbol{r}_2=\delta z\boldsymbol{e}_z=\delta r\boldsymbol{e}_z\quad(\text{注意 }\delta\boldsymbol{e}_r=\delta\theta\boldsymbol{e}_\theta) \tag{3}$$

它们的加速度经计算得

$$\ddot{\boldsymbol{r}}_1=(\ddot{r}-r\dot{\theta}^2)\boldsymbol{e}_r+(r\ddot{\theta}+2\dot{r}\dot{\theta})\boldsymbol{e}_\theta,\quad \ddot{\boldsymbol{r}}_2=\ddot{r}\boldsymbol{e}_z\quad(\text{注意 }\dot{\boldsymbol{e}}_r=\dot{\theta}\boldsymbol{e}_\theta,\dot{\boldsymbol{e}}_\theta=-\dot{\theta}\boldsymbol{e}_r) \tag{4}$$

所以它们的惯性力分别是

$$-m_1\ddot{\boldsymbol{r}}_1=-m_1[(\ddot{r}-r\dot{\theta}^2)\boldsymbol{e}_r+(r\ddot{\theta}+2\dot{r}\dot{\theta})\boldsymbol{e}_\theta],\quad -m_2\ddot{\boldsymbol{r}}_2=-m_2\ddot{r}\boldsymbol{e}_z \tag{5}$$

将这些主动力、虚位移和惯性力代入达朗贝尔原理式(1.2.9)得

$$\begin{aligned}&\{-m_1g\boldsymbol{e}_z-m_1[(\ddot{r}-\dot{r}\dot{\theta}^2)\boldsymbol{e}_r+(r\ddot{\theta}+2\dot{r}\dot{\theta})\boldsymbol{e}_\theta]\}\cdot(\delta r\boldsymbol{e}_r+r\delta\theta\boldsymbol{e}_\theta)\\&+(-m_2g\boldsymbol{e}_z-m_2\ddot{r}\boldsymbol{e}_z)\cdot\delta r\boldsymbol{e}_z=0\end{aligned} \tag{6}$$

由于 r 和 θ 两个坐标独立，上式中 δr 和 $\delta\theta$ 的各自系数分别等于零，即

$$\begin{cases}(m_1+m_2)\ddot{r}-m_1r\dot{\theta}^2+m_2g=0\\ r\ddot{\theta}+2\dot{r}\dot{\theta}=0\end{cases} \tag{7}$$

上式就是该系统的运动方程. 在计算中，我们并没有像在牛顿体系中那样计及拉力、支撑力等约束力，而只考虑主动力和惯性力，但仍然得到了与牛顿方法一样的结果.

例 1.2

如图 1.2.3 所示，质量为 m 的质点可在半径为 R 的固定圆环上滑动，圆环在竖直平面内，求质点的运动方程.

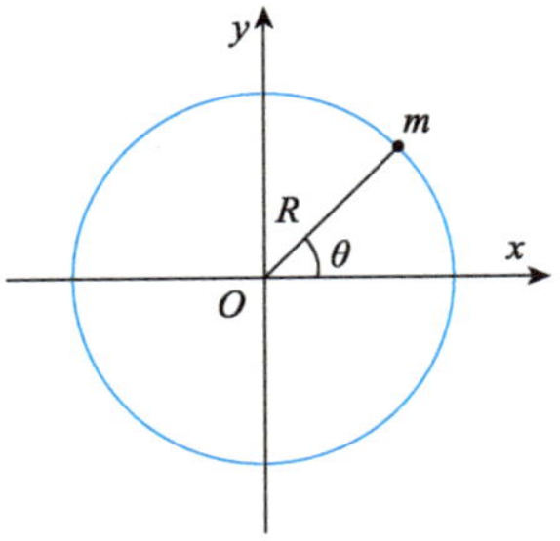

图 1.2.3　例 1.2 图

解 1 以圆环中心为共同原点，同时建立直角坐标系和极坐标系. 质点所受主动力为

$$\boldsymbol{F}=-mg\boldsymbol{e}_y$$

由于质点限制在圆环上运动，所以其虚位移为

$$\delta\boldsymbol{r}=R\delta\theta\boldsymbol{e}_\theta$$

惯性力为

$$-m\ddot{\boldsymbol{r}}=-m(\ddot{x}\boldsymbol{e}_x+\ddot{y}\boldsymbol{e}_y)$$

将上述条件代入达朗贝尔原理式(1.2.9)得

$$[-mg\boldsymbol{e}_y - m(\ddot{x}\boldsymbol{e}_x + \ddot{y}\boldsymbol{e}_y)] \cdot R\delta\theta\boldsymbol{e}_\theta = 0 \tag{1}$$

由于 $\boldsymbol{e}_x \cdot \boldsymbol{e}_\theta = -\sin\theta, \boldsymbol{e}_y \cdot \boldsymbol{e}_\theta = \cos\theta, R\cos\theta = x, R\sin\theta = y$,式(1)简化为

$$\ddot{x}y - \ddot{y}x - gx = 0 \tag{2}$$

解 2 与解1相比，关键的不同之处是用极角 θ 表示惯性力

$$-m\ddot{\boldsymbol{r}} = -m(-R\dot{\theta}^2\boldsymbol{e}_r + R\ddot{\theta}\boldsymbol{e}_\theta) \tag{3}$$

代入达朗贝尔原理式(1.2.9)，经过与解法1相似的简化后得

$$R\ddot{\theta} + g\cos\theta = 0 \tag{4}$$

可以证明两种方法的结果是一致的. 与解法1相比，解法2采用了广义坐标，使得结果非常简洁.

例 1.3

如图1.2.4所示，均质杆长为 a，质量为 m，上端 A 点靠在铅直墙壁上，欲使杆在任意位置都能平衡，求杆的下端点 B 所在约束面的形状，不计摩擦.

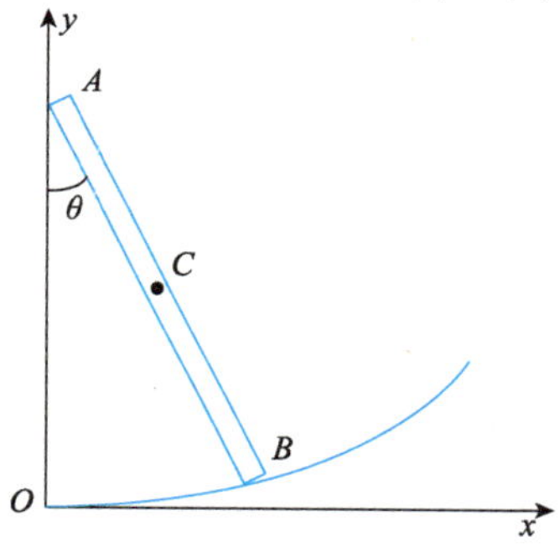

图1.2.4 例1.3图

解 显然，为保持平衡，杆必须处在与墙壁垂直的竖直平面内，所以不必考虑杆在 z 方向的可能运动，这是一个两维空间的平衡问题. 设杆质心的坐标为 (x_C, y_C)，B 端的坐标为 (x, y)，则杆所受主动力 $\boldsymbol{F} = -mg\boldsymbol{e}_y$，虚位移 $\delta\boldsymbol{r} = \delta x_C\boldsymbol{e}_x + \delta y_C\boldsymbol{e}_y$，代入虚功原理方程(1.2.11)中，可得 $-mg\delta y_C = 0$，所以

$$y_C = \text{const} \tag{1}$$

再考虑杆在竖直状态时质心的位置，可知

$$y_C \equiv \frac{a}{2} \tag{2}$$

由图 1.2.4 中的几何关系，B 端的坐标

$$x = a\sin\theta, \quad y = y_C - \frac{a}{2}\cos\theta = \frac{a}{2}(1-\cos\theta) \tag{3}$$

从这两个方程中消去 θ，得约束面的方程为

$$\left(\frac{x}{a}\right)^2 + \left(\frac{y-a/2}{a/2}\right)^2 = 1 \tag{4}$$

这是一个中心在$(0, a/2)$的长椭圆（计及 z 维度，则是长椭圆柱），考虑到约束存在的条件，实际的约束面只是其右下的 1/4 部分.

1.2.2 由达朗贝尔原理推出拉格朗日方程

由于约束的存在，普通坐标一般不独立，直接用达朗贝尔原理求解问题仍然不方便. 如果我们能把这个原理的坐标换成广义坐标，由于广义坐标的虚位移彼此独立，它们的系数必然为零. 联立这些系数方程就可以对体系进行求解，避免了约束关系的“纠缠”.

1. 拉格朗日方程的导出

由式(1.1.22)可知，第 i 个质点的虚位移可以由 s 个广义坐标的变分表示

$$\delta \boldsymbol{r}_i = \sum_{\alpha=1}^{s} \frac{\partial \boldsymbol{r}_i}{\partial q_\alpha}\delta q_\alpha \tag{1.2.12}$$

将上式代入式(1.2.9)得

$$\sum_{i=1}^{N}(\boldsymbol{F}_i - m_i\ddot{\boldsymbol{r}}_i)\cdot\sum_{\alpha=1}^{s}\frac{\partial \boldsymbol{r}_i}{\partial q_\alpha}\delta q_\alpha = \sum_{\alpha=1}^{s}\left[\sum_{i=1}^{N}(\boldsymbol{F}_i - m_i\ddot{\boldsymbol{r}}_i)\cdot\frac{\partial \boldsymbol{r}_i}{\partial q_\alpha}\right]\delta q_\alpha = 0 \tag{1.2.13}$$

在上式的推导中交换了求和的先后顺序. 由于广义坐标的独立性，上式意味着每一项 δq_α 的系数都为零，即

$$\sum_{i=1}^{N}(\boldsymbol{F}_i - m_i\ddot{\boldsymbol{r}}_i)\cdot\frac{\partial \boldsymbol{r}_i}{\partial q_\alpha} = 0, \quad \alpha = 1,2,\cdots,s \tag{1.2.14}$$

定义**广义力**

$$Q_\alpha = \sum_{i=1}^{N}\boldsymbol{F}_i\cdot\frac{\partial \boldsymbol{r}_i}{\partial q_\alpha} \tag{1.2.15}$$

则式(1.2.14)可写成

$$\sum_{i=1}^{N} m_i\ddot{\boldsymbol{r}}_i\cdot\frac{\partial \boldsymbol{r}_i}{\partial q_\alpha} = Q_\alpha, \quad \alpha = 1,2,\cdots,s \tag{1.2.16}$$

需要指出，由于广义坐标不必具有长度量纲，所以广义力也不必具有力的量纲.

上式的左边可变形为

$$\sum_{i=1}^{N} m_i \ddot{\boldsymbol{r}}_i \cdot \frac{\partial \boldsymbol{r}_i}{\partial q_\alpha} = \frac{\mathrm{d}}{\mathrm{d}t}\sum_{i=1}^{N}\left(m_i \dot{\boldsymbol{r}}_i \cdot \frac{\partial \boldsymbol{r}_i}{\partial q_\alpha}\right) - \sum_{i=1}^{N}\left(m_i \dot{\boldsymbol{r}}_i \cdot \frac{\mathrm{d}}{\mathrm{d}t}\frac{\partial \boldsymbol{r}_i}{\partial q_\alpha}\right)$$
$$= \frac{\mathrm{d}}{\mathrm{d}t}\sum_{i=1}^{N}\left(m_i \dot{\boldsymbol{r}}_i \cdot \frac{\partial \boldsymbol{r}_i}{\partial q_\alpha}\right) - \sum_{i=1}^{N}\left(m_i \dot{\boldsymbol{r}}_i \cdot \frac{\partial \dot{\boldsymbol{r}}_i}{\partial q_\alpha}\right) \tag{1.2.17}$$

上式最后一步利用了$\frac{\mathrm{d}}{\mathrm{d}t}\frac{\partial \boldsymbol{r}_i}{\partial q_\alpha}=\frac{\partial \dot{\boldsymbol{r}}_i}{\partial q_\alpha}$，读者可自证.

由式(1.1.22)可得

$$\dot{\boldsymbol{r}}_i = \frac{\mathrm{d}}{\mathrm{d}t}\boldsymbol{r}_i(q_1, q_2, \cdots, q_s; t) = \sum_{\alpha=1}^{s} \frac{\partial \boldsymbol{r}_i}{\partial q_\alpha}\dot{q}_\alpha + \frac{\partial \boldsymbol{r}_i}{\partial t} \tag{1.2.18}$$

上式对 $\dot{q}_\alpha$ 求偏导，考虑到 $\partial \boldsymbol{r}_i/\partial q_\alpha$ 和 $\partial \boldsymbol{r}_i/\partial t$ 分别都只是广义坐标和时间的函数，与 $\dot{q}_\alpha$ 无关，而对广义坐标的偏导数和对广义速度的偏导数彼此独立，所以

$$\frac{\partial \dot{\boldsymbol{r}}_i}{\partial \dot{q}_\alpha} = \frac{\partial \boldsymbol{r}_i}{\partial q_\alpha} \tag{1.2.19}$$

由于 $\dot{\boldsymbol{r}}_i$ 是 q_α、$\dot{q}_\alpha$ 和 t 的函数，动能也同样是 q_α、$\dot{q}_\alpha$ 和 t 的函数

$$T = \sum_{i=1}^{N} \frac{1}{2} m_i \dot{\boldsymbol{r}}_i^2 = T(q_1, q_2, \cdots, q_s; \dot{q}_1, \dot{q}_2, \cdots, \dot{q}_s; t) \tag{1.2.20}$$

因而

$$\frac{\partial T}{\partial \dot{q}_\alpha} = \sum_{i=1}^{N} \frac{\partial T}{\partial \dot{\boldsymbol{r}}_i} \cdot \frac{\partial \dot{\boldsymbol{r}}_i}{\partial \dot{q}_\alpha} = \sum_{i=1}^{N} m_i \dot{\boldsymbol{r}}_i \cdot \frac{\partial \boldsymbol{r}_i}{\partial q_\alpha} \tag{1.2.21}$$

$$\frac{\partial T}{\partial q_\alpha} = \sum_{i=1}^{N} \frac{\partial T}{\partial \dot{\boldsymbol{r}}_i} \cdot \frac{\partial \dot{\boldsymbol{r}}_i}{\partial q_\alpha} = \sum_{i=1}^{N} m_i \dot{\boldsymbol{r}}_i \cdot \frac{\partial \dot{\boldsymbol{r}}_i}{\partial q_\alpha} \tag{1.2.22}$$

将式(1.2.21)和(1.2.22)代回式(1.2.17)，则有

$$\sum_{i=1}^{N} m_i \ddot{\boldsymbol{r}}_i \cdot \frac{\partial \boldsymbol{r}_i}{\partial q_\alpha} = \frac{\mathrm{d}}{\mathrm{d}t}\frac{\partial T}{\partial \dot{q}_\alpha} - \frac{\partial T}{\partial q_\alpha} \tag{1.2.23}$$

于是式(1.2.16)最终变形为

$$\frac{\mathrm{d}}{\mathrm{d}t}\frac{\partial T}{\partial \dot{q}_\alpha} - \frac{\partial T}{\partial q_\alpha} = Q_\alpha, \quad \alpha = 1, 2, \cdots, s \tag{1.2.24}$$

这组完全由广义坐标表示的动力学方程称为**一般形式的拉格朗日方程.**

2. 保守体系情形

当所有主动力 $\boldsymbol{F}_i$ 均为保守力时，可以用势能的负梯度 $-\partial V/\partial \boldsymbol{r}_i$ 来表示，所以广义力

$$Q_\alpha = -\sum_{i=1}^{N} \frac{\partial V}{\partial \boldsymbol{r}_i} \cdot \frac{\partial \boldsymbol{r}_i}{\partial q_\alpha} = -\frac{\partial V}{\partial q_\alpha} \tag{1.2.25}$$

代入式(1.2.24)得

$$\frac{\mathrm{d}}{\mathrm{d}t}\frac{\partial T}{\partial \dot{q}_\alpha} - \frac{\partial (T-V)}{\partial q_\alpha} = 0, \quad \alpha = 1, 2, \cdots, s \tag{1.2.26}$$

常见的势能与广义速度无关，仅是广义坐标和时间的函数，$\partial V/\partial \dot{q}_\alpha = 0$. 由此，如果令

$$L = T(q,\dot{q},t) - V(q,t) = L(q,\dot{q},t) \tag{1.2.27}$$

则式(1.2.26)简化为

$$\frac{\mathrm{d}}{\mathrm{d}t}\frac{\partial L}{\partial \dot{q}_\alpha} - \frac{\partial L}{\partial q_\alpha} = 0, \quad \alpha = 1,2,\cdots,s \tag{1.2.28}$$

L 称为体系的**拉格朗日量**，或**拉格朗日函数**. 上式就是**保守体系的拉格朗日方程**.

对于保守力与非保守力共存的情况，可以将保守力的部分用 $-\partial V/\partial \boldsymbol{r}_i$ 表示，并吸收到拉格朗日函数中，而非保守力部分仍用广义力 Q_α 表示，可推得此时的拉格朗日方程为

$$\frac{\mathrm{d}}{\mathrm{d}t}\frac{\partial L}{\partial \dot{q}_\alpha} - \frac{\partial L}{\partial q_\alpha} = Q_\alpha, \quad \alpha = 1,2,\cdots,s \tag{1.2.29}$$

对于任何给定的力学系统，拉格朗日力学所得结果和牛顿力学的结果必然相同，只是用以获得这些结果的方法不同. 然而与牛顿动力学方程相比，拉格朗日方程有下列优点：

其一，对于受到 k 个约束的 N 个质点组成的质点系，应用牛顿方法需要联立 $3N+k$ 个方程进行求解，而在拉格朗日方法中，由于广义坐标的引入，完整约束不复存在，只需求解 $3N-k$ 个方程，方程数减少了，简化了求解.

其二，牛顿方程分析的对象是力矢量，而保守体系的拉格朗日方程分析的对象是具有能量性质的拉格朗日函数标量（即动能和势能），数学处理上更方便，而且不受坐标变换的影响. 更加有意义的是，相比于力，能量是各种相互作用的普遍度量. 所以拉格朗日方法就不再局限于力学范围，有可能应用到物理学的其他领域（事实正是这样的！）.

例 1.4

用拉格朗日方法分析例 1.1.

解 该体系有 2 个自由度，可以选取 m_1 的极径 r 和极角 θ 作为广义坐标，而 m_2 的竖直方向位置由约束关系 $z=-(l-r)$ 来决定，所以 $\dot{z}=\dot{r}$. 体系的总动能和势能分别为

$$T = \frac{1}{2}m_1(\dot{r}^2 + r^2\dot{\theta}^2) + \frac{1}{2}m_2\dot{r}^2, \quad V = -m_2 g(l-r) \tag{1}$$

所以该体系的拉格朗日函数

$$L = T - V = \frac{1}{2}m_1(\dot{r}^2 + r^2\dot{\theta}^2) + \frac{1}{2}m_2\dot{r}^2 + m_2 g(l-r) \tag{2}$$

由此计算拉格朗日方程所需的各项值如下：

$$\frac{\partial L}{\partial \dot{r}} = (m_1 + m_2)\dot{r}, \quad \frac{\mathrm{d}}{\mathrm{d}t}\left(\frac{\partial L}{\partial \dot{r}}\right) = (m_1 + m_2)\ddot{r}, \quad \frac{\partial L}{\partial r} = m_1 r\dot{\theta}^2 - m_2 g \tag{3}$$

$$\frac{\partial L}{\partial \dot{\theta}} = m_1 r^2\dot{\theta}, \quad \frac{\mathrm{d}}{\mathrm{d}t}\left(\frac{\partial L}{\partial \dot{\theta}}\right) = m_1(r^2\ddot{\theta} + 2r\dot{r}\dot{\theta}), \quad \frac{\partial L}{\partial \theta} = 0 \tag{4}$$

将它们分别代入关于广义坐标 r 和 θ 的拉格朗日方程(1.2.28)并整理得

$$\begin{cases} (m_1 + m_2)\ddot{r} - m_1 r\dot{\theta}^2 + m_2 g = 0 \\ m_1(r^2\ddot{\theta} + 2r\dot{r}\dot{\theta}) = 0, \text{即 } r\ddot{\theta} + 2\dot{r}\dot{\theta} = 0 \end{cases} \tag{5}$$

与例 1.1 的结果相同. 式(5)的第二式可积分为 $r^2\dot{\theta} = \text{const}$，这是一个守恒量，其来龙去脉值得思考（参见 1.5.5 节广义动量和循环坐标）.

1.3 哈密顿原理与拉格朗日方程

1.3.1 变分法简介

变分法在物理和化学领域有着广泛的应用. 比如量子力学中求解系统的基态和低激发态时可以采用变分法，而费曼路径积分形式的量子力学体系更是以变分法为数学基础的.

在求解量子力学体系基态能级的问题中，严格的基态波函数应该使该体系能量的期望值取极小值. 作为近似，研究者可以先根据研究体系的特点构建一个包含若干待定参量的试探波函数，然后利用变分法确定这些待定参量，以使该形式下的波函数有最低的能量期望值. 变分法的一个突出优点是：所得能量期望值越低，就越接近真实的基态能级，因而相应的试探波函数也越接近真实的波函数. 如此简单明确的判据是一般近似方法所不具备的.

1. 泛函

函数的概念很直观，如果在某范围内给定一个 x 值，y 按照一个确定规则取唯一值，则 y 是 x 的函数. 作为对比和拓展，如果某变量 J 不是由某一个变量的特殊取值 x 确定，而是取决于整个函数 $y(x)$ 的形式，则 J 被称为 $y(x)$ 的**泛函**，记做 $J = J[y(x)]$. 通俗而形象地说，泛函是函数的函数.

泛函的概念虽然比较抽象，但日常经验中有时也涉及这一概念. 例如，一个质点沿竖直平面内的光滑曲线 $y = y(x)$ 由静止开始从 A 点滑到 B 点，如图 1.3.1 所示，则质点从 A 滑到 B 所需的时间 t 不是由某个 x 的取值确定的，而是由整个曲线形状，也就是 $y(x)$ 的形式所决定的. 因此下滑所需时间是下滑轨道曲线形状的泛函，即 $t = t[y(x)]$.

又如图 1.3.2 所示，平面上一个长度固定的柔软细绳所围成的面积 S 也不是由细绳某个点的位置 x 所决定的，而是取决于整个细绳的形状函数 $y(x)$. 可见围成的面积是细绳形状函数的泛函，即 $S=S[y(x)]$.

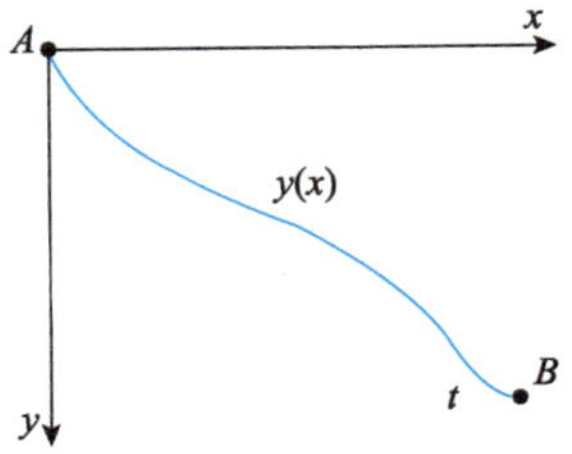

图 1.3.1 质点从 A 点滑到 B 点所需时间是轨道曲线形状函数的泛函

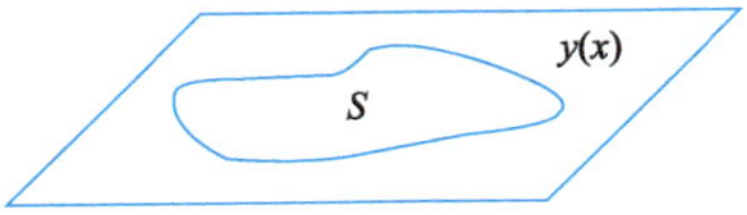

图 1.3.2 柔软细绳所围成的面积是细绳形状函数的泛函

实际问题中人们所关注的往往不是泛函的全部信息，而只是泛函的极值问题，比如在前一个例子中最受关注的是下滑所需的最少时间及相应的轨道曲线形式，在后一个例子中则关注细绳能围成的最大面积和此时细绳的形状.

我们知道，函数的极值问题与函数的一阶微分有关. 那么泛函的极值问题由泛函的什么特性来决定呢?

2. 泛函变分

函数 $y(x)$称为泛函 $J[y(x)]$的**宗量**. 面对有无限种形式的 $y(x)$，为便于分析，不妨设某条曲线 $y(x)$附近有另一条曲线 $y_1(x)$，定义宗量 $y(x)$的**变分**是当自变量 x 固定时这两个函数的差，即

$$\delta y = y_1(x) - y(x) \tag{1.3.1}$$

这种自变量不变的变分称为**等时变分**，本书不讨论不等时变分的情况. 而且我们只讨论**不动边界问题**，即在起、终点所有宗量函数取相同值

$$\delta y\big|_{x_1} = \delta y\big|_{x_2} = 0 \tag{1.3.2}$$

泛函 $J[y(x)]$的**变分**是指由上述变分 δy 所引起的 J 的变化，即

$$\delta J = J[y(x)+\delta y] - J[y(x)] \tag{1.3.3}$$

图 1.3.3 说明了变分和微分的区别. 变分 $\delta y = \overline{CD}$，$\delta x = 0$，而微分 $\mathrm{d}y = \overline{EF}$，$\mathrm{d}x = \overline{DF}$.

3. 变分的运算规则

由于变分与微分都只是变量的无穷小变化，所以变分运算与微分运算的规则有诸多相似之处，具体如下：

$$\begin{aligned} &\delta(J_1+J_2) = \delta J_1 + \delta J_2 \\ &\delta(J_1J_2) = J_2\delta J_1 + J_1\delta J_2 \\ &\delta\left(\frac{J_1}{J_2}\right) = \frac{J_2\delta J_1 - J_1\delta J_2}{J_2^2} \end{aligned} \tag{1.3.4}$$

对于等时变分，变分和微分两种运算可以交换顺序，例如

$$\delta(\mathrm{d}y)=\mathrm{d}(\delta y),\quad \delta\left(\frac{\mathrm{d}y}{\mathrm{d}x}\right)=\frac{\mathrm{d}(\delta y)}{\mathrm{d}x} \tag{1.3.5}$$

式(1.3.5)可以证明如下.

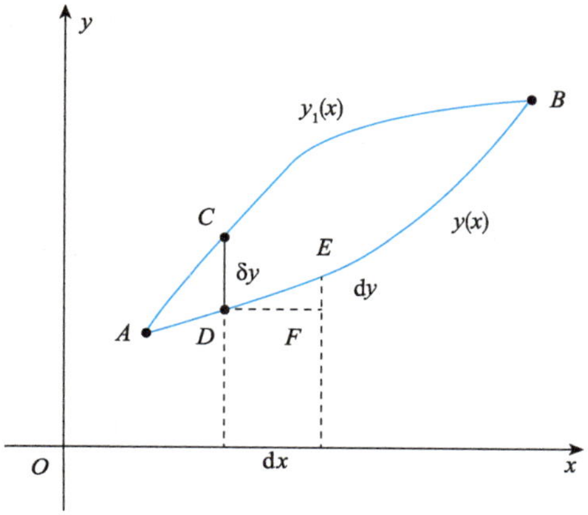

图 1.3.3 变分与微分的比较

首先，如图 1.3.4 所示，设 $y(x)$和 $y(x)+\delta y$ 是某一泛函的两个宗量函数，我们考察函数在 P 和Q' 两点之间的变化. 函数由点 P 到点Q'的变化可以经过两条路径:一条是 $P\to Q\to Q'$，相应的函数值由 $y(x)\to y(x)+\mathrm{d}y\to(y(x)+\mathrm{d}y)+\delta(y(x)+\mathrm{d}y)$；另一条是 $P\to P'\to Q'$，相应的函数值由 $y(x)\to y(x)+\delta y\to(y(x)+\delta y)+\mathrm{d}(y(x)+\delta y)$. 两条路径的终点相同，因而最终的函数值也相同，即 $(y(x)+\mathrm{d}y)+\delta(y(x)+\mathrm{d}y)=(y(x)+\delta y)+\mathrm{d}(y(x)+\delta y)$，从中消去 y、$\mathrm{d}y$ 和 δy，最后得到 $\delta(\mathrm{d}y)=\mathrm{d}(\delta y)$. 第一式得证.

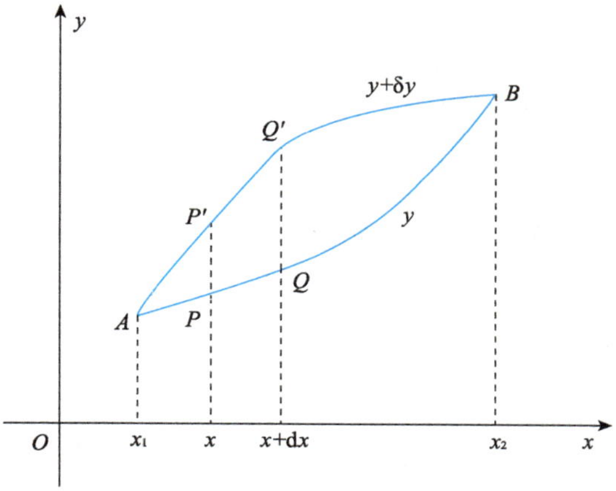

图 1.3.4 变分和微分可以交换顺序

其次，按照式(1.3.4)的变分规则

$$\delta\left(\frac{\mathrm{d}y}{\mathrm{d}x}\right)=\frac{\mathrm{d}x\delta(\mathrm{d}y)-\mathrm{d}y\delta(\mathrm{d}x)}{(\mathrm{d}x)^2}=\frac{\mathrm{d}x\mathrm{d}(\delta y)-\mathrm{d}y\mathrm{d}(\delta x)}{(\mathrm{d}x)^2}$$

因为我们考察的是等时变分，即 $\delta x=0$，所以上式简化为式(1.3.5)的第二式.

4. 泛函取极值的条件

我们知道，函数 $y(x)$在 $x=x_0$ 处取极值的必要条件是 $y(x)$在该处的一阶微分为零，即 $\mathrm{d}y\,|_{x=x_0}=y'(x)\,|_{x=x_0}\mathrm{d}x=0$. 作为对比，泛函 $J[y(x)]$在 $y_0(x)$处取极值的必要条件是 J 在 $y_0(x)$处的一阶变分为零

$$\delta J\,|_{y=y_0(x)}=0 \tag{1.3.6}$$

证明 设泛函 $J[y(x)]$在 $y=y_0(x)$处取极值，即 $J[y_0(x)+\delta y(x)]$在 $\delta y(x)=0$处取极值. 令变分 $\delta y=\alpha\eta(x)$，其中 α 是与 x 无关的小量，$\eta(x)$是在起、终点处均为零的任一有界函数. 这样就可以把 J 看作是以 α 为自变量的函数，在 $\alpha=0$处取极值的必要条件是

$$\left.\frac{\partial J[y_0(x)+\alpha\eta(x)]}{\partial\alpha}\right|_{\alpha=0}=0 \tag{1.3.7}$$

由此得

$$\begin{aligned}\delta J\,|_{y=y_0(x)}&=J[y_0(x)+\delta y(x)]-J[y_0(x)]\\&=J[y_0(x)+\alpha\eta(x)]-J[y_0(x)]\\&=\left.\frac{\partial J[y_0(x)+\alpha\eta(x)]}{\partial\alpha}\right|_{\alpha=0}\alpha=0\end{aligned} \tag{1.3.8}$$

5. 欧拉方程

一类常见的一维泛函形式为

$$J=\int_{x_1}^{x_2}f(y(x),\dot{y}(x),x)\mathrm{d}x \tag{1.3.9}$$

其中 $\dot{y}=\mathrm{d}y/\mathrm{d}x$. 此类泛函取极值的条件可以从式(1.3.6)进一步具体化为对被积函数 f 的限制. 由式(1.3.9)得

$$\delta J=\int_{x_1}^{x_2}\delta f(y,\dot{y},x)\mathrm{d}x=\int_{x_1}^{x_2}\left(\frac{\partial f}{\partial y}\delta y+\frac{\partial f}{\partial\dot{y}}\delta\dot{y}\right)\mathrm{d}x \tag{1.3.10}$$

上式中已经用了等时变分 $\delta x=0$ 的条件. 其中右边的第二项积分可以经过分部积分变形为

$$\int_{x_1}^{x_2}\frac{\partial f}{\partial\dot{y}}\delta\dot{y}\mathrm{d}x=\int_{x_1}^{x_2}\frac{\partial f}{\partial\dot{y}}\frac{\mathrm{d}}{\mathrm{d}x}(\delta y)\mathrm{d}x=\left.\frac{\partial f}{\partial\dot{y}}\delta y\right|_{x_1}^{x_2}-\int_{x_1}^{x_2}\frac{\mathrm{d}}{\mathrm{d}x}\left(\frac{\partial f}{\partial\dot{y}}\right)\delta y\mathrm{d}x \tag{1.3.11}$$

由于所有可能的曲线都必须通过起始和终了的固定点$(x_1,\ y_1)$和$(x_2,\ y_2)$，所以 δy 在 x_1 和 x_2 处均为零，这样上式右边的第一项为零，于是方程(1.3.10)变形为

$$\delta J=\int_{x_1}^{x_2}\left(\frac{\partial f}{\partial y}-\frac{\mathrm{d}}{\mathrm{d}x}\frac{\partial f}{\partial\dot{y}}\right)\delta y\mathrm{d}x \tag{1.3.12}$$

若 J 取极值，则 $\delta J=0$，即

$$\int_{x_1}^{x_2}\left(\frac{\partial f}{\partial y}-\frac{\mathrm{d}}{\mathrm{d}x}\frac{\partial f}{\partial \dot{y}}\right)\delta y\mathrm{d}x=0 \tag{1.3.13}$$

由 δy 的任意性，泛函取极值的必要条件简化为

$$\frac{\mathrm{d}}{\mathrm{d}x}\frac{\partial f}{\partial \dot{y}}-\frac{\partial f}{\partial y}=0 \tag{1.3.14}$$

这就是单宗量的欧拉方程.

由于式(1.3.14)中的两个变量中哪一个称为 x 或 y 并没有特别的意义，所以可以将式中的 x 和 y 互换位置，得到新的欧拉方程

$$\frac{\mathrm{d}}{\mathrm{d}y}\frac{\partial f}{\partial \dot{x}}-\frac{\partial f}{\partial x}=0 \tag{1.3.15}$$

要注意当自变量更换时，f 的表达式也要作相应的变化（见例 1.5 的解 2）.

6. 实例

例 1.5

求最速落径方程. 即找出一条连接两个点的曲线，使得一个质点从静止开始在重力作用下沿着这条曲线从较高点移向较低点的时间为最短，不计摩擦.

解 1 设 v 是沿着这条曲线的速率，则降落一段弧长 $\mathrm{d}s$ 所需时间为 $\mathrm{d}s/v$. 而所求问题就是算出积分 $t_{12}=\int_1^2 \mathrm{d}s/v$ 极小值，其中 $\mathrm{d}s=\sqrt{\mathrm{d}x^2+\mathrm{d}y^2}=\sqrt{1+\dot{y}^2}\,\mathrm{d}x$.

如果 y 是由释放的起始点向下度量的，则由质点的机械能守恒定律得 $v=\sqrt{2gy}$. 因此

$$t_{12}=\int_1^2\sqrt{(1+\dot{y}^2)/(2gy)}\,\mathrm{d}x \tag{1}$$

于是

$$f=\sqrt{(1+\dot{y}^2)/(2gy)} \tag{2}$$

$$\frac{\partial f}{\partial \dot{y}}=\frac{\dot{y}}{\sqrt{2gy(1+\dot{y}^2)}} \tag{3}$$

$$\frac{\mathrm{d}}{\mathrm{d}x}\frac{\partial f}{\partial \dot{y}}=\frac{\ddot{y}}{\sqrt{2gy(1+\dot{y}^2)^3}}-\frac{\dot{y}^2}{\sqrt{8gy^3(1+\dot{y}^2)}} \tag{4}$$

$$\frac{\partial f}{\partial y}=-\sqrt{\frac{1+\dot{y}^2}{8gy^3}} \tag{5}$$

将式(4)和(5)代入欧拉方程(1.3.14)并化简得

$$\frac{\ddot{y}}{\sqrt{2gy(1+\dot{y}^2)^3}}+\frac{1}{\sqrt{8gy^3(1+\dot{y}^2)}}=0 \tag{6}$$

以下是进一步求解过程

$$\frac{2\ddot{y}}{1+\dot{y}^2}+\frac{1}{y}=\frac{\mathrm{d}\dot{y}^2/\mathrm{d}y}{1+\dot{y}^2}+\frac{1}{y}=0 \tag{7}$$

$$(1+\dot{y}^2)y=c_1,\quad \mathrm{d}y\sqrt{\frac{y}{c_1-y}}=\mathrm{d}x \tag{8}$$

令

$$y=c_1\sin^2\theta \tag{9}$$

则式(8)的第二式变为 $2c_1\sin^2\theta\mathrm{d}\theta=\mathrm{d}x$，积分得

$$x=c_1(\theta-\sin 2\theta/2)+c_2 \tag{10}$$

设初始点为原点，由式(9)和(10)可推出 $\theta_1=0$，$c_2=0$，而 c_1 和 θ_2 由终点的位置决定，除去一些特别情形，一般只能数值求解. 由此我们得到最速落径的参数方程

$$\begin{cases}x=c_1(\theta-\sin 2\theta/2)\\ y=c_1\sin^2\theta\end{cases} \tag{11}$$

这是旋轮线的一部分.

解 2 以 y 为自变量，x 为因变量，则欧拉方程变成

$$\frac{\partial f}{\partial x}-\frac{\mathrm{d}}{\mathrm{d}y}\frac{\partial f}{\partial\dot{x}}=0 \tag{12}$$

而此时下落时间的表达式为

$$t_{12}=\int_1^2\frac{\mathrm{d}s}{\sqrt{2gy}}=\int_1^2\frac{\sqrt{\mathrm{d}x^2+\mathrm{d}y^2}}{\sqrt{2gy}}=\int_1^2\sqrt{\frac{1+\dot{x}^2}{2gy}}\mathrm{d}y \tag{13}$$

所以

$$f=\sqrt{\frac{1+\dot{x}^2}{2gy}} \tag{14}$$

f 中不显含 x，由式(12)知 $\partial f/\partial\dot{x}$ 为常数，令其为 $(2gc_1)^{-1/2}$，从上式可得出

$$\frac{\partial f}{\partial\dot{x}}=\frac{\dot{x}}{\sqrt{(1+\dot{x}^2)2gy}}=(2gc_1)^{-1/2} \tag{15}$$

由此

$$\mathrm{d}x=\sqrt{\frac{y}{c_1-y}}\mathrm{d}y \tag{16}$$

至此已经得到第一种方法中的式(8)，以下方法与解 1 相同.

进一步讨论：

(1) 可证 $\dot{y}=\mathrm{d}y/\mathrm{d}x=\cot\theta$，即 θ 为曲线上一点切线斜率的反切角.

(2) 根据最速落径方程(11)，可以求出最短下落时间为 $t_{12}=\sqrt{2c_1/g}\theta_2$. 特

别地，如果终点位置是$(\pi/2, 1)$，则有解析解 $t_{12}=\pi/\sqrt{2g}$. 作为比较，假想另一条路径是在起、终点之间连接的光滑斜面，则相应的下落时间 $t'_{12}=\sqrt{\pi^2+4}/\sqrt{2g}$. 后一时间与前一时间之比为 $t'_{12}/t_{12}=\sqrt{1+4/\pi^2}>1$. 可以预期，起、终点的水平与竖直距离之比越大，最速落径与斜面相比的优势越明显.

(3) 当终点与起点的水平距离大于其垂直距离的 $\pi/2$ 倍时，质点不会一直下落到终点，而是先落到旋轮线的最低点，再上升到终点.

(4) 还可以进一步计算初速度不为零时的最速落径问题，见习题 1.17.

最速落径问题在数学史上非常著名，正是约翰·伯努利对这个问题的研究，才促使变分学正式建立起来.

例 1.6

在重力场中，两端固定的质量均匀重链处于平衡状态时的形状称为悬链线. 求悬链线方程.

解 为简单起见，设链的两个固定悬点 A 和 B 在同一水平位置，并取链的最低点坐标为$(0, a)$. 假定链的线质量密度为 ρ，则体系的势能为

$$V=\int_{x_A}^{x_B}\rho g y\,\mathrm{d}s=\rho g\int_{x_A}^{x_B}y\sqrt{1+\dot{y}^2}\,\mathrm{d}x \tag{1}$$

势能 V 是函数 $y(x)$的泛函. 因为保守体系处于平衡状态时势能取极值，$\delta V=0$. 因此求解悬链线方程归结为解

$$f=y\sqrt{1+\dot{y}^2} \tag{2}$$

的欧拉方程. 由式(1.3.14)，有

$$\frac{\mathrm{d}}{\mathrm{d}x}\left(\frac{\dot{y}y}{\sqrt{1+\dot{y}^2}}\right)-\sqrt{1+\dot{y}^2}=\frac{y\ddot{y}}{\sqrt{(1+\dot{y}^2)^3}}-\frac{1}{\sqrt{1+\dot{y}^2}}=0 \tag{3}$$

所以

$$y\ddot{y}-(1+\dot{y}^2)=0 \tag{4}$$

即

$$\frac{2\mathrm{d}y}{y}=\frac{\mathrm{d}\dot{y}^2}{1+\dot{y}^2} \tag{5}$$

由此推得

$$y^2=c_1^2(1+\dot{y}^2) \tag{6}$$

最终有

$$y=c_1\cosh\frac{x+c_2}{c_1} \tag{7}$$

若令最低点的横坐标为零，则 $c_2=0$，而 c_1 恰对应最低点的纵坐标，所以悬链线是一个双曲余弦曲线. 设左端点的横坐标为 $-a$，将曲线方程代入悬链线长度计算公式

$$l=\int_{-a}^{a}\mathrm{d}s=\int_{-a}^{a}\sqrt{1+\dot{y}^2}\,\mathrm{d}x=2c_1\sinh\frac{a}{c_1} \tag{8}$$

只要知道了两端点的距离和链长，就可以通过上式求解 c_1.

这里没有考虑绳长为固定值这一约束关系，但可以证明该约束不影响本问题的求解.

例 1.7

求球面上的短程线.

解 “短程线”代表任意两点之间沿某个约束面的最短路径. 设球面的半径为 r，则球面上的线元 $\mathrm{d}s=r[(\mathrm{d}\theta)^2+\sin^2\theta(\mathrm{d}\varphi)^2)]^{1/2}$，所以点 1 和 2 之间的球面距离

$$s=r\int_1^2\sqrt{1+\varphi_\theta^2\sin^2\theta}\,\mathrm{d}\theta \tag{1}$$

其中 $\varphi_\theta=\mathrm{d}\varphi/\mathrm{d}\theta$.

为求出 s 的极值条件，将

$$f=\sqrt{1+\varphi_\theta^2\sin^2\theta} \tag{2}$$

代入欧拉方程(1.3.14). 由于 f 中不显含 φ，所以

$$\frac{\partial f}{\partial\varphi_\theta}=\frac{\varphi_\theta\sin^2\theta}{\sqrt{1+\varphi_\theta^2\sin^2\theta}}=c_1 \tag{3}$$

其中 c_1 为常量. 此式变形为

$$\mathrm{d}\varphi=\frac{c_1\,\mathrm{d}\theta}{\sin\theta\sqrt{\sin^2\theta-c_1^2}} \tag{4}$$

解得

$$c_3\sin(c_2-\varphi)=\cot\theta \tag{5}$$

其中 $c_3=\sqrt{1-c_1^2}/c_1$.

为看出此结果的几何意义，将式(5)乘以 $r\sin\theta$，并展开 $\sin(c_2-\varphi)$ 得

$$(c_3\cos c_2)r\sin\theta\sin\varphi-(c_3\sin c_2)r\sin\theta\cos\varphi=r\cos\theta \tag{6}$$

在直角坐标系中，上式化为

$$(c_3\cos c_2)y-(c_3\sin c_2)x=z \tag{7}$$

这是一个通过球心的平面方程. 因此，球面的短程线是该平面与球面相交所形成的截线，即大圆在两点间的劣弧段.

注意：泛函一阶变分为零的条件不能保证所得结果必然极小，但常可以根据实际条件鉴别. 比如这里的另一个解是两点间大圆的优弧段，显然不是短程线.

1.3.2 由哈密顿原理推出拉格朗日方程

1. 哈密顿原理

体系从时刻 t_1 到时刻 t_2 的实际运动将保证下列线积分是运动路径的一个极值

$$S=\int_{t_1}^{t_2} L\mathrm{d}t \tag{1.3.16}$$

就是说，在系统点从 t_1 演化到 t_2 的所有可能路径中，系统将沿着保证上式为极值的那条路径移动，不论这个极值是极大还是极小，这就是**哈密顿原理**. S 称为**哈密顿作用量**.

可以用变分学的语言重新表述哈密顿原理：系统所做运动保证对有固定上下限 t_1 和 t_2 的线积分 S 的变分为零，即

$$\delta S=\delta\int_{t_1}^{t_2} L(q_1,q_2,\cdots,q_s;\dot{q}_1,\dot{q}_2,\cdots,\dot{q}_s;t)\mathrm{d}t=0 \tag{1.3.17}$$

力学体系的真实运动是由动力学方程决定的. 哈密顿原理可以从各种运动学所允许的可能运动中把真实运动挑选出来，表明哈密顿原理本身就是动力学原理的一种表述形式.

2. 拉格朗日方程的导出

在 1.3.1 节中我们讨论了 f 是单一变量 y 及其导数 $\dot{y}$ 的函数的情况，很容易直接推广到 f 是 s 个独立的变量 y_α 及其导数 $\dot{y}_\alpha$ 的函数的情形. 此时的泛函取极值要求

$$\delta J=\delta\int_{x_1}^{x_2} f(y_1(x),y_2(x),\cdots,y_s(x);\dot{y}_1(x),\dot{y}_2(x),\cdots,\dot{y}_s(x);x)\mathrm{d}x=0 \tag{1.3.18}$$

类似于 1.3.1 节的推演过程，最后我们得到

$$\frac{\mathrm{d}}{\mathrm{d}x}\frac{\partial f}{\partial \dot{y}_\alpha}-\frac{\partial f}{\partial y_\alpha}=0,\quad \alpha=1,2,\cdots,s \tag{1.3.19}$$

这一组微分方程称为**欧拉-拉格朗日微分方程**.

将这一套变量按下列对应关系：

$$x\to t,\quad y_\alpha\to q_\alpha,\quad f(y,\dot{y},t)\to L(q,\dot{q},t),\quad J\to S$$

换成我们熟悉的力学量时，式(1.3.18)就变成哈密顿原理式(1.3.17)，而欧拉-拉格朗日微分方程(1.3.19)恰好变成拉格朗日方程

$$\frac{\mathrm{d}}{\mathrm{d}t}\frac{\partial L}{\partial \dot{q}_\alpha}-\frac{\partial L}{\partial q_\alpha}=0,\quad \alpha=1,2,\cdots,s \tag{1.3.20}$$

可见对于保守体系，我们能够由哈密顿原理导出拉格朗日方程. 这一事实的重要意义在于，以前由达朗贝尔原理导出拉格朗日方程的出发点是牛顿力学；而由哈密顿原理导出拉格朗日方程，完全在分析力学框架内. 这就使我们能够以哈密顿原理而不是牛顿运动定律作为基本假设来建立保守体系的力学，打破了牛顿体系的绝对统治地位.

鉴于由变分为零的条件导出欧拉方程的过程步步可逆，因此也可以从拉格朗日方程反推哈密顿原理.

3. 一般情形的哈密顿原理

上面讨论的是有势体系的哈密顿原理，对于存在非有势力的体系，哈密顿原理是

$$\int_{t_1}^{t_2}\left(\delta L+\sum_{\alpha=1}^{s} Q_\alpha \delta q_\alpha\right)\mathrm{d}t=0 \tag{1.3.21}$$

与有势体系的情形相比，只是多了包含广义力的变分项.

由上式可以导出一般情形的拉格朗日方程

$$\frac{\mathrm{d}}{\mathrm{d}t}\frac{\partial L}{\partial \dot{q}_\alpha}-\frac{\partial L}{\partial q_\alpha}=Q_\alpha,\quad \alpha=1,2,\cdots,s \tag{1.3.22}$$

4. 其他类似原理的简介

哈密顿原理也称为哈密顿最小作用量原理. 物理学史上有若干个最小作用量原理，与局部分析的理论体系不同，它们都是从全局上来研究某些物理过程需要的条件. 在前人的基础上，1657 年费马比较严格地论述了几何光学中的最小作用原理，即光线的实际路径总使得在固定的起点和终点之间光线传播的时间最短. 尽管形式上同惠更斯原理完全不同，但费马原理也能解释光在均匀介质中的直线传播规律，以及在两种介质界面处的反射定律和折射定律[①].

到了 17 世纪后半叶，牛顿、莱布尼茨及伯努利家族利用最小作用量原理研究最速落径问题和悬链线等问题，发展出了变分学.

1747 年莫培督开始将广义的最小作用量原理应用于力学系统，在他的公式中，宗量不是拉格朗日函数，而是两倍的动能，而且其变分运算与哈密顿原理有所不同. 可以证明，莫培督原理仅适用于保守系，且可以从哈密顿原理导出.

1828 年高斯建立了最小约束原理，并被赫兹改进成更普遍的最小曲率原理. 但这些仍然没有超出哈密顿原理的范围.

人们不断地尝试各种不同的最小作用量原理，是基于这样的信念，大自然总是使某些重要的物理量取最小值. 除了前述的一些现象外，还有很多例子. 比如静电学中

---

① 后来发现，更准确的说法是传播时间对实际路径的变分为零，因为有时候实际路径对应的时间反而最大，或其他更复杂的情形，详见本套丛书的《光学》.

的汤姆孙原理，即静电平衡时带电体系的静电能最小，又如任何有限体系在不考虑温度效应时总是趋于基态. 这两个例子中反映的规律在所属学科中并不是作为最基本原理出现的，但其直观性、普遍性仍然是耐人寻味的，也都可以引入相应的变分方法进行求解. 其中的一些例子取得最小值需要一定的弛豫时间，理解起来比较自然. 然而，哈密顿原理和费马原理中最小值的取得是瞬时发生的，似乎质点或光具有超自然的能力，时时刻刻知道从起点到任一位置时，它走的路径永远满足某个作用量取极值. 作为对比，在牛顿力学里，质点下一时刻的位置和速度，只取决于本时刻的位置和速度，以及所受的作用力，完全不需要考虑此时刻之前或之后质点处于什么状态.

1.4 拉格朗日力学的进一步讨论

1.4.1 拉格朗日函数的可加性和非唯一性

1. 拉格朗日函数的可加性

假定力学系统由 A 和 B 两部分组成，并且每一部分都是封闭的，因而分别有拉格朗日函数

$$L_A = T_A - V_A, \quad L_B = T_B - V_B \tag{1.4.1}$$

在极限情形下，当两部分相距很远，以至于它们之间的相互作用可以忽略不计时，整个系统的总动能和总势能分别趋向极限

$$T = T_A + T_B, \quad V = V_A + V_B \tag{1.4.2}$$

因而系统的拉格朗日函数趋向极限

$$L = T - V = L_A + L_B \tag{1.4.3}$$

此即拉格朗日函数的**可加性**. 于是，在拉格朗日方程组中，A 和 B 两个部分的变量完全分开. 可见，拉格朗日函数的可加性意味着，在没有相互作用的系统中，任一部分的运动方程不可能包含另一部分的量.

由于拉格朗日方程关于拉格朗日函数的齐次性，所以将力学系统的拉格朗日函数乘上一个任意常数并不会在运动方程上反映出来. 但可加性消除了这一不确定性，因为它只允许对所有系统的拉格朗日函数乘上同一常数，而这只不过归结为选择这一物理量度量单位的任意性而已.

2. 拉格朗日函数的非唯一性

尽管常数因子的不确定性可以化解，但拉格朗日函数仍然不是唯一的. 设有两个函数 $L(q,\dot{q},t)$ 和 $L'(q,\dot{q},t)$，二者之间相差任意一个坐标与时间的函数 $f(q,t)$对时间的全微商

$$L'(q,\dot{q},t) = L(q,\dot{q},t) + \dot{f}(q,t) \tag{1.4.4}$$

比较二者对应的作用量的关系

$$S' = \int_1^2 L'(q,\dot{q},t)\mathrm{d}t = \int_1^2 L(q,\dot{q},t)\mathrm{d}t + \int_1^2 \dot{f}(q,t)\mathrm{d}t = S + f(q^{(2)},t_2) - f(q^{(1)},t_1)$$

由于 $f(q^{(2)},\ t_2)$和 $f(q^{(1)},\ t_1)$是函数 $f(q,\ t)$在不动边界上的取值，与路径无关，所以两个作用量 S'和 S 仅相差一个附加常数项，于是 $\delta S'=\delta S=0$，从而运动方程的形式相同. 可见，拉格朗日函数可以加上任意一个坐标与时间的函数对时间的全微商，这就是拉格朗日函数的**非唯一性**.

也可以直接用拉格朗日方程验证拉格朗日函数的这种非唯一性.

$$\begin{aligned}\frac{\mathrm{d}}{\mathrm{d}t}\frac{\partial L'}{\partial \dot{q}_\alpha} - \frac{\partial L'}{\partial q_\alpha} &= \frac{\mathrm{d}}{\mathrm{d}t}\left(\frac{\partial L}{\partial \dot{q}_\alpha} + \frac{\partial \dot{f}}{\partial \dot{q}_\alpha}\right) - \left(\frac{\partial L}{\partial q_\alpha} + \frac{\partial \dot{f}}{\partial q_\alpha}\right) \\ &= \frac{\mathrm{d}}{\mathrm{d}t}\frac{\partial L}{\partial \dot{q}_\alpha} - \frac{\partial L}{\partial q_\alpha} + \frac{\mathrm{d}}{\mathrm{d}t}\frac{\partial \dot{f}}{\partial \dot{q}_\alpha} - \frac{\partial \dot{f}}{\partial q_\alpha} \end{aligned} \tag{1.4.5}$$

由于 L 是体系的拉格朗日函数，应满足拉格朗日方程，所以上式最后一个等号右边的前两项相消，而

$$\dot{f} = \frac{\partial f}{\partial t} + \sum_{\alpha=1}^{s}\frac{\partial f}{\partial q_\alpha}\dot{q}_\alpha \tag{1.4.6}$$

注意到 $\partial f/\partial t$ 和 $\partial f/\partial q_\alpha$ 均与 $\dot{q}_\alpha$ 无关，则 $\partial\dot{f}/\partial\dot{q}_\alpha = \partial f/\partial q_\alpha$ ，所以

$$\begin{aligned}\frac{\mathrm{d}}{\mathrm{d}t}\frac{\partial \dot{f}}{\partial \dot{q}_\alpha} &= \frac{\mathrm{d}}{\mathrm{d}t}\frac{\partial f}{\partial q_\alpha} = \frac{\partial^2 f}{\partial t\partial q_\alpha} + \sum_\beta \frac{\partial^2 f}{\partial q_\alpha \partial q_\beta}\dot{q}_\beta \\ &= \frac{\partial}{\partial q_\alpha}\left(\frac{\partial f}{\partial t} + \sum_\beta \frac{\partial f}{\partial q_\beta}\dot{q}_\beta\right) = \frac{\partial \dot{f}}{\partial q_\alpha}\end{aligned} \tag{1.4.7}$$

将上式代入式(1.4.5)中，则问题得证.

这种非唯一性会导致其他物理量的非唯一性，比如广义动量和广义能量. 在一定程度上也意味着某些物理量不必具有确定的物理意义. 与之相似并有联系的还有电磁学中矢势和标势的非唯一性.

例 1.8

用拉格朗日方法在非惯性系中导出单个自由粒子的牛顿运动方程.

解 设有三个坐标系 S、S_1 和 S'，其中 S 为惯性系，S_1 相对于 S 以速度 $\boldsymbol{v}_0$ 做平动，S'与 S_1 有共同原点，但相对于 S_1 以角速度 $\boldsymbol{\omega}_0$ 转动，则 $\boldsymbol{v}_1 = \boldsymbol{v} - \boldsymbol{v}_0$，而 $\boldsymbol{v}' = \boldsymbol{v}_1 - \boldsymbol{\omega}_0 \times \boldsymbol{r}'$.

$$L = \frac{1}{2}m\boldsymbol{v}^2 = \frac{1}{2}m(\boldsymbol{v}_1 + \boldsymbol{v}_0)^2 = \frac{1}{2}m\boldsymbol{v}_1^2 + \frac{1}{2}m\boldsymbol{v}_0^2 + m\boldsymbol{v}_0\cdot\boldsymbol{v}_1 \tag{1}$$

上式中的第二项为常数项，根据拉格朗日函数的非唯一性，此项可以舍去. 第三项

$$m\boldsymbol{v}_0\cdot\boldsymbol{v}_1 = \frac{\mathrm{d}}{\mathrm{d}t}(m\boldsymbol{r}_1\cdot\boldsymbol{v}_0) - m\boldsymbol{r}_1\cdot\frac{\mathrm{d}\boldsymbol{v}_0}{\mathrm{d}t} \tag{2}$$

上式右边的第一项又可以舍去．又因为S'系和S_1系中的位矢相同，即$\boldsymbol{r}'=\boldsymbol{r}_1$，所以式(1)等效为

$$L'=\frac{1}{2}mv_1^2-m\boldsymbol{r}'\cdot\frac{\mathrm{d}\boldsymbol{v}_0}{\mathrm{d}t}=\frac{1}{2}m(\boldsymbol{v}'+\boldsymbol{\omega}_0\times\boldsymbol{r}')^2-m\boldsymbol{r}'\cdot\frac{\mathrm{d}\boldsymbol{v}_0}{\mathrm{d}t}$$
$$=\frac{1}{2}mv'^2+\frac{1}{2}m(\boldsymbol{\omega}_0\times\boldsymbol{r}')^2+m\boldsymbol{v}'\cdot(\boldsymbol{\omega}_0\times\boldsymbol{r}')-m\boldsymbol{r}'\cdot\frac{\mathrm{d}\boldsymbol{v}_0}{\mathrm{d}t}\tag{3}$$

定义符号$\frac{\partial}{\partial\boldsymbol{r}'}=\frac{\partial}{\partial x'}\boldsymbol{e}_x+\frac{\partial}{\partial y'}\boldsymbol{e}_y+\frac{\partial}{\partial z'}\boldsymbol{e}_z$，$\frac{\partial}{\partial\boldsymbol{v}'}=\frac{\partial}{\partial\dot{x}'}\boldsymbol{e}_x+\frac{\partial}{\partial\dot{y}'}\boldsymbol{e}_y+\frac{\partial}{\partial\dot{z}'}\boldsymbol{e}_z$，则

$$\frac{\partial L'}{\partial\boldsymbol{r}'}=-m\boldsymbol{\omega}_0\times\boldsymbol{v}'-m\boldsymbol{\omega}_0\times(\boldsymbol{\omega}_0\times\boldsymbol{r}')-m\frac{\mathrm{d}\boldsymbol{v}_0}{\mathrm{d}t}\tag{4}$$

$$\frac{\partial L'}{\partial\boldsymbol{v}'}=m\boldsymbol{v}'+m\boldsymbol{\omega}_0\times\boldsymbol{r}',\quad\frac{\mathrm{d}}{\mathrm{d}t}\frac{\partial L'}{\partial\boldsymbol{v}'}=m\frac{\mathrm{d}\boldsymbol{v}'}{\mathrm{d}t}+m\boldsymbol{\omega}_0\times\boldsymbol{v}'+m\frac{\mathrm{d}\boldsymbol{\omega}_0}{\mathrm{d}t}\times\boldsymbol{r}'\tag{5}$$

将式(4)和(5)代入拉格朗日方程

$$\frac{\mathrm{d}}{\mathrm{d}t}\frac{\partial L'}{\partial\boldsymbol{v}'}-\frac{\partial L'}{\partial\boldsymbol{r}'}=0\tag{6}$$

并整理得

$$m\frac{\mathrm{d}\boldsymbol{v}'}{\mathrm{d}t}=-m\left[\frac{\mathrm{d}\boldsymbol{v}_0}{\mathrm{d}t}+\frac{\mathrm{d}\boldsymbol{\omega}_0}{\mathrm{d}t}\times\boldsymbol{r}'+\boldsymbol{\omega}_0\times(\boldsymbol{\omega}_0\times\boldsymbol{r}')\right]-2m\boldsymbol{\omega}_0\times\boldsymbol{v}'$$
$$=-m\boldsymbol{a}_\mathrm{t}-m\boldsymbol{a}_\mathrm{C}\tag{7}$$

其中$\boldsymbol{a}_\mathrm{t}$和$\boldsymbol{a}_\mathrm{C}$分别是牵连加速度和科里奥利加速度．

例 1.9

相对论情形下质点的拉格朗日函数．

解 定义$\frac{\partial}{\partial\dot{\boldsymbol{r}}}=\frac{\partial}{\partial\dot{x}}\boldsymbol{e}_x+\frac{\partial}{\partial\dot{y}}\boldsymbol{e}_y+\frac{\partial}{\partial\dot{z}}\boldsymbol{e}_z$，则非相对论情形时动量与拉格朗日函数有关系式

$$\boldsymbol{p}=\frac{\partial L}{\partial\dot{\boldsymbol{r}}}\tag{1}$$

质点的相对论性动量表达式为

$$\boldsymbol{p}=\frac{m_0\dot{\boldsymbol{r}}}{\sqrt{1-\beta^2}}\tag{2}$$

其中$\beta=v/c$．假设式(1)在相对论情形也成立，则

$$\frac{\partial L}{\partial\dot{\boldsymbol{r}}}=\frac{m_0\dot{\boldsymbol{r}}}{\sqrt{1-\beta^2}}\tag{3}$$

注意到 $\frac{\partial \beta}{\partial \dot{\boldsymbol{r}}}=\frac{1}{c}\frac{\partial v}{\partial \dot{\boldsymbol{r}}}=\frac{\dot{\boldsymbol{r}}}{cv}=\frac{\dot{\boldsymbol{r}}}{c^2\beta}$，所以

$$\frac{\partial\sqrt{1-\beta^2}}{\partial \dot{\boldsymbol{r}}}=-\frac{\beta}{\sqrt{1-\beta^2}}\frac{\partial \beta}{\partial \dot{\boldsymbol{r}}}=-\frac{\beta}{\sqrt{1-\beta^2}}\frac{\dot{\boldsymbol{r}}}{c^2\beta}=-\frac{\dot{\boldsymbol{r}}}{c^2\sqrt{1-\beta^2}} \tag{4}$$

由上式提供的信息，下面的解可以满足式(3)：

$$L=-m_0c^2\sqrt{1-\beta^2}-V \tag{5}$$

为与非相对论情形时的拉格朗日函数 $L=\frac{1}{2}m_0\dot{\boldsymbol{r}}^2-V$ 相容，可将上式右边加上质点的静止能量，即将拉格朗日函数改写为

$$L=m_0c^2(1-\sqrt{1-\beta^2})-V \tag{6}$$

这一常数项的增加是拉格朗日函数的非唯一性所允许的.

1.4.2 拉格朗日方程解题实例

例 1.10

一个珠子套在一条顶点向下的锥形螺旋线上，在重力作用下运动. 在以锥顶为原点，旋转轴为 z 轴的柱坐标中，螺旋线的方程为 $r=az, \theta=bz$，其中 a 和 b 为常数. 求珠子的运动微分方程.

解 设珠子质量为 m，则其动能和势能分别为

$$T=\frac{1}{2}m(\dot{r}^2+r^2\dot{\theta}^2+\dot{z}^2)=\frac{1}{2}m(a^2+a^2b^2z^2+1)\dot{z}^2,\quad V=mgz \tag{1}$$

所以拉格朗日函数

$$L=T-V=\frac{1}{2}m(a^2+a^2b^2z^2+1)\dot{z}^2-mgz \tag{2}$$

$$\frac{\mathrm{d}}{\mathrm{d}t}\left(\frac{\partial L}{\partial \dot{z}}\right)=\frac{\mathrm{d}}{\mathrm{d}t}[m(a^2+a^2b^2z^2+1)\dot{z}]=m(a^2+a^2b^2z^2+1)\ddot{z}+2ma^2b^2z\dot{z}^2 \tag{3}$$

$$\frac{\partial L}{\partial z}=ma^2b^2z\dot{z}^2-mg \tag{4}$$

由拉格朗日方程得珠子的运动微分方程为

$$(a^2+a^2b^2z^2+1)\ddot{z}+a^2b^2z\dot{z}^2+g=0 \tag{5}$$

例 1.11

弹簧摆：自然长度为 l_0、刚度系数为 k 的无质量弹簧一端固定，另一端与一质量为 m 的小球相连，在重力作用下局限在一个竖直平面内运动，求其运动微分方程.

解 设某时刻弹簧长为 l，与竖直平面夹角为 θ，则弹簧摆的动能和势能分别为

$$T=\frac{1}{2}m(\dot{l}^2+l^2\dot{\theta}^2),\quad V=-mgl\cos\theta+\frac{1}{2}k(l-l_0)^2 \tag{1}$$

所以拉格朗日函数

$$L=\frac{1}{2}m(\dot{l}^2+l^2\dot{\theta}^2)+mgl\cos\theta-\frac{1}{2}k(l-l_0)^2 \tag{2}$$

$$\frac{\mathrm{d}}{\mathrm{d}t}\left(\frac{\partial L}{\partial \dot{l}}\right)=\frac{\mathrm{d}}{\mathrm{d}t}(m\dot{l})=m\ddot{l},\quad \frac{\partial L}{\partial l}=ml\dot{\theta}^2+mg\cos\theta-k(l-l_0) \tag{3}$$

$$\frac{\mathrm{d}}{\mathrm{d}t}\left(\frac{\partial L}{\partial \dot{\theta}}\right)=\frac{\mathrm{d}}{\mathrm{d}t}(ml^2\dot{\theta})=ml^2\ddot{\theta}+2ml\dot{l}\dot{\theta},\quad \frac{\partial L}{\partial \theta}=-mgl\sin\theta \tag{4}$$

将式(3)和(4)分别代入关于广义坐标 l 和 θ 的拉格朗日方程，可得如下运动方程组：

$$\begin{cases}\ddot{l}-l\dot{\theta}^2-g\cos\theta+\omega^2(l-l_0)=0\\ l^2\ddot{\theta}+2l\dot{l}\dot{\theta}+gl\sin\theta=0\end{cases} \tag{5}$$

其中 $\omega^2=k/m$.

一般情况下的求解太复杂，但当振幅不大时，可以只保留含 $\dot{l}$、$l-l_0-g/\omega^2$、$\dot{\theta}$ 和 θ 的一次项，略去高阶项，则上述方程组近似为

$$\begin{cases}\ddot{l}_1+\omega^2 l_1=0\\ (l_0+g/\omega^2)\ddot{\theta}+g\theta=0\end{cases} \tag{6}$$

其中 $l_1=l-l_0-\dfrac{g}{\omega^2}$.

此时弹簧和单摆的两个自由度完全分离. 可见，为得到非平庸解，高阶近似是必要的，具体方法详见 2.3 节非线性振动.

例 1.12

两个木块，每个质量均为 M，以一长为 l 的不可伸长的线相连. 一块置于光滑水平桌面上，而另一块用悬线经过一无摩擦的滑轮挂在桌边. 描述以下两种情况下系统的运动：

(1) 悬线的质量可以忽略时；

(2) 悬线具有质量 m 时.

解 (1) 在如图 1.4.1 所示的坐标系下，设桌面上木块的水平位置为 x，悬挂木块的竖直位置为 y，则二者的约束关系为 $x+y=l$，进而 $\dot{x}=-\dot{y}$. 则体系的动能和势能分别为

$$T=\frac{1}{2}M(\dot{x}^2+\dot{y}^2)=M\dot{y}^2,\quad V=-Mgy \tag{1}$$

所以拉格朗日函数

$$L=M\dot{y}^2+Mgy \tag{2}$$

利用拉格朗日方程，可得

$$\ddot{y}=g/2 \tag{3}$$

所以水平面上的木块和竖直木块都做加速度为 $g/2$ 的匀加速运动，前者沿水平方向靠近滑轮，后者沿竖直方向背离滑轮.

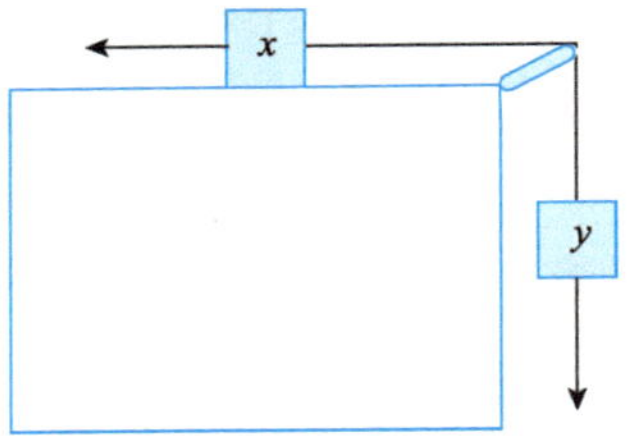

图 1.4.1　例 1.12 图

(2) 当悬线有质量 m 时，体系的动能和势能分别变成

$$T=(M+m/2)\dot{y}^2,\quad V=-Mgy-\frac{mgy^2}{2l} \tag{4}$$

所以拉格朗日函数

$$L=(M+m/2)\dot{y}^2+Mgy+\frac{mgy^2}{2l} \tag{5}$$

利用拉格朗日方程，可得

$$(2M+m)\ddot{y}-Mg-mgy/l=0 \tag{6}$$

可以定性地与悬线无质量时进行比较：

悬线无质量时两个木块有恒定加速度 $g/2$；

若悬线有质量，当 $y<l/2$ 时，木块加速度小于 $g/2$，当 $y>l/2$ 时，木块加速度大于 $g/2$，整个过程加速度越来越大.

例 1.13

建立合适模型，分析 HCl 分子运动模式.

解 HCl 分子中 H 原子和 Cl 原子通过共价键结合，总自由度为 6，其中平动、转动和振动的自由度分别为 3、2 和 1.

由于外力和外力矩为零，所以平动和转动这两种整体运动模式是完全自由的.

振动源于内部作用，是静电力和量子性质的综合效应，这将导致 H 原子与 Cl 原子之间有一个平衡距离，而扰动使得整个系统在平衡位置附近产生振动. 当扰动很小时，回复力与扰动幅度呈线性关系，因而振动是简谐的. 综上所述，共价键可以等效为刚度系数为 k，原长为 l 的弹簧，如图 1.4.2 所示. 再令 H 原子和 Cl 原子的质量分别为 m_1 和 m_2，则体系的动能和势能分别为

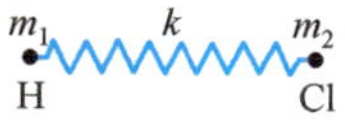

图 1.4.2 HCl 分子模型

$$T=\frac{1}{2}(m_1\dot{x}_1^2+m_2\dot{x}_2^2),\quad V=\frac{1}{2}k(x_2-x_1-l)^2 \tag{1}$$

所以

$$\frac{\mathrm{d}}{\mathrm{d}t}\frac{\partial L}{\partial \dot{x}_{1,2}}=m_{1,2}\ddot{x}_{1,2},\quad \frac{\partial L}{\partial x_{1,2}}=\mp k(x_2-x_1-l) \tag{2}$$

将它们代入拉格朗日方程，可得

$$\begin{cases} m\ddot{x}_1+k(x_2-x_1-l)=0 \\ m\ddot{x}_2-k(x_2-x_1-l)=0 \end{cases} \tag{3}$$

可证，上述方程组有两组解，其中一组是振动解，另一组是平动解.

1.4.3 拉格朗日方程求平衡问题

拉格朗日方程也可以用来求解平衡问题. 由于平衡时体系的动能不变，所以拉格朗日基本方程(1.2.24)和保守体系拉格朗日方程(1.2.28)分别简化为

$$Q_\alpha=\sum_{i=1}^{N}\boldsymbol{F}_i\cdot\frac{\partial \boldsymbol{r}_i}{\partial q_\alpha}=0,\quad \alpha=1,2,\cdots,s \tag{1.4.8}$$

和

$$\frac{\partial V}{\partial q_\alpha}=0,\quad \alpha=1,2,\cdots,s \tag{1.4.9}$$

所以一般情况下可以由式(1.4.8)求解平衡问题，如果研究的是保守体系的平衡，也可以由式(1.4.9)来求解.

平衡问题包括两个方面，其一是体系平衡时各部分的位置，其二是体系平衡时各部分所受约束力. 由于拉格朗日方程中不出现约束力，因此无法直接用此方程求解后一问题. 但我们可以将待求约束力所对应的约束解除，从而将该约束力视为主动力，于是就能按照式(1.4.8)或(1.4.9)解出该约束力.

例 1.14

长为 l_1 和 l_2 的两根均匀棒 OA 和 AB，其质量分别为 m_1 和 m_2，OA 可绕 O 点在垂直平面内自由转动，AB 和 OA 在 A 点用铰链连接，在棒 AB 的 B 端加一已知的水平力 $\boldsymbol{F}$，求平衡时两棒的位置及棒 OA 在 O 点所受的力.

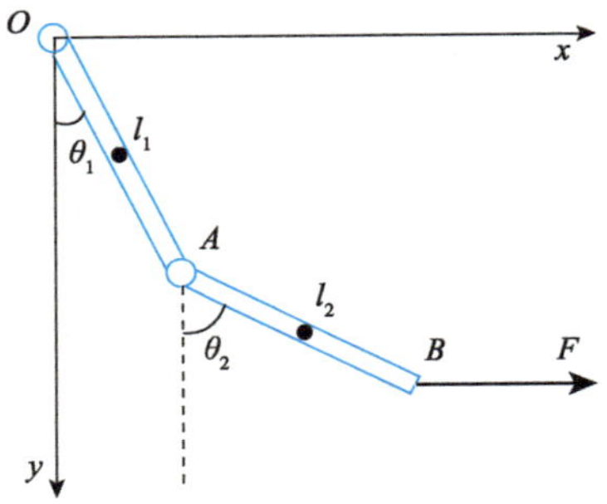

图 1.4.3 例 1.14 图

解 如图 1.4.3 所示，以 O 点为原点，水平向右为 x 轴正向，竖直向下为 y 轴正向建立坐标系，取两棒与铅直线夹角 θ_1 和 θ_2 为广义坐标，设 l_1 棒和 l_2 棒质心的位矢分别为 $\boldsymbol{r}_1$ 和 $\boldsymbol{r}_2$，l_2 棒端点 B 的位矢为 $\boldsymbol{r}_3$，按照式(1.4.8)列出平衡方程

$$\begin{cases} Q_1 = m_1\boldsymbol{g}\cdot\dfrac{\partial \boldsymbol{r}_1}{\partial\theta_1} + m_2\boldsymbol{g}\cdot\dfrac{\partial \boldsymbol{r}_2}{\partial\theta_1} + \boldsymbol{F}\cdot\dfrac{\partial \boldsymbol{r}_3}{\partial\theta_1} = 0 \\ Q_2 = m_1\boldsymbol{g}\cdot\dfrac{\partial \boldsymbol{r}_1}{\partial\theta_2} + m_2\boldsymbol{g}\cdot\dfrac{\partial \boldsymbol{r}_2}{\partial\theta_2} + \boldsymbol{F}\cdot\dfrac{\partial \boldsymbol{r}_3}{\partial\theta_2} = 0 \end{cases} \tag{1}$$

三个位矢满足如下约束关系：

$$\begin{cases} \boldsymbol{r}_1 = \dfrac{l_1}{2}(\sin\theta_1\boldsymbol{e}_x + \cos\theta_1\boldsymbol{e}_y) \\ \boldsymbol{r}_2 = l_1(\sin\theta_1\boldsymbol{e}_x + \cos\theta_1\boldsymbol{e}_y) + \dfrac{l_2}{2}(\sin\theta_2\boldsymbol{e}_x + \cos\theta_2\boldsymbol{e}_y) \\ \boldsymbol{r}_3 = l_1(\sin\theta_1\boldsymbol{e}_x + \cos\theta_1\boldsymbol{e}_y) + l_2(\sin\theta_2\boldsymbol{e}_x + \cos\theta_2\boldsymbol{e}_y) \end{cases} \tag{2}$$

将这些约束关系代入广义力方程(1)，可得

$$\begin{cases} -m_1gl_1\sin\theta_1/2 - m_2gl_1\sin\theta_1 + Fl_1\cos\theta_1 = 0 \\ -m_2gl_2\sin\theta_2/2 + Fl_2\cos\theta_2 = 0 \end{cases} \tag{3}$$

解得

$$\tan\theta_1 = \frac{2F}{(m_1+2m_2)g},\quad \tan\theta_2 = \frac{2F}{m_2g} \tag{4}$$

这就是平衡时两棒所处的位置，其中 θ_1 与 m_1 和 m_2 都有关，而 θ_2 仅与 m_2 相关.

也可以按保守体系来求解，首先构造主动力 $\boldsymbol{F}$ 的势能

$$V_F=-\int_0^{r_3}\boldsymbol{F}\cdot \mathrm{d}\boldsymbol{r}=-Fx_3=-F(l_1\sin\theta_1+l_2\sin\theta_2) \tag{5}$$

它与两棒的重力势能构成体系的总势能

$$V=V_g+V_F=-m_1g\frac{l_1}{2}\cos\theta_1-m_2g\left(l_1\cos\theta_1+\frac{l_2}{2}\cos\theta_2\right)-F(l_1\sin\theta_1+l_2\sin\theta_2) \tag{6}$$

再由式(1.4.9)，求得平衡时体系应满足

$$\begin{cases}\dfrac{\partial V}{\partial\theta_1}=m_1gl_1\sin\theta_1/2+m_2gl_1\sin\theta_1-Fl_1\cos\theta_1=0\\[2ex]\dfrac{\partial V}{\partial\theta_2}=m_2gl_2\sin\theta_2/2-Fl_2\cos\theta_2=0\end{cases} \tag{7}$$

除了整体相差一个负号外，与前一解法得到的两个方程完全相同.

求解 O 点棒的受力，须解除该点处棒子所受的约束，因而增加两个自由度，相应增加了两个广义坐标，不妨选择为 O 点的坐标 x_0 和 y_0. 与解除约束之前的位矢相比，新位矢分别为

$$\begin{cases}\boldsymbol{r}_1^{\text{new}}=\boldsymbol{r}_1^{\text{old}}+x_0\boldsymbol{e}_x+y_0\boldsymbol{e}_y\\ \boldsymbol{r}_2^{\text{new}}=\boldsymbol{r}_2^{\text{old}}+x_0\boldsymbol{e}_x+y_0\boldsymbol{e}_y\\ \boldsymbol{r}_3^{\text{new}}=\boldsymbol{r}_3^{\text{old}}+x_0\boldsymbol{e}_x+y_0\boldsymbol{e}_y\end{cases} \tag{8}$$

由于新、旧位矢关于 θ_1 和 θ_2 有相同的函数关系，所以解约束前后对 θ_1 和 θ_2 偏导所得广义力方程相同，依然能得到方程(3)，由此解得相同的 θ_1 和 θ_2. 又因旧位矢与新增广义坐标 x_0 和 y_0 无关，所以

$$\begin{cases}\dfrac{\partial\boldsymbol{r}_1^{\text{new}}}{\partial x_0}=\dfrac{\partial\boldsymbol{r}_2^{\text{new}}}{\partial x_0}=\dfrac{\partial\boldsymbol{r}_3^{\text{new}}}{\partial x_0}=\boldsymbol{e}_x\\[2ex]\dfrac{\partial\boldsymbol{r}_1^{\text{new}}}{\partial y_0}=\dfrac{\partial\boldsymbol{r}_2^{\text{new}}}{\partial y_0}=\dfrac{\partial\boldsymbol{r}_3^{\text{new}}}{\partial y_0}=\boldsymbol{e}_y\end{cases} \tag{9}$$

所以新增的广义力平衡方程为

$$\begin{cases}Q_{0x}=F_{0x}+F=0\\ Q_{0y}=F_{0y}+m_1g+m_2g=0\end{cases} \tag{10}$$

其中 F_{0x} 和 F_{0y} 分别是 O 点受力的 x 和 y 分量. 由上式解得

$$F_{0x}=-F,\quad F_{0y}=-(m_1+m_2)g \tag{11}$$

即 O 点受到水平向左的力和竖直向上的力，它们恰好分别与主动力 $\boldsymbol{F}$ 以及两棒的重力平衡.

问题:如果有一系列棒子次第相连，在最后一棒施加一水平向右力，如何求平衡状态？进一步，如果棒子无限小、无限多，即变成连续质量分布的软棒时，结果又怎样？

1.5 拉格朗日方程的运动积分与守恒定律

1.5.1 运动积分

在用拉格朗日方法处理问题时，如果完整体系的位形由 s 个独立的广义坐标所规定，则运动方程一般含有 s 个以时间为独立变量的二阶非线性微分方程，总共要引入 $2s$ 个积分常数 C_1，C_2，…，C_{2s}，它们决定体系状态的 $2s$ 个量 q_α 和 $\dot{q}_\alpha$ 随时间的变化

$$\begin{cases} q_\alpha = q_\alpha(t, C_1, C_2, \cdots, C_{2s}) \\ \dot{q}_\alpha = \dot{q}_\alpha(t, C_1, C_2, \cdots, C_{2s}) \end{cases} \quad (\alpha = 1, 2, \cdots, s) \tag{1.5.1}$$

从上述方程中消去 t，保留一个积分常数待求，不妨设为 C_{2s}，可以形式上解得

$$C_i = C_i(q_1, q_2, \cdots, q_s; \dot{q}_1, \dot{q}_2, \cdots, \dot{q}_s), \quad i = 1, 2, \cdots, 2s-1 \tag{1.5.2}$$

这些由 q_α 和 $\dot{q}_\alpha$ 组成的函数在运动过程中始终保持初值状态，称为**运动积分**，有的教科书称为第一积分或首次积分. 而 $C_{2s} = C_{2s}(q_1, q_2, \cdots, q_s; \dot{q}_1, \dot{q}_2, \cdots, \dot{q}_s; t)$ 尽管显含时间参量，但也不随时间变化，因而也是运动积分.

原则上可以用运动积分来取代全部的运动方程（详见 3.3 节正则变换），从而降低微分方程阶数. 即使只找到部分运动积分，原问题也在一定程度上被简化，便于进一步分析. 特别是其中的一些运动积分，与时间和空间的均匀性或各向同性有内在联系；而且这些守恒量都具有可加性，即总体系的积分常量等于各个子体系内相应积分量之和，利用这个性质能方便地求解子体系的运动状态.

对称性与物理量的不变性之间的关系具有极为重要的意义，怎么强调也不过分. 这种联系甚至超出了经典体系，在场的现象和基本粒子的现代理论中有着广泛的应用.

1.5.2 能量守恒定律

1. 导出

如果一个力学体系不存在任何特别的时间标记，即具有时间的均匀性，则其拉格朗日函数不显含时间，对时间的全微商为

$$\frac{\mathrm{d}L}{\mathrm{d}t} = \sum_\alpha \frac{\partial L}{\partial q_\alpha}\dot{q}_\alpha + \sum_\alpha \frac{\partial L}{\partial \dot{q}_\alpha}\ddot{q}_\alpha \tag{1.5.3}$$

由拉格朗日方程 $\dfrac{\partial L}{\partial q_\alpha} = \dfrac{\mathrm{d}}{\mathrm{d}t}\dfrac{\partial L}{\partial \dot{q}_\alpha}$，可将上式改写为

$$\frac{\mathrm{d}L}{\mathrm{d}t} = \sum_\alpha \frac{\mathrm{d}}{\mathrm{d}t}\left(\frac{\partial L}{\partial \dot{q}_\alpha}\right)\dot{q}_\alpha + \sum_\alpha \frac{\partial L}{\partial \dot{q}_\alpha}\ddot{q}_\alpha = \sum_\alpha \frac{\mathrm{d}}{\mathrm{d}t}\left(\frac{\partial L}{\partial \dot{q}_\alpha}\dot{q}_\alpha\right) \tag{1.5.4}$$

所以

$$\frac{\mathrm{d}}{\mathrm{d}t}\Big(\sum_\alpha \dot{q}_\alpha \frac{\partial L}{\partial \dot{q}_\alpha} - L\Big) = 0 \tag{1.5.5}$$

积分后有

$$\sum_\alpha \dot{q}_\alpha \frac{\partial L}{\partial \dot{q}_\alpha} - L = \text{const} \tag{1.5.6}$$

可见上式左边的量是一个运动积分.

2. 广义坐标下的动能表达式

为了将这个运动积分写成更为明显的形式，有必要先介绍广义坐标下的动能形式. 设 N 个粒子体系有完整约束

$$\boldsymbol{r}_i = \boldsymbol{r}_i(q_1, q_2, \cdots, q_s; t), \quad i = 1, 2, \cdots, N \tag{1.5.7}$$

则粒子的速度

$$\dot{\boldsymbol{r}}_i = \sum_{\alpha=1}^{s} \frac{\partial \boldsymbol{r}_i}{\partial q_\alpha}\dot{q}_\alpha + \frac{\partial \boldsymbol{r}_i}{\partial t} \tag{1.5.8}$$

在广义坐标下动能的表示可按以下过程求出：

$$T = \sum_{i=1}^{N} \frac{1}{2} m_i \dot{\boldsymbol{r}}_i^2 = \sum_{i=1}^{N} \frac{1}{2} m_i \Big(\sum_{\alpha=1}^{s} \frac{\partial \boldsymbol{r}_i}{\partial q_\alpha}\dot{q}_\alpha + \frac{\partial \boldsymbol{r}_i}{\partial t}\Big)^2 = T_2 + T_1 + T_0 \tag{1.5.9}$$

其中

$$\begin{aligned} T_2 &= \sum_{i=1}^{N} \frac{1}{2} m_i \sum_{\alpha=1}^{s} \frac{\partial \boldsymbol{r}_i}{\partial q_\alpha}\dot{q}_\alpha \cdot \sum_{\beta=1}^{s} \frac{\partial \boldsymbol{r}_i}{\partial q_\beta}\dot{q}_\beta \\ &= \sum_{\alpha,\beta=1}^{s} \sum_{i=1}^{N} \frac{1}{2} m_i \frac{\partial \boldsymbol{r}_i}{\partial q_\alpha} \cdot \frac{\partial \boldsymbol{r}_i}{\partial q_\beta}\dot{q}_\alpha \dot{q}_\beta = \sum_{\alpha,\beta=1}^{s} A_{\alpha\beta}\dot{q}_\alpha \dot{q}_\beta \end{aligned} \tag{1.5.10}$$

$$T_1 = \sum_{i=1}^{N} m_i \Big(\sum_{\alpha=1}^{s} \frac{\partial \boldsymbol{r}_i}{\partial q_\alpha}\dot{q}_\alpha\Big) \cdot \frac{\partial \boldsymbol{r}_i}{\partial t} = \sum_{\alpha=1}^{s} \sum_{i=1}^{N} m_i \frac{\partial \boldsymbol{r}_i}{\partial q_\alpha} \cdot \frac{\partial \boldsymbol{r}_i}{\partial t}\dot{q}_\alpha = \sum_{\alpha=1}^{s} B_\alpha \dot{q}_\alpha \tag{1.5.11}$$

$$T_0 = \sum_{i=1}^{N} \frac{1}{2} m_i \Big(\frac{\partial \boldsymbol{r}_i}{\partial t}\Big)^2 \tag{1.5.12}$$

T_2、T_1 和 T_0 分别是广义速度的二次、一次和零次齐次式. 在式(1.5.10)中，$A_{\alpha\beta} = \sum_{i=1}^{N} \frac{1}{2} m_i \frac{\partial \boldsymbol{r}_i}{\partial q_\alpha} \cdot \frac{\partial \boldsymbol{r}_i}{\partial q_\beta}$；在式(1.5.11)中，$B_\alpha = \sum_{i=1}^{N} m_i \frac{\partial \boldsymbol{r}_i}{\partial q_\alpha}$.

3. 广义能量

由于常规势能函数不显含广义速度，所以 $\frac{\partial L}{\partial \dot{q}_\alpha} = \frac{\partial T}{\partial \dot{q}_\alpha}$. 式(1.5.6)变成

$$\sum_\alpha \dot{q}_\alpha \frac{\partial T}{\partial \dot{q}_\alpha} - L = \text{const} \tag{1.5.13}$$

利用齐次函数的欧拉定理，即如果 f 为 x_i 的 n 次齐次函数，则 $\sum_i \frac{\partial f}{\partial x_i}x_i = nf$，有

$$\sum_{\alpha}\dot{q}_{\alpha}\frac{\partial T_2}{\partial \dot{q}_{\alpha}}=2T_2,\quad \sum_{\alpha}\dot{q}_{\alpha}\frac{\partial T_1}{\partial \dot{q}_{\alpha}}=T_1,\quad \sum_{\alpha}\dot{q}_{\alpha}\frac{\partial T_0}{\partial \dot{q}_{\alpha}}=0 \tag{1.5.14}$$

于是运动积分式(1.5.13)可进一步简化为

$$\sum_{\alpha}\dot{q}_{\alpha}\frac{\partial T}{\partial \dot{q}_{\alpha}}-L=(2T_2+T_1)-(T_2+T_1+T_0-V)=T_2-T_0+V=\text{const} \tag{1.5.15}$$

对于定常约束，式(1.5.7)中不显含时间，所以 $\partial \boldsymbol{r}_i/\partial t=0$. 于是由式(1.5.11)和(1.5.12)，$T_1=T_0=0$，动能是广义速度的二次齐次式，即 $T=T_2$，这样式(1.5.15)就简化成

$$T+V=\text{const} \tag{1.5.16}$$

这正是我们所熟悉的体系总能量. 当回到笛卡儿坐标系时，便是我们在牛顿力学中所熟悉的形式

$$E=\frac{1}{2}\sum_{i=1}^{N}m_i\dot{\boldsymbol{r}}_i^2+V(\boldsymbol{r}_1,\boldsymbol{r}_2,\cdots,\boldsymbol{r}_N) \tag{1.5.17}$$

与这个特殊情形对应，我们把一般情形下的运动积分 T_2-T_0+V 定义为**广义能量**. 由于拉格朗日量的可加性，体系的广义能量也具有可加性.

可见对于一个具有时间平移对称性的体系，其广义能量守恒. 如果该体系属于定常约束，则其总能量守恒.

在以上推演中只利用了拉格朗日函数不显含时间这一特性. 具有此性质的不仅仅是封闭体系，还可以是外场不随时间变化的非封闭体系. 我们把能量守恒的这两类力学体系称为保守系.

1.5.3 动量守恒定律

1. 导出

如果一个力学体系不存在任何特别的空间标记，即当其整体在空间平移时，力学性质不变化，则其拉格朗日函数也必须不变.

在假想的整体空间平移过程中 $\delta t=0$，所以

$$\delta L=\sum_{\alpha=1}^{s}\left(\frac{\partial L}{\partial \dot{q}_{\alpha}}\delta\dot{q}_{\alpha}+\frac{\partial L}{\partial q_{\alpha}}\delta q_{\alpha}\right) \tag{1.5.18}$$

利用拉格朗日方程，上式变形为

$$\delta L=\sum_{\alpha=1}^{s}\left[\frac{\partial L}{\partial \dot{q}_{\alpha}}\delta\dot{q}_{\alpha}+\frac{\mathrm{d}}{\mathrm{d}t}\left(\frac{\partial L}{\partial \dot{q}_{\alpha}}\right)\delta q_{\alpha}\right]=\frac{\mathrm{d}}{\mathrm{d}t}\sum_{\alpha=1}^{s}\left(\frac{\partial L}{\partial \dot{q}_{\alpha}}\delta q_{\alpha}\right) \tag{1.5.19}$$

因为

$$\dot{\boldsymbol{r}}_i=\dot{\boldsymbol{r}}_i(q_1,q_2,\cdots,q_s;t)=\sum_{\alpha=1}^{s}\frac{\partial \boldsymbol{r}_i}{\partial q_{\alpha}}\dot{q}_{\alpha}+\frac{\partial \boldsymbol{r}_i}{\partial t} \tag{1.5.20}$$

所以

$$\frac{\partial \dot{\boldsymbol{r}}_i}{\partial \dot{q}_\alpha} = \frac{\partial \boldsymbol{r}_i}{\partial q_\alpha} \tag{1.5.21}$$

于是

$$\frac{\partial L}{\partial \dot{q}_\alpha} = \frac{\partial T}{\partial \dot{q}_\alpha} = \sum_{i=1}^{N} \frac{\partial T}{\partial \dot{\boldsymbol{r}}_i} \cdot \frac{\partial \dot{\boldsymbol{r}}_i}{\partial \dot{q}_\alpha} = \sum_{i=1}^{N} m_i \dot{\boldsymbol{r}}_i \cdot \frac{\partial \boldsymbol{r}_i}{\partial q_\alpha} \tag{1.5.22}$$

所以

$$\begin{aligned}\delta L &= \frac{\mathrm{d}}{\mathrm{d}t} \sum_{\alpha=1}^{s} \left(\sum_{i=1}^{N} m_i \dot{\boldsymbol{r}}_i \cdot \frac{\partial \boldsymbol{r}_i}{\partial q_\alpha} \delta q_\alpha \right) \\ &= \frac{\mathrm{d}}{\mathrm{d}t} \sum_{i=1}^{N} m_i \dot{\boldsymbol{r}}_i \cdot \left(\sum_{\alpha=1}^{s} \frac{\partial \boldsymbol{r}_i}{\partial q_\alpha} \delta q_\alpha \right) = \frac{\mathrm{d}}{\mathrm{d}t} \left(\sum_{i=1}^{N} m_i \dot{\boldsymbol{r}}_i \cdot \delta \boldsymbol{r}_i \right)\end{aligned} \tag{1.5.23}$$

设体系平移了一个无穷小距离 $\delta \boldsymbol{r}_i = \boldsymbol{\varepsilon}$，而拉格朗日函数不变. 由于 $\boldsymbol{\varepsilon}$ 与时间无关，可以移到时间微商算符之外，所以

$$\delta L = \left(\frac{\mathrm{d}}{\mathrm{d}t} \sum_{i=1}^{N} m_i \dot{\boldsymbol{r}}_i \right) \cdot \boldsymbol{\varepsilon} = 0 \tag{1.5.24}$$

由于 $\boldsymbol{\varepsilon}$ 的任意性，为使 $\delta L = 0$，要求

$$\frac{\mathrm{d}}{\mathrm{d}t} \sum_{i=1}^{N} m_i \dot{\boldsymbol{r}}_i = 0 \tag{1.5.25}$$

所以封闭体系中体系的总动量

$$\boldsymbol{P} = \sum_{i=1}^{N} m_i \dot{\boldsymbol{r}}_i = \text{const} \tag{1.5.26}$$

这就是质点系的动量守恒定律.

2. 进一步讨论

由表达式形式，动量也像能量一样具有可加性. 不同的是，总能量与体系内部质点间的相互作用有关，而总动量矢量与体系内部相互作用无关.

当存在外场时，空间均匀性遭到破坏，总动量不再守恒. 但如果外场势能可以不依赖于某一个或某两个笛卡儿坐标分量，则相应的总动量分量仍然守恒.

1.5.4 角动量守恒定律

1. 导出

当力学体系不存在特殊方向，即做空间转动时，体系的力学性质不变，因而其拉格朗日量也保持不变，这种整体对称性也有相应的守恒定律.

如图 1.5.1 所示，当体系转动无限小角度 $\delta \boldsymbol{\varphi}$ 时，第 i 个质点的位矢 $\boldsymbol{r}_i$ 将运动到 $\boldsymbol{r}_i + \delta \boldsymbol{r}_i$，其中

$$\delta \boldsymbol{r}_i = \delta \boldsymbol{\varphi} \times \boldsymbol{r}_i \tag{1.5.27}$$

将上式代入式(1.5.23)得

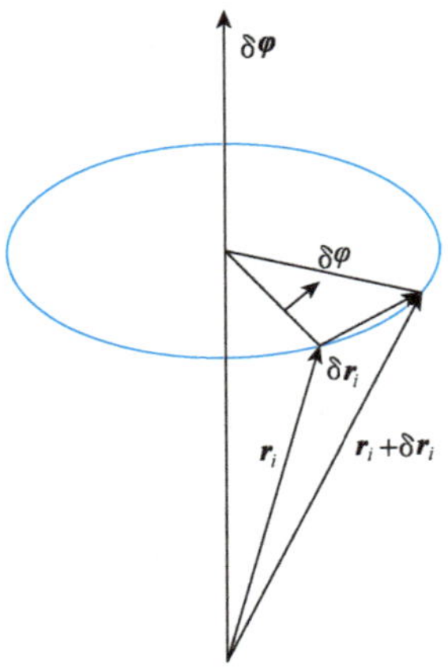

图 1.5.1　转动时虚位移与虚角位移的关系

$$\delta L=\frac{\mathrm{d}}{\mathrm{d}t}\left[\sum_{i=1}^{N} m_i\dot{\boldsymbol{r}}_i\cdot(\delta\boldsymbol{\varphi}\times\boldsymbol{r}_i)\right]=\delta\boldsymbol{\varphi}\cdot\frac{\mathrm{d}}{\mathrm{d}t}\left(\sum_{i=1}^{N}\boldsymbol{r}_i\times m_i\dot{\boldsymbol{r}}_i\right)=\delta\boldsymbol{\varphi}\cdot\frac{\mathrm{d}\boldsymbol{J}}{\mathrm{d}t} \tag{1.5.28}$$

由于 $\delta\boldsymbol{\varphi}$ 的任意性，为使 $\delta L=0$，要求体系的角动量

$$\boldsymbol{J}=\sum_{i=1}^{N}\boldsymbol{r}_i\times m_i\dot{\boldsymbol{r}}_i=\text{const} \tag{1.5.29}$$

这就是质点系的角动量守恒定律.

2. 进一步讨论

由表达式形式，角动量也具有可加性，且总角动量矢量与体系内部质点间是否存在相互作用无关. 这一守恒定律不仅适用于封闭系统，当存在空间各向同性的外场时，总动量仍然守恒. 退一步讲，如果外场不再各向同性，但具有旋转对称轴，则对于该对称轴的转动，系统的拉格朗日函数是不变的，因此系统相对于对称轴的角动量分量与时间无关.

1.5.5　广义动量和循环坐标

拉格朗日函数对广义速度的微商

$$p_\alpha=\frac{\partial L}{\partial\dot{q}_\alpha},\quad \alpha=1,2,\cdots,s \tag{1.5.30}$$

被称为**广义动量**. 如果完整系统的拉格朗日函数不显含一个广义坐标 q_α，则 q_α 称为**循环坐标**. 此时 $\partial L/\partial q_\alpha=0$，于是由拉格朗日方程可知

$$\dot{p}_\alpha=\frac{\mathrm{d}}{\mathrm{d}t}\frac{\partial L}{\partial\dot{q}_\alpha}=0 \tag{1.5.31}$$

所以相应的广义动量

$$p_\alpha = \text{const} \tag{1.5.32}$$

可见，循环坐标所对应的广义动量分量必然是一个运动积分.

显然广义动量不必是线动量，也可以为角动量等其他物理量，一般不具有可加性.

1.6 不独立坐标

本章的核心内容是用广义坐标分析完整约束的力学体系，这些广义坐标彼此独立. 然而在某些情况下需要在不独立坐标框架中求解问题.

1.6.1 平衡问题

1. 广义力形式的虚功原理

把虚功原理写成广义力形式

$$\sum_i \boldsymbol{F}_i \cdot \delta \boldsymbol{r}_i = \sum_{i=1}^{N} \boldsymbol{F}_i \cdot \sum_{\alpha=1}^{s} \frac{\partial \boldsymbol{r}_i}{\partial q_\alpha} \delta q_\alpha = \sum_{\alpha=1}^{s} \sum_{i=1}^{N} \boldsymbol{F}_i \cdot \frac{\partial \boldsymbol{r}_i}{\partial q_\alpha} \delta q_\alpha = \sum_{\alpha=1}^{s} Q_\alpha \delta q_\alpha = 0 \tag{1.6.1}$$

由 δq_α 的独立性，体系平衡时广义力

$$Q_\alpha = 0 \tag{1.6.2}$$

此即 1.4.3 小节中所述拉格朗日方程在平衡时的结果.

2. 准广义力形式的虚功原理

将 $\boldsymbol{r}_i$ 用一组不独立的 u_m，$m=1, 2, \cdots, M$ $(M > s)$ 表示，则

$$\sum_i \boldsymbol{F}_i \cdot \delta \boldsymbol{r}_i = \sum_{i=1}^{N} \boldsymbol{F}_i \cdot \sum_{m=1}^{M} \frac{\partial \boldsymbol{r}_i}{\partial u_m} \delta u_m = \sum_{m=1}^{M} \sum_{i=1}^{N} \boldsymbol{F}_i \cdot \frac{\partial \boldsymbol{r}_i}{\partial u_m} \delta u_m = 0 \tag{1.6.3}$$

定义准广义力

$$G_m = \sum_{i=1}^{N} \boldsymbol{F}_i \cdot \frac{\partial \boldsymbol{r}_i}{\partial u_m} \tag{1.6.4}$$

则

$$\sum_{m=1}^{M} G_m \delta u_m = 0 \tag{1.6.5}$$

但由于 u_m 不独立，所以不能推出 $G_m=0$.

3. 拉格朗日乘子

设描述体系的准广义坐标之间有 l 个完整约束

$$f_j(u_1, u_2, \cdots, u_M; t) = 0, \quad j = 1, 2, \cdots, l \tag{1.6.6}$$

则有

$$\delta f_j = \sum_{m=1}^{M} \frac{\partial f_j}{\partial u_m}\delta u_m = 0, \quad j = 1,2,\cdots,l \tag{1.6.7}$$

引入 l 个待定常数 λ_j，与上式相乘并加到式(1.6.5)上，则

$$\sum_{m=1}^{M}\left(G_m + \sum_{j=1}^{l}\lambda_j \frac{\partial f_j}{\partial u_m}\right)\delta u_m = 0 \tag{1.6.8}$$

λ_j 称为**拉格朗日乘子**.

4. 问题开拓

式(1.6.8)也可对应另一种情形. 设线性非完整约束

$$\sum_{m=1}^{M} c_{jm}\dot{u}_m = 0, \quad j = 1,2,\cdots,l \tag{1.6.9}$$

其变分形式为

$$\sum_{m=1}^{M} c_{jm}\delta u_m = 0, \quad j = 1,2,\cdots,l \tag{1.6.10}$$

式(1.6.10)与式(1.6.7)有相同的数学形式. 于是，线性非完整约束问题与不独立坐标问题有相同的求解方法.

这种对应关系意味着，两个问题有相同的自由度，但独立坐标的数目不会因为非完整约束的存在而减少. 于是**线性非完整约束体系的自由度**定义为广义坐标数减去非完整约束的个数.

也可以把描述体系位置和形状所需的最少广义坐标数目称为**位形自由度**，而将力学体系的独立的坐标变分数目称为**运动自由度**. 于是每一个完整约束既减少一个位形自由度，也减少一个运动自由度；而每一个非完整约束不减少位形自由度，只减少一个运动自由度.

5. 求解

l 个约束条件使得 M 个 δu_m 中仅有 $M-l$ 个独立，其余 l 个 δu_m 可由这 $M-l$ 个 δu_m 表示出来. 不失一般性，设前 l 个 δu_m 不独立，由线性代数知识，总可以找到一组**拉格朗日乘子**$\{\lambda_1,\lambda_2,\cdots,\lambda_l\}$使得式(1.6.8)中前 l 个 δu_m 的系数为零，即

$$G_m + \sum_{j=1}^{l}\lambda_j \frac{\partial f_j}{\partial u_m} = 0, \quad m = 1,2,\cdots,l \tag{1.6.11}$$

这样，式(1.6.8)简化为

$$\sum_{m=l+1}^{M}\left(G_m + \sum_{j=1}^{l}\lambda_j \frac{\partial f_j}{\partial u_m}\right)\delta u_m = 0 \tag{1.6.12}$$

因为上式中的 δu_m 彼此独立，所以各系数均为零，即

$$G_m + \sum_{j=1}^{l}\lambda_j \frac{\partial f_j}{\partial u_m} = 0, \quad m = l+1, l+2,\cdots,M \tag{1.6.13}$$

上式和式(1.6.11)可以统一记为

$$G_m + \sum_{j=1}^{l} \lambda_j \frac{\partial f_j}{\partial u_m} = 0, \quad m = 1,2,\cdots,M \tag{1.6.14}$$

上式和式(1.6.7)共有 $M+l$ 个方程，而未知变量准广义坐标 u_m 和拉格朗日乘子 λ_j 的数目之和也是 $M+l$ 个，所以该问题可以解出.

6. 拉格朗日乘子与广义约束力

虚功原理的最终形式中去掉了约束力的总虚功，这里不妨还原约束力的贡献，则有

$$\sum_i (\boldsymbol{F}_i + \boldsymbol{R}_i) \cdot \delta \boldsymbol{r}_i = 0 \tag{1.6.15}$$

用准广义坐标替代原始坐标，有

$$\sum_{i=1}^{N} (\boldsymbol{F}_i + \boldsymbol{R}_i) \cdot \delta \boldsymbol{r}_i = \sum_{i=1}^{N} (\boldsymbol{F}_i + \boldsymbol{R}_i) \cdot \sum_{m=1}^{M} \frac{\partial \boldsymbol{r}_i}{\partial u_m} \delta u_m = \sum_{m=1}^{M} (G_m + S_m) \delta u_m = 0 \tag{1.6.16}$$

这里 $S_m = \sum_{i=1}^{N} \boldsymbol{R}_i \cdot \frac{\partial \boldsymbol{r}_i}{\partial u_m}$ 是广义约束力. 引入约束力后约束自然解除，所以全部 δu_m 彼此独立，即上式中 δu_m 的各系数为零

$$G_m + S_m = 0, \quad m = 1,2,\cdots,M \tag{1.6.17}$$

比较上式与式(1.6.13)，有

$$S_m = \sum_{j=1}^{l} \lambda_j \frac{\partial f_j}{\partial u_m}, \quad m = 1,2,\cdots,M \tag{1.6.18}$$

可见，引入不独立坐标的一个用途是可以得到约束力.

1.6.2 不独立坐标拉格朗日方程

设有 M 个不独立坐标 u_m，$m=1, 2, \cdots, M$，满足 l 个约束 $f_j(u,t)=0$，$j=1, 2, \cdots, l$，则由达朗贝尔原理

$$\begin{aligned}\sum_{i=1}^{N} (\boldsymbol{F}_i - m_i \ddot{\boldsymbol{r}}_i) \cdot \delta \boldsymbol{r} &= \sum_{i=1}^{N} (\boldsymbol{F}_i - m_i \ddot{\boldsymbol{r}}_i) \cdot \sum_{m=1}^{M} \frac{\partial \boldsymbol{r}_i}{\partial u_m} \delta u_m \\ &= \sum_{m=1}^{M} \left[\sum_{i=1}^{N} (\boldsymbol{F}_i - m_i \ddot{\boldsymbol{r}}_i) \cdot \frac{\partial \boldsymbol{r}_i}{\partial u_m} \right] \delta u_m = 0\end{aligned} \tag{1.6.19}$$

其中 $\sum_{i=1}^{N} \boldsymbol{F}_i \cdot \frac{\partial \boldsymbol{r}_i}{\partial u_m} = G_m$，而

$$\begin{aligned}-\sum_{i=1}^{N} m_i \ddot{\boldsymbol{r}}_i \cdot \frac{\partial \boldsymbol{r}_i}{\partial u_m} &= -\frac{\mathrm{d}}{\mathrm{d}t}\left(\sum_{i=1}^{N} m_i \dot{\boldsymbol{r}}_i \cdot \frac{\partial \boldsymbol{r}_i}{\partial u_m} \right) + \sum_{i=1}^{N} m_i \dot{\boldsymbol{r}}_i \cdot \frac{\mathrm{d}}{\mathrm{d}t} \frac{\partial \boldsymbol{r}_i}{\partial u_m} \\ &= -\frac{\mathrm{d}}{\mathrm{d}t}\left(\sum_{i=1}^{N} m_i \dot{\boldsymbol{r}}_i \cdot \frac{\partial \dot{\boldsymbol{r}}_i}{\partial \dot{u}_m} \right) + \sum_{i=1}^{N} m_i \dot{\boldsymbol{r}}_i \cdot \frac{\partial \dot{\boldsymbol{r}}_i}{\partial u_m} \\ &= -\frac{\mathrm{d}}{\mathrm{d}t} \frac{\partial T}{\partial \dot{u}_m} + \frac{\partial T}{\partial u_m}\end{aligned} \tag{1.6.20}$$

所以

$$\sum_{m=1}^{M}\left(\frac{\partial T}{\partial u_m}-\frac{\mathrm{d}}{\mathrm{d}t}\frac{\partial T}{\partial \dot{u}_m}+G_m\right)\delta u_m=0 \tag{1.6.21}$$

但因为 δu_m 不独立，所以不能从上式得到各 δu_m 系数为零的结论.

将约束条件的变分形式(1.6.7)乘以拉格朗日乘子，加到上式中，有

$$\sum_{m=1}^{M}\left(\frac{\partial T}{\partial u_m}-\frac{\mathrm{d}}{\mathrm{d}t}\frac{\partial T}{\partial \dot{u}_m}+G_m+\sum_{j=1}^{l}\lambda_j\frac{\partial f_j}{\partial u_m}\right)\delta u_m=0 \tag{1.6.22}$$

根据 1.6.1 小节的处理方法，由上式可推出

$$\frac{\partial T}{\partial u_m}-\frac{\mathrm{d}}{\mathrm{d}t}\frac{\partial T}{\partial \dot{u}_m}+G_m+\sum_{j=1}^{l}\lambda_j\frac{\partial f_j}{\partial u_m}=0,\quad m=1,2,\cdots,M \tag{1.6.23}$$

此即不独立坐标形式的拉格朗日方程.

易证，保守体系下，上式可简化为

$$\frac{\partial L}{\partial u_m}-\frac{\mathrm{d}}{\mathrm{d}t}\frac{\partial L}{\partial \dot{u}_m}+\sum_{j}\lambda_j\frac{\partial f_j}{\partial u_m}=0,\quad m=1,2,\cdots,M \tag{1.6.24}$$

例 1.15

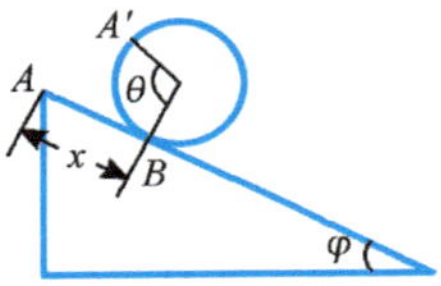

图 1.6.1　例 1.15 图

如图 1.6.1 所示，倾角为 φ 的固定斜面上，一质量为 m 的细圆环无滑滚下. 初始时刻圆环在原点静止，求圆环沿斜面滑动的位移 x 和转动的角度 θ，以及圆环所受的静摩擦力.

解　x 和 θ 之间的约束为

$$r\mathrm{d}\theta-\mathrm{d}x=0 \tag{1}$$

动能、势能（以起点为零点）和拉格朗日函数分别为

$$T=\frac{1}{2}M\dot{x}^2+\frac{1}{2}Mr^2\dot{\theta}^2,\quad V=-Mgx\sin\varphi \tag{2}$$

$$L=T-V=\frac{1}{2}M\dot{x}^2+\frac{1}{2}Mr^2\dot{\theta}^2+Mgx\sin\varphi \tag{3}$$

对 x，有 $\frac{\mathrm{d}}{\mathrm{d}t}\frac{\partial L}{\partial \dot{x}}=M\ddot{x}$，　$\frac{\partial L}{\partial x}=Mg\sin\varphi$，　$\lambda\frac{\partial f}{\partial x}=-\lambda$，其拉格朗日方程为

$$M\ddot{x}-Mg\sin\varphi=-\lambda \tag{4}$$

对 θ，有 $\frac{\mathrm{d}}{\mathrm{d}t}\frac{\partial L}{\partial \dot{\theta}}=Mr^2\ddot{\theta}$，　$\frac{\partial L}{\partial \theta}=0$，　$\lambda\frac{\partial f}{\partial \theta}=\lambda r$，其拉格朗日方程为

$$Mr^2\ddot{\theta}=\lambda r \tag{5}$$

联立式(1)、(4)和(5)可得

$$\lambda=\frac{1}{2}Mg\sin\varphi,\quad \ddot{x}=\frac{1}{2}g\sin\varphi,\quad \ddot{\theta}=\frac{1}{2r}g\sin\varphi \tag{6}$$

初始时刻圆环在原点静止，所以

$$x=\frac{gt^2}{4}\sin\varphi,\quad \theta=\frac{gt^2}{4r}\sin\varphi \tag{7}$$

静摩擦力

$$\lambda\frac{\partial f}{\partial x}=-\lambda=-\frac{Mg}{2}\sin\varphi \tag{8}$$

此外，还可以求得静摩擦力矩

$$\lambda\frac{\partial f}{\partial \theta}=\lambda r=\frac{Mgr}{2}\sin\varphi \tag{9}$$

小结

本章的主线是在完整约束条件下，由两种途径建立了拉格朗日力学，并讨论了这种分析力学体系的初步应用. 具体说来，1.1 节介绍了约束的分类，并引入能便捷描述约束问题的广义坐标；1.2 节对于常见的理想约束情形，由牛顿力学导出达朗贝尔原理，并由该原理导出拉格朗日方程；1.3 节讨论了变分法原理，并由哈密顿原理再次导出拉格朗日方程；1.4 节进一步讨论了拉格朗日函数的两个基本性质，即可加性和非唯一性，并介绍了应用拉格朗日力学求解运动情形和平衡情形的一些简单实例；1.5 节讨论了体系的整体对称性与体系的能量、动量和角动量守恒定律的内在联系，以及循环坐标与运动积分的对应；作为一种拓展，1.6 节利用拉格朗日乘子法研究了不独立坐标情形的平衡和运动问题.

学海泛舟 1：直观与抽象

与普通力学中通常的直角坐标、球坐标等相比，广义坐标的概念显得比较抽象. 但直观和抽象都是科学研究中所需要的. 直观化对于初步和快捷地掌握一个体系或一个概念的基本方面是十分有效的，但如果只停留在直观化的层面上，人们的认识就可能不全面. 抽象化有助于透过纷繁芜杂的具体表象深入把握本质，便于做严格的系统的研究，得到更一般的结果. 但如果没有直观化作基础和参照，人们的思维将很难达到抽象化的水平，或者做出不适当的抽象. 从直观到抽象是人类认识世界的一种自然过程.

第 2 章　拉格朗日方程的应用

第 1 章中我们在建立拉格朗日力学体系的同时，已经利用拉格朗日方程对一些简单的情形进行了求解. 本章则运用拉格朗日方程比较深入细致地分析一些专题.

2.1　两体的碰撞与散射

2.1.1　两体系统概述

两个相互作用质点组成的封闭体系称为两体系统，两体系统的运动问题称为两体问题. 由于本章中研究的对象一般都是粒子，所以经常直接用“粒子”来称呼“质点”.

两体问题有三大类型，其一是束缚态问题，所谓束缚态是指两个粒子不会无限分离，它们之间的距离总保持有限，例如，单个行星绕太阳，经典图像下氢原子中的电子绕原子核运动. 其二是俘获和衰变问题，前者是指一个粒子运动到另一个粒子附近而被俘获，过程前后粒子数从 2 变为 1；后者是指一个粒子发射一个较轻的粒子，而其余部分成为另一个新粒子，过程前后粒子数由 1 变为 2. 其三是碰撞与散射问题，两个粒子从相距无穷远处靠近，经过相互作用后各自改变了运动状态，之后又相互分离至无穷远. 电子或质子经过加速器加速后打到靶上、粒子的对碰，以及著名的卢瑟福散射都是这类问题.

研究两体问题的意义在于：一方面，它是最简单的存有相互作用的体系，而且可以约化成单体问题，容易求解，当相互作用势不太复杂时甚至能解析求解；另一方面，该问题的求解是解决多体问题的基础，一个简单情形是，行星绕太阳的运动问题可以近似为一个两体问题加上其他行星的一些微扰.

由于束缚态问题在本书的上册中已经作了详尽的介绍，此处不再赘述. 在原子核物理和粒子物理领域中有很多俘获和衰变的例子，将来在相应课程中会有专门的研究，这里也不再讨论. 本节要讲述的是碰撞与散射问题.

2.1.2　弹性碰撞

1. 背景

如果两个粒子碰撞前后内部状态保持不变，则此碰撞为弹性碰撞.

宏观世界中的弹性碰撞其实都不是严格意义上的弹性碰撞. 这是由于在宏观尺度上，碰撞物体的内部状态能量几乎是连续变化的，碰撞中存在的相互作用总能够或多或少地改变内部状态，使一部分机械能转化成碰撞物体的内部能量. 相反地，在微观领域中，弹性碰撞是一种基本的碰撞形式. 这是因为微观粒子处于束缚态，由量子力学的知识可证明，其内部能量是分立的，不能连续改变. 如果碰撞无法提供足够的能量使粒子从一个能量状态跃迁到另一个能量状态，粒子将保持在原来的状态，因而碰撞只能是弹性的. 例如，基态氢原子与最低激发态的能量相差 10.2eV，如果与之碰撞的电子动能仅为 8eV，则碰撞后氢原子仍然处于基态，碰撞只能是弹性的. 鉴于弹性碰撞在微观领域的重要性，再加上与一般的非弹性碰撞相比，其数学上的简单性，研究弹性碰撞是很有意义的，也是现阶段数学知识所允许的.

2. 定量分析

对于碰撞问题，一个简捷的求解步骤是，首先在质心参考系中分析计算，再将质心系的结果变换到实验室参考系中.

实验室系中，碰撞之前两个粒子速度分别记为 $\boldsymbol{v}_{01}$ 和 $\boldsymbol{v}_{02}$，则质心的运动速度为

$$\boldsymbol{v}_{0C}=\frac{m_1\boldsymbol{v}_{01}+m_2\boldsymbol{v}_{02}}{m_1+m_2} \tag{2.1.1}$$

所以在质心系中两个粒子的碰前速度分别为

$$\boldsymbol{v}_1=\boldsymbol{v}_{01}-\boldsymbol{v}_{0C}=\frac{m_2\boldsymbol{v}}{m_1+m_2},\quad \boldsymbol{v}_2=\boldsymbol{v}_{02}-\boldsymbol{v}_{0C}=-\frac{m_1\boldsymbol{v}}{m_1+m_2} \tag{2.1.2}$$

其中 $\boldsymbol{v}=\boldsymbol{v}_{01}-\boldsymbol{v}_{02}=\boldsymbol{v}_1-\boldsymbol{v}_2$ 是两个粒子的相对速度，与具体坐标系无关.

我们可以从碰撞前后动量和能量的情况分析碰撞前后粒子速度的关联.

首先，粒子间的相互作用属于内部作用，不会使两粒子的总动量发生变化. 因此碰撞前后体系的总动量守恒，在质心系中始终为零，即

$$m_1\boldsymbol{v}_1+m_2\boldsymbol{v}_2=m_1\boldsymbol{v}_1'+m_2\boldsymbol{v}_2'=0 \tag{2.1.3}$$

其中 $\boldsymbol{v}_1'$ 和 $\boldsymbol{v}_2'$ 分别是质心系中两粒子的碰后速度. 上式可用图 2.1.1 直观表达.

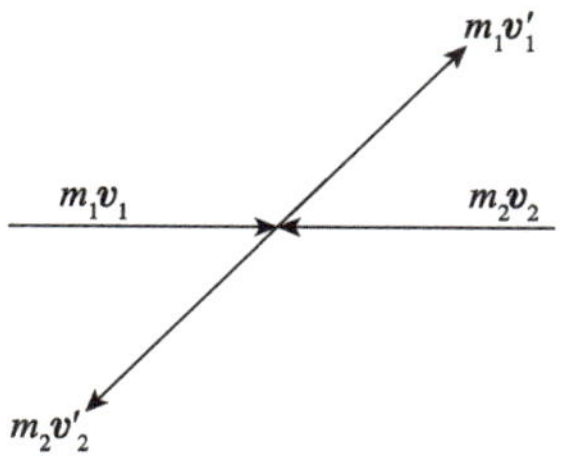

图 2.1.1　质心系中的两体碰撞

其次，弹性碰撞不改变两粒子的内部能量，所以碰撞前后系统总能量守恒. 当我们考察的碰前和碰后的状态都远离相互作用的有效区域时，总能量即为两粒子总动能. 因此

$$\frac{1}{2}m_1 v_1^2+\frac{1}{2}m_2 v_2^2=\frac{1}{2}m_1 v_1'^2+\frac{1}{2}m_2 v_2'^2 \tag{2.1.4}$$

联立式(2.1.3)和式(2.1.4)可解得

$$v_1'=v_1,\quad v_2'=v_2 \tag{2.1.5}$$

也即在质心系中，碰撞前后两粒子的速度大小不会改变，变化的只可能是它们的运动方向，设第一个粒子碰后的运动方向为 $\boldsymbol{e}$，则另一个粒子的运动方向为 $-\boldsymbol{e}$，于是碰撞后两粒子的速度矢量表达式为

$$\boldsymbol{v}_1'=\frac{m_2}{m_1+m_2}v\boldsymbol{e},\quad \boldsymbol{v}_2'=-\frac{m_1}{m_1+m_2}v\boldsymbol{e} \tag{2.1.6}$$

回到实验室系，则两粒子的碰后速度为

$$\begin{aligned}\boldsymbol{v}_{01}'&=\frac{m_1\boldsymbol{v}_{01}+m_2\boldsymbol{v}_{02}}{m_1+m_2}+\frac{m_2}{m_1+m_2}v\boldsymbol{e}\\ \boldsymbol{v}_{02}'&=\frac{m_1\boldsymbol{v}_{01}+m_2\boldsymbol{v}_{02}}{m_1+m_2}-\frac{m_1}{m_1+m_2}v\boldsymbol{e}\end{aligned} \tag{2.1.7}$$

常见情形是一个运动粒子与一个静止粒子进行碰撞，不妨设粒子 2 静止，则 $\boldsymbol{v}_{01}=\boldsymbol{v}$，$\boldsymbol{v}_{02}=0$. 于是上式简化为

$$\boldsymbol{v}_{01}'=\frac{m_1\boldsymbol{v}+m_2 v\boldsymbol{e}}{m_1+m_2},\quad \boldsymbol{v}_{02}'=\frac{m_1(\boldsymbol{v}-v\boldsymbol{e})}{m_1+m_2} \tag{2.1.8}$$

上述讨论没有涉及两粒子相互作用的具体形式，因此式(2.1.7)和式(2.1.8)的结果对所有弹性碰撞都是成立的，甚至也适用于非相对论性的量子力学碰撞问题. 式中唯一没有确定的是 $\boldsymbol{e}$ 的方向，它与相互作用的具体性质、粒子的初始能量及碰撞的几何位形有关，在下文介绍散射时将给出实例.

3. 实验室系和质心系中散射角的关系

根据质心系中的动量守恒式(2.1.3)，碰撞前后两个粒子的动量总是反平行的，因而共线，此性质保证了碰撞前后两粒子的轨迹处于同一个平面，碰撞参数 $\boldsymbol{e}$ 也就限制在此平面内. 定义质心系中粒子 1 碰前速度和碰后速度的夹角，也即 $\boldsymbol{e}$ 与相对速度 $\boldsymbol{v}$ 的夹角 θ 为**质心系中的散射角**

$$\cos\theta=\frac{\boldsymbol{v}_1'\cdot\boldsymbol{v}_1}{v_1'v_1}=\frac{\boldsymbol{e}\cdot\boldsymbol{v}}{v} \tag{2.1.9}$$

相应地，**实验室系中的散射角**就是该坐标系中粒子 1 碰撞前后速度的夹角，即

$$\cos\theta_0=\frac{\boldsymbol{v}_{01}'\cdot\boldsymbol{v}_{01}}{v_{01}'v_{01}} \tag{2.1.10}$$

在将散射信息由质心系变换到实验室系的过程中，需要知道两个参考系中散射角的关系. 一般情形下，此关系式过于复杂，这里只讨论粒子 2 在实验室系中静止的情形，此时

$$\cos\theta_0=\frac{\boldsymbol{v}'_{01}\cdot\boldsymbol{v}}{v'_{01}v}=\frac{m_1\boldsymbol{v}+m_2v\boldsymbol{e}}{|m_1\boldsymbol{v}+m_2v\boldsymbol{e}|}\cdot\frac{\boldsymbol{v}}{v}=\frac{m_1+m_2\cos\theta}{\sqrt{m_1^2+m_2^2+2m_1m_2\cos\theta}} \tag{2.1.11}$$

从上式还可以得到一个更加简洁的表达式

$$\tan\theta_0=\frac{m_2\sin\theta}{m_1+m_2\cos\theta} \tag{2.1.12}$$

由式(2.1.11)可以反解出

$$\cos\theta=-\frac{m_1}{m_2}\sin^2\theta_0\pm\cos\theta_0\sqrt{1-\frac{m_1^2}{m_2^2}\sin^2\theta_0} \tag{2.1.13}$$

可以证明，当 $m_1>m_2$ 时，上式中 θ 的两种取值都是有意义的；而当 $m_1<m_2$ 时，θ 只能取上式中的正号. 为直观起见，我们可以选择 m_1/m_2 的几个典型取值，根据式(2.1.12)作图. 图 2.1.2 中的曲线(a)、(b)和(c)是 m_1/m_2 分别取 2、1 和 1/2时 θ_0 和 θ 的对应关系. 曲线(a)中除了峰值点 $\theta_0=\pi/6$ 只对应一个 $\theta=2\pi/3$ 之外，其余 θ_0 都对应两个 θ；而曲线(c)中的 θ_0 和 θ 都一一对应；当 $m_1=m_2$ 时，非平庸解是 $\theta_0=\theta/2$，即图中的直线(b)，此外还有一个平庸解 $\theta=\pi,\theta_0$ 任取.

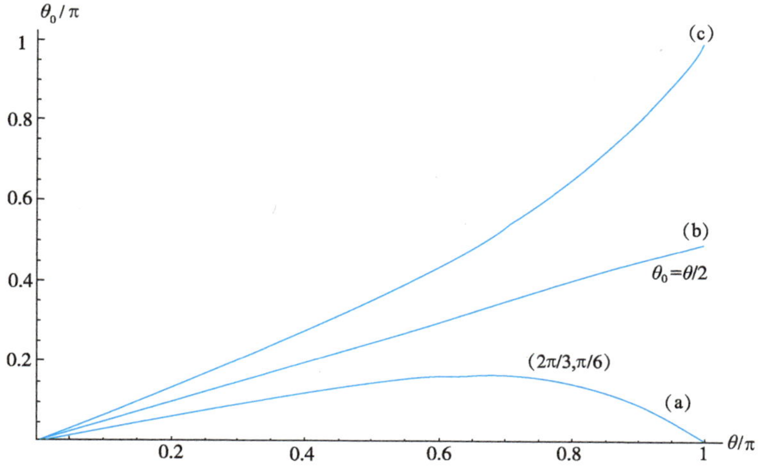

图 2.1.2 不同质量比下质心系和实验室散射角间的关系曲线

2.1.3 粒子散射的一般性理论

2.1.2 小节告诉我们，如果想了解碰撞的所有细节，必须知道散射角 θ. 研究散射问题就是分析散射角与两粒子相互作用的性质、粒子的初始能量及碰撞的几何位形关系.

1. 散射问题在物理学中的重要性

对于宏观物体，可以直接从所观察到的机械运动来推断物体之间的相互作用规律，比如开普勒从第谷对行星运动轨道的观测数据中总结出开普勒三定律，再由牛顿进一步分析得到太阳与行星之间的万有引力定律. 但这种方法并不适用于“看不见、摸不着”的微观世界，取代它的是散射实验和由此确定的散射截面. 一方面，我们可以先对微观体系建立相互作用模型，再通过理论计算导出一些重要的散射参量，如散射角和散射截面的关系式. 另一方面，这些参量之间的关系又可以通过实验来测量. 通过理论结果与实验数据的对比，就能判断理论所预言的相互作用形式是否正确.

虽然微观领域的散射过程必须采用量子力学的方法才能严格分析，但经典方法仍然具有一定的价值，这表现在两个方面：其一，经典散射理论和量子散射理论中对散射现象有相似的描述框架，有一些相同的基本概念如散射截面、散射角；其二，虽然由于量子效应的存在，不能期望经典理论的结果都正确，但有些情形经典理论能得到与量子理论相似甚至相同的结果，例如，当散射过程涉及的能量较大时，散射体的波动性较弱，粒子性较强，就属于这种情形.

2. 两体问题的约化

如图 2.1.3 所示，设两个粒子的位矢分别是 $\boldsymbol{r}_1$ 和 $\boldsymbol{r}_2$，则系统动能为

$$T=\frac{m_1\dot{\boldsymbol{r}}_1^2}{2}+\frac{m_2\dot{\boldsymbol{r}}_2^2}{2} \tag{2.1.14}$$

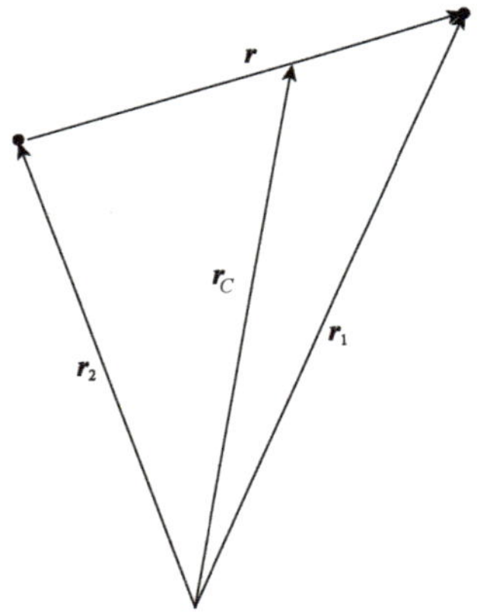

图 2.1.3 两体系统

两粒子的相互作用势能只与二者的相对位置有关，即

$$V=V(\boldsymbol{r}_1-\boldsymbol{r}_2) \tag{2.1.15}$$

所以该体系的拉格朗日函数

$$L=\frac{m_1\dot{\boldsymbol{r}}_1^2}{2}+\frac{m_2\dot{\boldsymbol{r}}_2^2}{2}-V(\boldsymbol{r}_1-\boldsymbol{r}_2) \tag{2.1.16}$$

引入两粒子间的相对位置矢量和质心位置矢量分别如下：

$$\boldsymbol{r}=\boldsymbol{r}_1-\boldsymbol{r}_2,\quad \boldsymbol{r}_C=\frac{m_1\boldsymbol{r}_1+m_2\boldsymbol{r}_2}{m_1+m_2} \tag{2.1.17}$$

则由上面两个式子求得

$$\boldsymbol{r}_1=\boldsymbol{r}_C+\frac{m_2}{m_1+m_2}\boldsymbol{r},\quad \boldsymbol{r}_2=\boldsymbol{r}_C-\frac{m_1}{m_1+m_2}\boldsymbol{r} \tag{2.1.18}$$

把上式代入式(2.1.16)中，并整理得

$$L=\frac{(m_1+m_2)\dot{\boldsymbol{r}}_C^2}{2}+\frac{m\dot{\boldsymbol{r}}^2}{2}-V(\boldsymbol{r}) \tag{2.1.19}$$

其中

$$m=\frac{m_1m_2}{m_1+m_2} \tag{2.1.20}$$

称为两粒子体系的**约化质量**或**折合质量**.

由式(2.1.19)可知，两体问题的拉格朗日函数可以看成是自由的质心运动部分和存在于两体间相互作用的相对运动部分之和. 对于研究两体内部相互作用来说，拉格朗日函数中的质心部分可以视为常量，因此可以舍弃掉，两体问题就约化为一个质量为 m 的单粒子在给定势场 $V(\boldsymbol{r})$ 中的运动问题. 一旦从这个单体问题中解出 $\boldsymbol{r}=\boldsymbol{r}(t)$，两体相对运动规律就可解出，而两粒子绝对位置的轨道 $\boldsymbol{r}_1=\boldsymbol{r}_1(t)$ 和 $\boldsymbol{r}_2=\boldsymbol{r}_2(t)$ 由式(2.1.18)给出.

如果两体系统处于外部势场中，原则上应该影响两个粒子的相对运动. 但实际问题中，外势作用的强度常常远小于内部作用势，因而对相对运动的影响可以忽略. 即便外势作用较强，如果它的不均匀尺度远大于两体系统的尺度，则该势场对两个粒子的相对运动有几乎相同的作用，也不会影响二者的相对运动.

由式(2.1.18)可推知，在质心参考系中，两个质点的位矢分别是

$$\boldsymbol{r}_1'=\frac{m_2}{m_1+m_2}\boldsymbol{r},\quad \boldsymbol{r}_2'=-\frac{m_1}{m_1+m_2}\boldsymbol{r} \tag{2.1.21}$$

它们都只与相对位矢 $\boldsymbol{r}$ 差一个比例常数，所以质心参考系中与单体问题中的散射性质有简单直接的对应. 特别地，这两种体系中有相同的散射角.

3. 单次散射过程的分析

由于两体问题可以约化为单体问题，所以只要分别用约化质量和相对位矢来代替某粒子的质量和位矢就可以了. 先考虑单次的单体散射，并假设相互作用势场为**中心势** $V(r)$，即作用势仅与径向坐标有关，与相对位矢的方位角无关.

图 2.1.4 中的(a)和(b)分别是粒子在排斥势和吸引势下散射轨道的示意图. 正如图中所反映的，散射粒子的轨迹具有如下一般特性. 刚开始，粒子与势场中心相距充分远，以至于可以忽略势场的影响，粒子做匀速直线运动. 随着与势中心的距离渐近，势场的作用越来越强，粒子或被排斥，或被吸引. 除非恰好是对

心散射，一般说来粒子轨道将偏离起初的直线．在经过与势中心的最近点 B 后，粒子将逐渐远离势中心，轨道也逐渐接近直线．粒子运动的最终方向一般会偏离原来的入射方向，我们就说粒子被散射了．

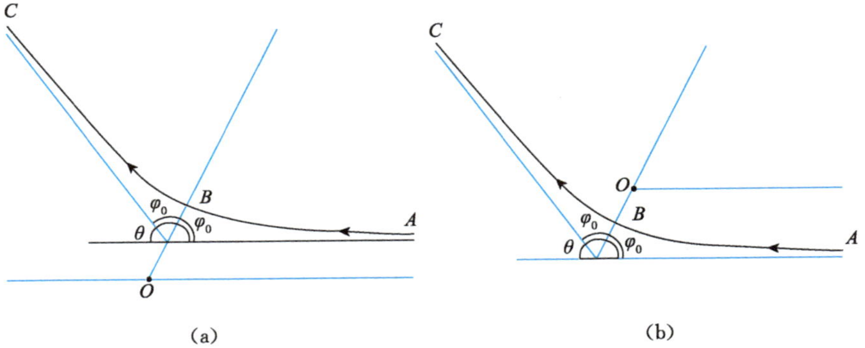

图 2.1.4　粒子在排斥势和吸引势下散射轨道的示意图

由于中心势场 $V(r)$ 具有各向同性，根据 1.5.4 小节的结论，该体系的角动量 $\boldsymbol{J}=\boldsymbol{r}\times\boldsymbol{p}$ 守恒，所以粒子的位矢 $\boldsymbol{r}$ 总是与常量 $\boldsymbol{J}$ 指定的固定方向垂直，也即粒子局限在与 $\boldsymbol{J}$ 垂直的平面内运动．于是我们可以用两个自由度的平面极坐标表示中心势散射系统的拉格朗日函数

$$L=\frac{1}{2}m(\dot{r}^2+r^2\dot{\varphi}^2)-V(r) \tag{2.1.22}$$

由于 φ 是循环坐标，广义动量

$$p_\varphi=\frac{\partial L}{\partial\dot{\varphi}}=mr^2\dot{\varphi} \tag{2.1.23}$$

是一个运动积分，其实这就是系统角动量的大小 J．上式可变形为

$$\dot{\varphi}=J/(mr^2) \tag{2.1.24}$$

再者，由于拉格朗日函数不显含时间，所以总能量

$$E=\frac{1}{2}m(\dot{r}^2+r^2\dot{\varphi}^2)+V(r) \tag{2.1.25}$$

守恒．将式(2.1.24)代入上式，并经变形得

$$\dot{r}=\pm\sqrt{\frac{2(E-V(r))}{m}-\frac{J^2}{m^2r^2}} \tag{2.1.26}$$

为消去时间参量，将式(2.1.24)与式(2.1.26)相除得

$$\frac{\mathrm{d}\varphi}{\mathrm{d}r}=\pm\frac{J/r^2}{\sqrt{2m(E-V)-J^2/r^2}} \tag{2.1.27}$$

所以粒子轨道满足下列方程：

$$\varphi=\pm\int\frac{J\mathrm{d}r/r^2}{\sqrt{2m(E-V)-J^2/r^2}} \tag{2.1.28}$$

上式中出现的正负号分别对应粒子远离势场中心和趋向势场中心两个过程.

在弹性散射问题中，我们采用粒子在无穷远处的速率 v_∞ 和瞄准距离 b 来代替两个守恒量 E 和 J，将会带来很多方便. 瞄准距离是从中心 O 到粒子初速度所在直线的距离. 新、旧参量间的关系是

$$E=\frac{1}{2}mv_\infty^2,\quad J=mbv_\infty \tag{2.1.29}$$

将此关系代入式(2.1.28)，并对 r 从与势场中心最近位置的距离 $r_{\min}$ 积分到无穷远，此时积分式(2.1.28)取正号，则有

$$\varphi_0=\int_{r_{\min}}^{\infty}\frac{b\mathrm{d}r/r^2}{\sqrt{1-b^2/r^2-2V(r)/(mv_\infty^2)}} \tag{2.1.30}$$

式中 $r_{\min}$ 的值由能量和角动量守恒条件确定

$$\begin{cases}\dfrac{1}{2}mv_\infty^2=\dfrac{1}{2}mv_{\min}^2+V(r_{\min})\\ mbv_\infty=mr_{\min}v_{\min}\end{cases} \tag{2.1.31}$$

消去 $v_{\min}$ 后推得

$$\frac{1}{2}mv_\infty^2=\frac{1}{2}\frac{mb^2v_\infty^2}{r_{\min}^2}+V(r_{\min}) \tag{2.1.32}$$

把根据上式求得的 $r_{\min}$ 代入式(2.1.30)就能求得 φ_0 与 b 的关系.

φ_0 是粒子从 $r_{\min}$ 处运动到末态无穷远处时极角的变化，由对称性，从初始无穷远处运动到 $r_{\min}$ 处时极角的变化也是 φ_0. 由图 2.1.4 的几何关系，可知 φ_0 与散射角 θ 有如下关系：

$$\theta=\pi-2\varphi_0 \tag{2.1.33}$$

散射角与瞄准距离的具体关系最终需要代入具体的相互作用势能才能得到.

4. 多粒子的散射

即使技术上能够控制单个粒子散射，但由于难以测量微观的瞄准距，所以不能期望由单个散射来分析相互作用势. 实际研究中总是安排大量具有相同速度的同类粒子组成的束流与散射靶碰撞. 如图 2.1.5 所示，不同的粒子有着不同的瞄准距离 b，所以就会对应不同的 φ_0 和 θ. 由于中心势散射对方位角 φ 是各向同性的，在立体角 $(\theta,\theta+\mathrm{d}\theta)$ 内均匀散射的粒子，初始时必然均匀分布在瞄准距离为 $(b,\ b+\mathrm{d}b)$ 的圆环上，此圆环的面积为

$$\mathrm{d}\sigma=2\pi b\mathrm{d}b \tag{2.1.34}$$

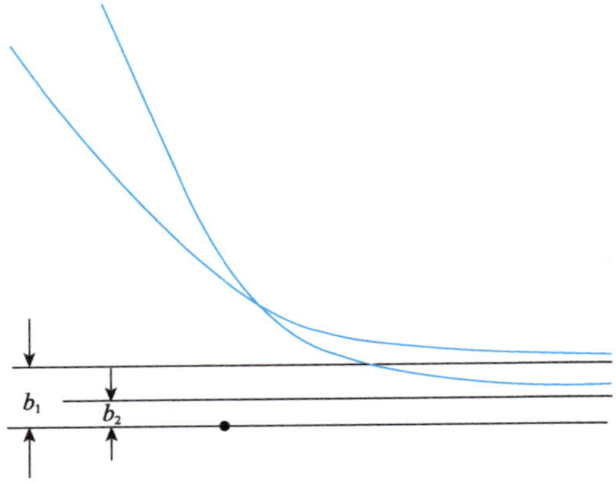

图 2.1.5　不同瞄准距下的散射轨道

我们用 n 表示粒子流的强度，即单位时间内通过垂直于束流的单位面积的粒子数目，则单位时间内散射到 $(\theta,\theta+\mathrm{d}\theta)$ 角度内的粒子数为

$$\mathrm{d}N = 2\pi nb\,\mathrm{d}b \tag{2.1.35}$$

θ 和 $\theta+\mathrm{d}\theta$ 两个锥面之间的立体角为

$$\mathrm{d}\Omega = \int_0^{2\pi}(\sin\theta\mathrm{d}\theta)\mathrm{d}\phi = 2\pi\sin\theta\mathrm{d}\theta \tag{2.1.36}$$

所以

$$\frac{\mathrm{d}\sigma}{\mathrm{d}\Omega} = \frac{\mathrm{d}N}{n\,\mathrm{d}\Omega} = \frac{b}{\sin\theta}\left|\frac{\mathrm{d}b}{\mathrm{d}\theta}\right| \tag{2.1.37}$$

因为上式具有面积的量纲，我们把它定义为**微分散射截面**．由于 b 可能是 θ 的减函数，所以为避免微分截面为负数，上式中给 $\mathrm{d}b/\mathrm{d}\theta$ 加上了绝对值符号．

一旦求得 b 和 θ 的函数关系，则由式(2.1.37)可求得微分截面 $\mathrm{d}\sigma/\mathrm{d}\Omega$. 如果实验中探测器被安排在散射角为 θ 的某个立体角 $\mathrm{d}\omega$ 内，则由理论预言的进入探测器的散射粒子数为

$$\mathrm{d}N' = \frac{\mathrm{d}\sigma}{\mathrm{d}\Omega}n\,\mathrm{d}\omega = \frac{nb}{\sin\theta}\left|\frac{\mathrm{d}b}{\mathrm{d}\theta}\right|\mathrm{d}\omega \tag{2.1.38}$$

这样，不必具体测量每次散射的具体轨迹(实际也不可能)，就可以将理论计算值与实际的测量值进行比较，从而检验理论模型所预言的相互作用形式是否正确.

5. 刚球势散射

刚球势散射，顾名思义，即两个具有有限尺度的刚性小球进行散射．在两个刚球接触之前，它们都做匀速直线运动，接触后便在遵守总动量、总角动量及总动能守恒的条件下彼此远离．这个模型的计算非常简单，也很直观，便于分析；而且，通过对这个简单模型的讨论，我们可以了解势散射问题的一般性特点，为更复杂的散

射问题做好准备；此外，刚球势模型也有很大的实用性，在微观领域中，很多问题，如电子与晶格碰撞、中子的慢化和分子运动论等，经常采用刚球势模型作初步研究.

刚球势的形式为

$$V(r)=\begin{cases}\infty, & r<R\\ 0, & r\geqslant R\end{cases} \tag{2.1.39}$$

其中 $R=r_1+r_2$，r_1 和 r_2 是两个刚球的半径.

首先约化为单体问题，即具有约化质量的粒子与固定中心发生碰撞. 瞄准距与散射角之间的关系可以通过将刚球势式(2.1.39)代入式(2.1.30)计算，并结合式(2.1.33)来求得. 考虑到作用势特别简单，也可以按如下分析得到.

由于碰撞是弹性的，所以碰撞前后在接触点切平面方向刚球的动量守恒，而法向动量则大小不变，方向相反. 这将导致反射角与入射角相等. 参照图 2.1.6，可得散射角与入射角的关系为 $\theta=\pi-2\varphi_0$，因而瞄准距离与散射角的关系为

$$b=R\sin\varphi_0=R\cos\frac{\theta}{2} \tag{2.1.40}$$

把上式代入式(2.1.37)，可得微分散射截面

$$\frac{\mathrm{d}\sigma}{\mathrm{d}\Omega}=\frac{R^2}{4} \tag{2.1.41}$$

可见在单体问题中，散射刚球的角分布呈各向同性. 鉴于质心系中的散射角与单体问题相同，故质心系中有同样结论.

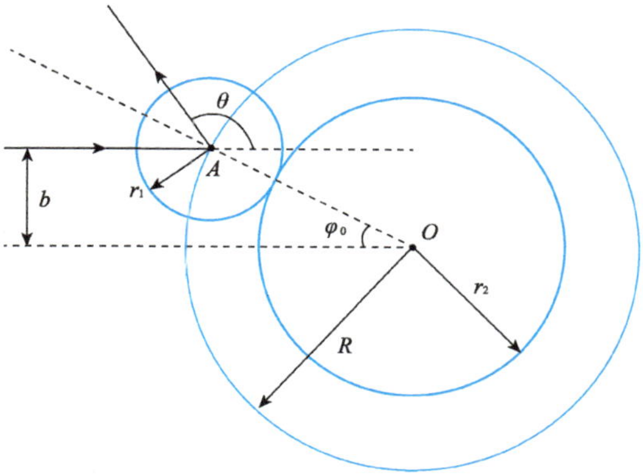

图 2.1.6　刚球势散射

总散射截面为

$$\sigma_t=\int\frac{\mathrm{d}\sigma}{\mathrm{d}\Omega}\mathrm{d}\Omega=\int\frac{R^2}{4}\mathrm{d}\Omega=\pi R^2 \tag{2.1.42}$$

还有一个计算总散射截面的简单思路：因为最大瞄准距离 $b_{\max}=R$，我们有

$$\sigma_t=\pi b_{\max}^2=\pi R^2 \tag{2.1.43}$$

与式(2.1.42)完全一致.

原则上可以根据式(2.1.12)或(2.1.13)表述的质心系与实验室系散射角的关系给出实验室系中的散射截面，但一般情形较复杂．作为特例，我们考虑两种常见的简单情形．

当 $m_1=m_2$ 时，式(2.1.12)简化为

$$\tan\theta_0=\frac{\sin\theta}{1+\cos\theta}=\tan\frac{\theta}{2} \tag{2.1.44}$$

所以

$$\theta=2\theta_0 \tag{2.1.45}$$

于是

$$\frac{d\Omega}{d\Omega_0}=\frac{\sin\theta d\theta}{\sin\theta_0 d\theta_0}=4\cos\theta_0 \tag{2.1.46}$$

由上式和式(2.1.41)可得实验室系中的微分散射截面为

$$\frac{d\sigma}{d\Omega_0}=\frac{d\sigma}{d\Omega}\frac{d\Omega}{d\Omega_0}=R^2\cos\theta_0 \tag{2.1.47}$$

由式(2.1.45)可知，实验室系中的散射角 θ_0 在 $0\sim\pi/2$，所以上式中的 $\cos\theta_0$ 不必加绝对值符号．这种情形下两个参考系中散射角的差异非常显著：质心系中散射呈各向同性，而在实验室系中所有散射粒子都集中在向前的半区，如图2.1.7(a)所示，其中极径表示微分截面，极角的绝对值为散射角．

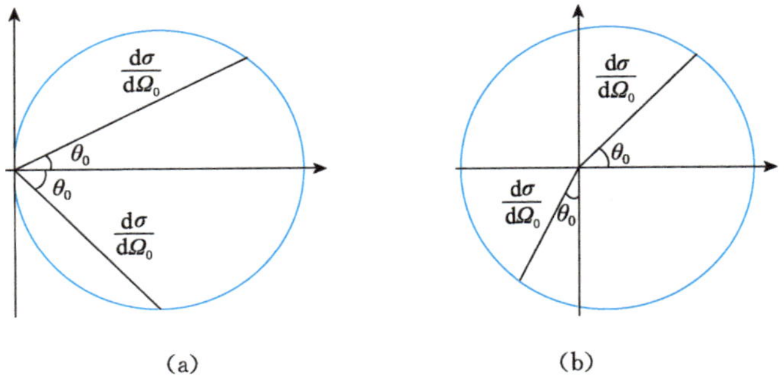

图 2.1.7　实验室系中微分散射截面的空间分布

(a) $m_1=m_2$；(b) $m_1/m_2=0.1$

当 $m_1\ll m_2$ 时，将式(2.1.13)保留到 m_1/m_2 的一阶小量

$$\cos\theta=\cos\theta_0-\frac{m_1}{m_2}\sin^2\theta_0 \tag{2.1.48}$$

所以

$$\frac{d\Omega}{d\Omega_0}=\left|\frac{d\cos\theta}{\sin\theta_0 d\theta_0}\right|=1+2\frac{m_1}{m_2}\cos\theta_0 \tag{2.1.49}$$

由上式和式(2.1.41)可得实验室系中的微分散射截面为

$$\frac{d\sigma}{d\Omega_0}=\frac{R^2}{4}\left(1+2\frac{m_1}{m_2}\cos\theta_0\right) \tag{2.1.50}$$

所以这种情形下实验室系中散射的各向同性只是稍有破坏，向前散射的粒子比向后散射的粒子略多一些. 可以证明，前半区与后半区散射粒子数之比为$\frac{m_2+m_1}{m_2-m_1}$. 图 2.1.7(b)是当 $m_1/m_2=0.1$ 时散射截面的角分布图.

可以验证，$m_1=m_2$ 和 $m_1\ll m_2$ 两种情形的总散射截面仍为式(2.1.43).

我们可以利用这里所学的碰撞与散射的知识来分析裂变反应堆中慢化剂的原理. 在^{235}U 的裂变反应中，热中子有较大的诱发裂变的反应截面，但裂变产物中的中子能量较高，诱发裂变的反应截面很小. 为了链式反应的进行，必须使这些快中子尽快慢化. 由于中子是电中性粒子，静电控制方法显然无效. 而虽然中子存在磁矩，但试图利用磁场使中子的动能呈几个数量级的减少也是不明智的. 最直接有效的办法就是让快中子与某材料的原子核进行碰撞. 频繁的碰撞将使快中子在极短时间内慢化成热中子. 究竟选择轻核还是重核材料作为慢化剂，关键就是使每次散射后的平均动能尽可能减小.

记中子为粒子 1，待选择慢化剂的核为粒子 2. 粒子 1 的初始速度为 $\boldsymbol{v}$，粒子 2 在实验室系中可近似看作静止，由式(2.1.8)，在实验室系中粒子 1 碰撞后的速度为

$$\boldsymbol{v}'=\frac{m_1\boldsymbol{v}+m_2 v\boldsymbol{e}}{m_1+m_2} \tag{2.1.51}$$

相应动能为

$$T'=\frac{1}{2}m_1\left(\frac{m_1\boldsymbol{v}+m_2 v\boldsymbol{e}}{m_1+m_2}\right)^2=\frac{1}{2}m_1 v^2\,\frac{(m_1^2+m_2^2)+2m_1 m_2\cos\theta}{(m_1+m_2)^2} \tag{2.1.52}$$

由于在质心系中微分散射截面各向同性，从统计上看，$\cos\theta$ 的平均值为零. 所以碰撞后中子的平均动能

$$\overline{T'}=\frac{1}{2}m_1 v^2\,\frac{m_1^2+m_2^2}{(m_1+m_2)^2} \tag{2.1.53}$$

为了使碰撞后中子的平均动能最小，要求 $m_2=m_1$. 可见，抛开其他因素，中子慢化剂应该选用水、石蜡等富含氢的元素，同时吸收中子效应很弱的材料.

而在电磁学中解释欧姆定律的微观机制时，假定了电子具有碰撞失忆性，即电子与晶格碰撞后的平均速度为零，然后在电场作用下做漂移运动，直到下一次碰撞. 该性质可以解释如下：将电子与晶格原子的相互作用近似为刚球势，则由于质心系中微分散射截面的各向同性，碰撞后的电子以相同能量各向同性散射，统计平均的速度为零. 又由于电子质量远小于晶格原子质量，所以回到实验室系中，这个结论仍近似成立.

2.1.4 卢瑟福散射

1. 历史背景介绍

进入 19 世纪，由于气体分子运动理论的成就，以及化学反应定比定律和倍比定律的发现，人们认识到分子是组成物质的基本单位，而分子又是由一个或几个原子所构成的. 不仅如此，元素周期律揭示了不同元素的原子随原子序数的增加呈现周期性的物理和化学特性，强烈暗示着原子仍然有其内部结构. 1897 年，汤姆孙发现了电子，之后他提出了一种原子模型，认为原子中荷正电的部分连续分布于整个原子空间，而点状的电子则嵌在原子球的内部. 但该模型不能解释原子光谱的复杂性. 1909 年，卢瑟福采用 α 粒子（^{4}He 核）轰击重金属薄箔，发现有约 1/8000的粒子的散射角大于 90°. 而根据汤姆孙模型的推算，散射角大于 6°的概率在 2×10^{-8}以下，可见汤姆孙模型与实验结果完全不符. 为了解释实验结果，两年后卢瑟福提出了原子的核式模型，即荷正电的部分集中在原子中心，构成原子核，电子则分布在核外区域绕核运动，该模型的预言与实验在很大范围内相符. 卢瑟福模型是玻尔量子论的基础，为后来量子力学的建立拉开了序幕. 下面我们将给出卢瑟福散射的理论分析.

2. 单次散射中 b 和 θ 关系

按照核式模型，α 粒子在进入核的作用区域后感受到核的库仑排斥势

$$V(r)=\frac{2Ze^2}{4\pi\varepsilon_0 r} \tag{2.1.54}$$

其中 e 是基本电荷电量，2 和 Z 分别是 α 粒子和靶材料的原子序数. 为简洁计，令 $\alpha=\dfrac{2Ze^2}{4\pi\varepsilon_0}$，则 $V=\alpha/r$，分别代入式(2.1.30)和(2.1.32)中，并令

$$\beta=\frac{\alpha}{mbv_\infty^2} \tag{2.1.55}$$

可计算得

$$\varphi_0=\int_{r_{\min}}^{\infty}\frac{b\mathrm{d}r/r^2}{\sqrt{1-b^2/r^2-2b\beta/r}} \tag{2.1.56}$$

其中

$$r_{\min}=b(\beta+\sqrt{1+\beta^2}) \tag{2.1.57}$$

式(2.1.56)中引入积分元变换 $s=b/r+\beta=\sqrt{1+\beta^2}\sin\eta$ 后可以很方便地进行积分，经整理得

$$\varphi_0=\arccos\frac{\beta}{\sqrt{1+\beta^2}} \tag{2.1.58}$$

反解得

$$\beta = \cot\varphi_0 = \tan\frac{\theta}{2} \tag{2.1.59}$$

其中最后一步我们利用了关系式(2.1.33)．由上式和式(2.1.55)可得瞄准距和散射角的关系

$$b = \frac{\alpha}{mv_\infty^2}\cot\frac{\theta}{2} \tag{2.1.60}$$

3. 多粒子散射微分截面

上式对 θ 微商得

$$\left|\frac{\mathrm{d}b}{\mathrm{d}\theta}\right| = \frac{\alpha}{2mv_\infty^2}\csc^2\frac{\theta}{2} \tag{2.1.61}$$

将上两式代入式(2.1.37)得卢瑟福散射微分截面为

$$\frac{\mathrm{d}\sigma}{\mathrm{d}\Omega} = \frac{\alpha^2}{4m^2v_\infty^4}\csc^4\frac{\theta}{2} \tag{2.1.62}$$

这就是著名的卢瑟福散射公式．值得注意的是，由于参量 α 以平方形式出现，所以散射角分布与库仑势是排斥还是吸引无关．

4. 实验室系中的微分截面

一般情形比较复杂，此处只讨论两种情形．

(1) 当 $m_1 = m_2$ 时，由式(2.1.45)及约化质量 m 是粒子 1 质量 m_1 的一半，有

$$\frac{\mathrm{d}\sigma}{\mathrm{d}\Omega} = \frac{\alpha^2}{m_1^2v_\infty^4}\csc^4\theta_0 \tag{2.1.63}$$

再由式(2.1.46)，最后我们得到实验室系中微分散射截面

$$\frac{\mathrm{d}\sigma}{\mathrm{d}\Omega_0} = \frac{4\alpha^2}{m_1^2v_\infty^4}\csc^4\theta_0\cos\theta_0 \tag{2.1.64}$$

同刚球势散射一样，只存在向前散射．

(2) 当 $m_1 \ll m_2$ 时，在实际的卢瑟福散射实验中，采用 α 粒子撞击重核(如金、铂)，显然满足这个条件．以下计算中只保留到 m_1/m_2 的一阶项．由式(2.1.48)可以得到

$$\csc^4\frac{\theta}{2} = \csc^4\frac{\theta_0}{2}\left(1 - 4\frac{m_1}{m_2}\cos^2\frac{\theta_0}{2}\right) \tag{2.1.65}$$

约化质量

$$m = \frac{m_1m_2}{m_1 + m_2} \approx m_1(1 - m_1/m_2) \tag{2.1.66}$$

将上两式代入式(2.1.62)中，并整理得

$$\frac{\mathrm{d}\sigma}{\mathrm{d}\Omega} = \frac{\alpha^2\csc^4\dfrac{\theta_0}{2}\left(1 - 2\dfrac{m_1}{m_2}\cos\theta_0\right)}{4m_1^2v_\infty^4} \tag{2.1.67}$$

再由式(2.1.49)，最后我们得到实验室系中微分散射截面

$$\frac{d\sigma}{d\Omega_0}=\frac{\alpha^2\csc^4\dfrac{\theta_0}{2}}{4m_1^2 v_\infty^4} \tag{2.1.68}$$

将式(2.1.62)与上式比较可看出，除了 m 与 m_1 不同外，两个坐标系中微分散射截面的形式完全一样.

5. 进一步讨论

卢瑟福散射理论与实验测量结果在很大散射角范围内都符合得很好，说明了原子的核式模型是合理的. 有两种情形出现了不一致，我们做一个定性分析.

其一，当散射角很小时. 这是因为此时粒子的瞄准距很大，电子对原子核的屏蔽作用不可忽略了.

其二，当散射角接近 180°时. 这是因为原子核并非无限小的点粒子，此时 α 粒子可以到达离原子核很近的距离，核的形状效应显著，并且核附近可能有库仑势之外的未知相互作用势起作用. 因而，这种情形下理论的失效非但不是灾难，还预示了进一步研究的方向.

值得指出的是，我们用经典方法得到的卢瑟福散射截面公式与量子理论的结果不是大致相同，而是完全相同！原因是库仑势形式的特殊性，具体见量子力学的相关内容.

在刚球势散射中，我们计算了总散射截面. 对于卢瑟福散射，从其微分截面公式(2.1.62)中很容易发现，总截面发散. 这是由于库仑作用是长程相互作用，无论瞄准距多大，库仑作用总是存在. 按照这个思路，在经典力学中，只要作用势能在整个空间中都不为零，总散射截面总是无穷大. 但在量子理论中可以证明，只要势强度随距离的衰减快于 $1/r$，总散射截面就是有限的.

2.2 多自由度体系的小振动

振动几乎是每个自然科学领域都要涉及的一个常见现象. 狭义的振动指机械振动，即物体(或物体的一部分)在某一中心位置两侧所做的往复运动. 广义的振动是指，描述系统状态的参量（如位移、电压、波函数）在其基准值上下交替变化的过程.

按研究问题的不同角度，振动有各种分类方式. 按运动自由度分，有单自由度振动和多自由度振动. 其中多自由度振动又可进一步分成有限多自由度振动和无限多自由度振动，前者与离散系统相对应，可由常微分方程描述，而后者则与连续系统相对应，要用偏微分方程描述. 当振动方程中不显含时间时，相应的系统称为自治系统；如果振动方程显含时间，则称相应系统为非自治系统. 按系统受力情况，振动又可分为自由振动、阻尼振动和受迫振动. 按受力的性质来分，有线性振动和非线性振动两类. 此外，振动又可分为确定性振动和随机振动，由于受力的随机性，后者的运动没有确定性规律.

本节讨论的是有限多自由度的、线性的和确定的自由振动、阻尼振动和受迫振动问题. 这也是拉格朗日力学应用最成功的问题之一.

需要指出的是，一个振动系统，如果其振动幅度没有限制，则振动方程中的广义坐标及其对时间的微商（广义速度、广义加速度）一般以非线性形式存在. 但如果系统振动的幅度很小，以至于振动方程中只需保留广义坐标及其时间微商的一阶项就足够精确，则可以用线性微分方程描述该系统. 一个形象的类比是，当只取一条曲线的很小一段时，曲线段可以近似为一条直线段. 例如，大家熟悉的单摆，其严格的振动方程是 $\ddot{\theta}+g\sin\theta=0$，其中的 θ 是非线性形式. 当摆动角度很小时，有 $\sin\theta\approx\theta$，于是振动方程就近似为线性微分方程 $\ddot{\theta}+g\theta=0$. 关于小振幅与线性的必然对应，可以在下面具体的分析中更严格、更一般性地表述出来.

2.2.1 自由振动

1. 自由度为 2 的保守体系的自由振动

设体系的广义坐标为 q_1 和 q_2，则体系的运动方程为

$$\begin{cases}\dfrac{\mathrm{d}}{\mathrm{d}t}\dfrac{\partial T}{\partial \dot{q}_1}-\dfrac{\partial T}{\partial q_1}+\dfrac{\partial V}{\partial q_1}=0\\[2ex]\dfrac{\mathrm{d}}{\mathrm{d}t}\dfrac{\partial T}{\partial \dot{q}_2}-\dfrac{\partial T}{\partial q_2}+\dfrac{\partial V}{\partial q_2}=0\end{cases}\tag{2.2.1}$$

自由振动体系当然受定常约束，由 1.5.2 小节知识可知，其动能 T 是广义速度的二次齐次式，即

$$T=\frac{1}{2}\sum_{\alpha,\beta=1}^{2}M_{\alpha\beta}\dot{q}_\alpha\dot{q}_\beta=\frac{1}{2}(M_{11}\dot{q}_1^2+2M_{12}\dot{q}_1\dot{q}_2+M_{22}\dot{q}_2^2)\tag{2.2.2}$$

其中 $M_{\alpha\beta}$ 对应于 1.5.2 小节中式(1.5.10)中的 $A_{\alpha\beta}$，它一般是广义坐标的函数，并且关于两个下标对称

$$M_{\alpha\beta}(q_1,q_2)=M_{\beta\alpha}(q_1,q_2)\tag{2.2.3}$$

而势能与广义速度无关，仅为广义坐标的函数

$$V=V(q_1,q_2)\tag{2.2.4}$$

不妨取平衡位置为 q_1 和 q_2 的零点，将势能在平衡位置作泰勒展开

$$V(q_1,q_2)=V(0,0)+\sum_{\alpha=1}^{2}\left(\frac{\partial V}{\partial q_\alpha}\right)_0 q_\alpha+\frac{1}{2}\sum_{\alpha,\beta=1}^{2}\left(\frac{\partial^2 V}{\partial q_\alpha\partial q_\beta}\right)_0 q_\alpha q_\beta+\cdots\tag{2.2.5}$$

由于势能零点可以任取，不妨令 $V(0,0)=0$；又由于在平衡位置 $(\partial V/\partial q_\alpha)_0=0$，精确到二阶小量，最终有

$$V(q_1,q_2)\approx\frac{1}{2}\sum_{\alpha,\beta=1}^{2}\left(\frac{\partial^2 V}{\partial q_\alpha\partial q_\beta}\right)_0 q_\alpha q_\beta=\frac{1}{2}\left(k_{11}q_1^2+2k_{12}q_1q_2+k_{22}q_2^2\right)\qquad(2.2.6)$$

其中 $k_{\alpha\beta}=k_{\beta\alpha}=\left(\frac{\partial^2 V}{\partial q_\alpha\partial q_\beta}\right)_0$ 为常数.

保守体系在平衡位置附近作小振动，不仅广义坐标是小量，广义速度也是小量. 根据能量守恒式 $T+V=$常量，可以判断二者为同阶小量（无量纲化处理后会更清楚这一点）. 所以式(2.2.2)中的系数只需要取零阶近似

$$M_{\alpha\beta}(q_1,q_2)\approx M_{\alpha\beta}(0,0)\triangleq m_{\alpha\beta}\qquad(2.2.7)$$

就能保证动能项与势能项均为二阶小量. 于是

$$T(\dot{q}_1,\dot{q}_2)\approx\frac{1}{2}\sum_{\alpha,\beta=1}^{2}m_{\alpha\beta}\dot{q}_\alpha\dot{q}_\beta=\frac{1}{2}(m_{11}\dot{q}_1^2+2m_{12}\dot{q}_1\dot{q}_2+m_{22}\dot{q}_2^2)\qquad(2.2.8)$$

将式(2.2.6)和(2.2.8)代入拉格朗日运动方程(2.2.1)得

$$\begin{cases}m_{11}\ddot{q}_1+m_{12}\ddot{q}_2+k_{11}q_1+k_{12}q_2=0\\ m_{21}\ddot{q}_1+m_{22}\ddot{q}_2+k_{21}q_1+k_{22}q_2=0\end{cases}\qquad(2.2.9)$$

这是一个二阶常系数微分方程组，可直接取解的形式为

$$\begin{cases}q_1=a_1\sin(\omega t+\varphi_0)\\ q_2=a_2\sin(\omega t+\varphi_0)\end{cases}\qquad(2.2.10)$$

将上式代入方程组(2.2.9)，经整理后得到关于振幅系数的代数方程组

$$\begin{cases}a_1(k_{11}-m_{11}\omega^2)+a_2(k_{12}-m_{12}\omega^2)=0\\ a_1(k_{21}-m_{21}\omega^2)+a_2(k_{22}-m_{22}\omega^2)=0\end{cases}\qquad(2.2.11)$$

要得到该线性齐次方程组的非零解，必须有系数行列式为零，即

$$\begin{vmatrix}k_{11}-m_{11}\omega^2 & k_{12}-m_{12}\omega^2\\ k_{21}-m_{21}\omega^2 & k_{22}-m_{22}\omega^2\end{vmatrix}=0\qquad(2.2.12)$$

这个方程称为该小振动体系的**久期方程**.

式(2.2.12)可展开成

$$(m_{11}m_{22}-m_{12}^2)\omega^4-(m_{11}k_{22}+m_{22}k_{11}-2m_{12}k_{12})\omega^2+(k_{11}k_{22}-k_{12}^2)=0\qquad(2.2.13)$$

由它可解出振动频率 ω_1 和 ω_2，我们称它们为系统振动的**本征频率**或**固有频率**.

除去零频率这样的平庸情形，ω_1 和 ω_2 均为正实根，证明如下.

首先证明 ω^2 必为实数. 考察方程(2.2.13)的判别式

$$\begin{aligned}&(m_{11}k_{22}+m_{22}k_{11}-2m_{12}k_{12})^2-4(m_{11}m_{22}-m_{12}^2)(k_{11}k_{22}-k_{12}^2)\\ \geqslant&(2\sqrt{m_{11}m_{22}k_{11}k_{22}}-2m_{12}k_{12})^2-4(m_{11}m_{22}-m_{12}^2)(k_{11}k_{22}-k_{12}^2)\\ =&4(m_{11}m_{22}k_{12}^2+m_{12}^2k_{11}k_{22}-2m_{12}k_{12}\sqrt{m_{11}m_{22}k_{11}k_{22}})\\ \geqslant&0\end{aligned}\qquad(2.2.14)$$

可见 ω^2 的两个根均为实数.

其次，证明 ω 的物理解必然为正实数. 由于小振动的平衡点处于稳定平衡，也即在原点附近的小位形空间中，原点处的势能最低，那么就要求式(2.2.6)在原点附近正定. 为保持这个性质，必须有

$$k_{11}>0,\quad k_{22}>0,\quad k_{11}k_{22}-k_{12}^2>0 \tag{2.2.15}$$

这就是所谓的狄利克雷定理. 而由动能恒正的性质，式(2.2.8)也必然满足正定性要求，因而

$$m_{11}>0,\quad m_{22}>0,\quad m_{11}m_{22}-m_{12}^2>0 \tag{2.2.16}$$

根据这两个条件中各自的第三个不等式关系，可得

$$\sqrt{k_{11}k_{22}}>k_{12},\qquad \sqrt{m_{11}m_{22}}>m_{12} \tag{2.2.17}$$

所以

$$\sqrt{m_{11}k_{22}m_{22}k_{11}}>m_{12}k_{12} \tag{2.2.18}$$

于是

$$m_{11}k_{22}+m_{22}k_{11}-2m_{12}k_{12}\geqslant 2\sqrt{m_{11}k_{22}m_{22}k_{11}}-2m_{12}k_{12}>0 \tag{2.2.19}$$

再次，由式(2.2.15)的第三个式子、式(2.2.16)的第三个式子及式(2.2.19)可知，方程(2.2.13)中的三个系数分别为正、负、正，结合考虑第一步得出的 ω^2 的两个根都是实数，可推出 ω^2 的两个根均为正数. 所以 ω 有两个正实根，记为 ω_1 和 ω_2.

非简并情形，即当 $\omega_1\neq\omega_2$ 时，问题的通解为

$$\begin{cases} q_1=a_1^{(1)}\sin(\omega_1t+\varphi_1)+a_1^{(2)}\sin(\omega_2t+\varphi_2)\\ q_2=\mu_1a_1^{(1)}\sin(\omega_1t+\varphi_1)+\mu_2a_1^{(2)}\sin(\omega_2t+\varphi_2)\end{cases} \tag{2.2.20}$$

其中

$$\mu_1=\frac{m_{11}\omega_1^2-k_{11}}{k_{12}-m_{12}\omega_1^2},\quad \mu_2=\frac{m_{11}\omega_2^2-k_{11}}{k_{12}-m_{12}\omega_2^2} \tag{2.2.21}$$

上式可通过分别将 ω_1 和 ω_2 代入系数方程(2.2.11)中的任一式中求得. 而参数 $a_1^{(1)}$、$a_1^{(2)}$、φ_1 和 φ_2 由初始条件 $q_1(0)$、$q_2(0)$、$\dot q_1(0)$ 和 $\dot q_2(0)$ 决定.

简并情形，即当 $\omega_1=\omega_2$ 时，要求判别式(2.2.14)取等号关系，可从中推得

$$\frac{k_{11}}{m_{11}}=\frac{k_{22}}{m_{22}}=\frac{k_{12}}{m_{12}}\xlongequal{\triangle}\omega_0^2 \tag{2.2.22}$$

将上式代入式(2.2.13)，并整理得

$$\omega^4-2\omega_0^2\omega^2+\omega_0^4=0 \tag{2.2.23}$$

从中解得

$$\omega=\omega_0 \tag{2.2.24}$$

此时的通解为

$$\begin{cases} q_1 = a_1 \sin(\omega_0 t + \varphi_1) \\ q_2 = a_2 \sin(\omega_0 t + \varphi_2) \end{cases} \tag{2.2.25}$$

尽管与非简并情形形式上有很大区别，但独立的待定参量仍然有四个，它们也由四个初始条件决定.

2. 自由度为 s 的保守体系的自由振动

推广是直接的. 首先写出在平衡位置附近体系的动能和势能，保留二阶小量，有

$$\begin{cases} T \approx \dfrac{1}{2} \sum\limits_{\alpha,\beta=1}^{s} m_{\alpha\beta} \dot{q}_\alpha \dot{q}_\beta \\ V \approx \dfrac{1}{2} \sum\limits_{\alpha,\beta=1}^{s} k_{\alpha\beta} q_\alpha q_\beta \end{cases} \tag{2.2.26}$$

将它们代入拉格朗日方程

$$\frac{\mathrm{d}}{\mathrm{d}t} \frac{\partial T}{\partial \dot{q}_\alpha} - \frac{\partial T}{\partial q_\alpha} + \frac{\partial V}{\partial q_\alpha} = 0, \quad \alpha = 1,2,\cdots,s \tag{2.2.27}$$

可得

$$\sum_{\beta=1}^{s} (m_{\alpha\beta} \ddot{q}_\beta + k_{\alpha\beta} q_\beta) = 0, \quad \alpha = 1,2,\cdots,s \tag{2.2.28}$$

将特解

$$q_\alpha = a_\alpha \sin(\omega t + \varphi_0), \quad \alpha = 1,2,\cdots,s \tag{2.2.29}$$

代入方程组(2.2.28)中，得到关于振幅系数的齐次方程组

$$\sum_{\beta=1}^{s} a_\beta (k_{\alpha\beta} - m_{\alpha\beta}\omega^2) = 0, \quad \alpha = 1,2,\cdots,s \tag{2.2.30}$$

为得到非零解，这个方程组的系数行列式必须为零，即

$$\begin{vmatrix} k_{11} - m_{11}\omega^2 & k_{12} - m_{12}\omega^2 & \cdots & k_{1s} - m_{1s}\omega^2 \\ k_{21} - m_{21}\omega^2 & k_{22} - m_{22}\omega^2 & \cdots & k_{2s} - m_{2s}\omega^2 \\ \vdots & \vdots & & \vdots \\ k_{s1} - m_{s1}\omega^2 & k_{s2} - m_{s2}\omega^2 & \cdots & k_{ss} - m_{ss}\omega^2 \end{vmatrix} = 0 \tag{2.2.31}$$

同两个自由度情形一样，上式中 $2s$ 个 ω 的根全是成对的正、负实数，因而总存在 s 个正的振荡频率. 可以利用线性代数中正定二次型理论证明这一判断.

记 $m_{\alpha\beta}$ 和 $k_{\alpha\beta}$ 系数矩阵分别是 $\boldsymbol{M}$ 和 $\boldsymbol{K}$，与 a_β 对应的列矢量是 $\boldsymbol{a}$，则式(2.2.30)可写成矩阵形式

$$(\boldsymbol{K} - \omega^2 \boldsymbol{M})\boldsymbol{a} = 0 \tag{2.2.32}$$

上式左乘 $\boldsymbol{a}$ 的转置得

$$\boldsymbol{a}^{\mathrm{T}} (\boldsymbol{K} - \omega^2 \boldsymbol{M})\boldsymbol{a} = 0 \tag{2.2.33}$$

由于 $\boldsymbol{a}^{\mathrm{T}}\boldsymbol{M}\boldsymbol{a}$ 和 $\boldsymbol{a}^{\mathrm{T}}\boldsymbol{K}\boldsymbol{a}$ 均为 1×1 矩阵，即已退化为普通的数，所以

$$\omega^2 = \frac{\boldsymbol{a}^{\mathrm{T}}\boldsymbol{K}\boldsymbol{a}}{\boldsymbol{a}^{\mathrm{T}}\boldsymbol{M}\boldsymbol{a}} \tag{2.2.34}$$

由于 $\boldsymbol{M}$ 和 $\boldsymbol{K}$ 均为正定矩阵①，二次型 $\boldsymbol{a}^{\mathrm{T}}\boldsymbol{M}\boldsymbol{a}$ 和 $\boldsymbol{a}^{\mathrm{T}}\boldsymbol{K}\boldsymbol{a}$ 都是正数，所以从上式中推出

$$\omega^2 > 0 \tag{2.2.35}$$

也可以直接从物理上理解为什么所有 ω^2 必须为正数，试想如果有一个 ω^2 小于零，或是复数，无论是两种情况中的哪一种，ω 都必然为复数，相应的振动分量 $a\sin(\omega t+\varphi)$ 必然包含负指数衰减项和正指数增长项，前者随着时间的增加而消失，而后者随着时间的增加而发散，都违反了能量守恒定律，显然是荒谬的.

如果所有频率都不简并，则振动方程(2.2.30)的通解为

$$q_\alpha = \sum_{\beta=1}^{s} a_\alpha^{(\beta)} \sin(\omega_\beta t + \varphi_\beta), \quad \alpha = 1,2,\cdots,s \tag{2.2.36}$$

上式中各振幅系数的关系是

$$a_\alpha^{(\beta)} = \mu_\alpha^{(\beta)} a_1^{(\beta)}, \quad \alpha = 2,3,\cdots,s, \quad \beta = 1,2,\cdots,s \tag{2.2.37}$$

其中 $\mu_\alpha^{(\beta)}$ 都是常数，共有 $s(s-1)$ 个. 它们是将式(2.2.36)代入方程组(2.2.30)的任意 $s-1$ 个方程中所得到的 $a_\alpha^{(\beta)}/a_1^{(\beta)}$. 可见 $a_\alpha^{(\beta)}$ 中仅 s 个 $a_1^{(\beta)}$ 独立，再加上 s 个待定相角 φ_β，共有 $2s$ 个待定常数，它们可由 s 个初始广义坐标 $q_\alpha(0)$ 和 s 个初始广义速度 $\dot{q}_\alpha(0)$ 决定.

当频率存在简并时，频率数下降，但仍然有 s 个独立的解，此处就不展开讨论了.

在自由度为 2 的情形下，我们利用一元二次代数方程的根的性质及“算术平均值大于等于几何平均值”这一基本不等式，证明了体系的振荡频率为正实数. 对于这个特定的自由度，此方法的优点是，不涉及很深的数学知识，很容易掌握，而且还能方便地给出简并的条件. 但此方法的拓展性显然不好，因为当自由度增大时，久期方程的次数增加，不能像自由度为 2 时那样很容易分析根的性质. 现在我们对多自由度情形，利用线性代数中正定二次型的性质证明了振荡频率的实数性. 这一方法的优点是，可以适用于任意的有限多自由度，证明也很精巧，但需要较多的线性代数知识.

当采用适当的数学形式表述时，一个物理体系常常对应于数学中比较特殊的情形(这里即 $\boldsymbol{M}$ 和 $\boldsymbol{K}$ 均为正定对称矩阵，而不是一般形式的矩阵)，因而求解结

---

① 这里我们不考虑零频率这种平庸情形. 如果计及之，则 $\boldsymbol{K}$ 是半正定矩阵.

果有很简单的性质（这里即方程组的所有根皆实数）. 这是物理具有质朴性的表现之一.

3. 简正坐标和本征振动

在上面的解中，每个广义坐标都可能包含所有频率的振动. 是否存在一组特殊的广义坐标，使得每个广义坐标都以单一的频率振动呢？有两种方法可以证明的确存在这种特别的广义坐标组.

第一种证明方法其实已经隐含在上文的求解结果中. 由式(2.2.37)，所有的系数 $a_\alpha^{(\beta)}$ 均可由 $a_1^{(\beta)}$ 线性表达，把这些关系代入方程组(2.2.36)中就可以反解出

$$a_1^{(\beta)}\sin(\omega_\beta t+\varphi_\beta)=\sum_{\alpha=1}^{s}C_\alpha^{(\beta)}q_\alpha,\quad \beta=1,2,\cdots,s \tag{2.2.38}$$

只要令原广义坐标的上述线性组合等于新广义坐标，即 $\xi_\beta=\sum_{\alpha=1}^{s}C_\alpha^{(\beta)}q_\alpha$，那么

$$\xi_\beta=a_1^{(\beta)}\sin(\omega_\beta t+\varphi_\beta),\quad \beta=1,2,\cdots,s \tag{2.2.39}$$

新广义坐标仅包含一种振动模式，我们把这种单一的振动模式称为**简正振动**或**本征振动**，相应的广义坐标称为**简正坐标**.

这种方法在求解低自由度振动问题的简正坐标时很方便，但当自由度较高时显得很麻烦. 我们可以换一种构造简正坐标的思路：小振动问题中，T 和 V 的系数矩阵都是正定的实对称二次型矩阵，由线性代数理论，一定存在线性变换，使这两个矩阵同时对角化，即

$$\begin{cases} T=\dfrac{1}{2}\displaystyle\sum_{\alpha=1}^{s}\dot{\xi}_\alpha^2 \\ V=\dfrac{1}{2}\displaystyle\sum_{\alpha=1}^{s}\lambda_\alpha^2\xi_\alpha^2 \end{cases} \tag{2.2.40}$$

证明见附录第 1 部分.

把此时的拉格朗日函数

$$L=\frac{1}{2}\sum_{\alpha=1}^{s}(\dot{\xi}_\alpha^2-\lambda_\alpha^2\xi_\alpha^2) \tag{2.2.41}$$

代入拉格朗日方程，得运动微分方程

$$\ddot{\xi}_\alpha+\lambda_\alpha^2\xi_\alpha=0,\quad \alpha=1,2,\cdots,s \tag{2.2.42}$$

上述方程组中的每一个方程仅与一个 ξ_α 有关，这将导致每个简正坐标仅以单一频率振动，即

$$\xi_\alpha=c_\alpha\cos(\omega_\alpha t+\varphi_\alpha),\quad \alpha=1,2,\cdots,s \tag{2.2.43}$$

其中 $\omega_\alpha=\lambda_\alpha$，振幅系数 c_α 和初相位 φ_α 可由初始条件决定.

而由线性代数理论，对角化前后体系的本征值不变，所以此处解得的频率即为原问题中的本征振动频率.

前一种方法依赖于原广义坐标下的求解，而后一种方法能直接得到本征振动频率，所以是一种独立的解法.

4. 例题

例 2.1

如图 2.2.1 所示，两个相同的谐振子，刚度系数为 k，振子质量为 m，它们处在一条直线上，之间以刚度系数为 k_1 的弹簧连接在一起，另一端固定不动. 当两振子处于平衡位置时，诸耦合弹簧也处于原长. 求解此系统在连线方向的运动.

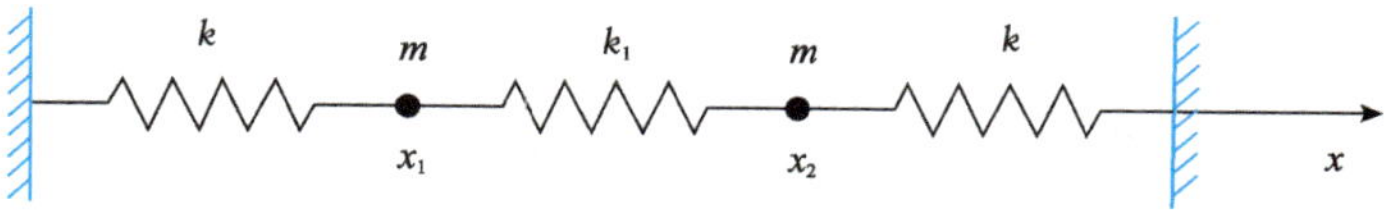

图 2.2.1 例 2.1 图

解 设两个振子相对于其平衡位置的位移分别是 x_1 和 x_2，则该系统的动能和势能分别为

$$T=\frac{1}{2}m(\dot{x}_1^2+\dot{x}_2^2),\quad V=\frac{1}{2}k(x_1^2+x_2^2)+\frac{1}{2}k_1(x_2-x_1)^2 \tag{1}$$

将它们代入拉格朗日方程，可得

$$\begin{cases}m\ddot{x}_1+(k+k_1)x_1-k_1x_2=0\\ m\ddot{x}_2-k_1x_1+(k+k_1)x_2=0\end{cases} \tag{2}$$

令 $x_{1,2}=a_{1,2}\sin(\omega t+\varphi)$，代入上式得到关于振幅系数的代数方程

$$\begin{cases}(k+k_1-m\omega^2)a_1-k_1a_2=0\\ -k_1a_1+(k+k_1-m\omega^2)a_2=0\end{cases} \tag{3}$$

解得两个固有频率

$$\omega_1=\sqrt{\frac{k+2k_1}{m}},\quad \omega_2=\sqrt{\frac{k}{m}} \tag{4}$$

振动表达式为

$$\begin{cases}x_1=a_1^{(1)}\sin(\omega_1t+\varphi_1)+a_1^{(2)}\sin(\omega_2t+\varphi_2)\\ x_2=-a_1^{(1)}\sin(\omega_1t+\varphi_1)+a_1^{(2)}\sin(\omega_2t+\varphi_2)\end{cases} \tag{5}$$

其中的振幅系数和相角由初始条件决定. 可见两个振子各自的总振动中，频率为 ω_1 的振动反相，频率为 ω_2 的振动同相. 考虑两个极端情形：

(1) 当初始条件是 $x_1(0)=-x_2(0)$，$\dot{x}_1(0)=-\dot{x}_2(0)$ 时，可解得 $a_1^{(2)}=0$，所以

$$x_1 = -x_2 = a_1^{(1)}\sin(\omega_1 t + \varphi_1) \tag{6}$$

即如果初始时刻两个振子的位移和速度都反相，两个振子将始终处于反相状态，以单一频率 ω_1 振动，如图 2.2.2(a)所示.

(2) 当初始条件是 $x_1(0) = x_2(0), \dot{x}_1(0) = \dot{x}_2(0)$ 时，可解得 $a_1^{(1)} = 0$，所以

$$x_1 = x_2 = a_1^{(2)}\sin(\omega_2 t + \varphi_2) \tag{7}$$

即当初始时刻两个振子的位移和速度都同相时，两个振子将始终处于同相状态，以单一频率 ω_2 振动，如图 2.2.2(b)所示.

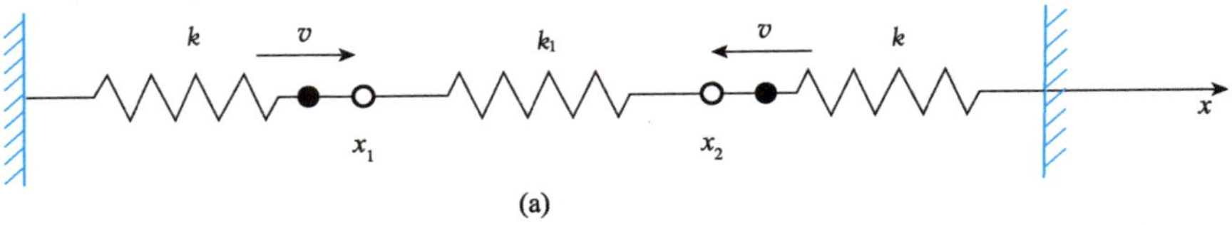

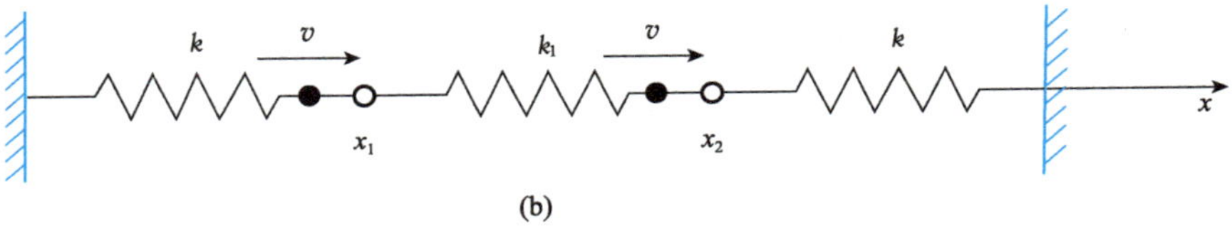

图 2.2.2　两种振动模式

值得指出的是，这里对称模式的振动具有较低的频率，而反对称模式的振动具有较高的频率. 在普遍情形下，最低频率的振动模式总是对称的.

例 2.2

求解 ABA 线型三原子分子的纵向自由振动.

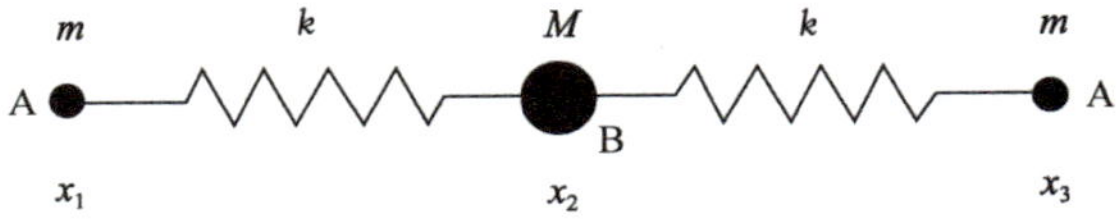

图 2.2.3　例 2.2 图

解 所谓 ABA 线型三原子分子，是指在分子的平衡位形处，两个质量为 m 的原子 A 对称地位于质量为 M 的原子 B 的两边，三个原子位于一直线上. 尽管原子之间的相互作用非常复杂，但只考虑在平衡位置附近的小振动时，根据本节开头部分的分析，在最低阶近似下，可以用连接三个原子的、刚度系数为 k 的

两个弹簧的弹性势能来表示. 于是该分子体系可近似为图 2.2.3 所示的谐振子模型,纵向振动是指原子沿分子连线方向所作的振动.

设三个原子的坐标分别是 x_1、x_2 和 x_3,弹簧原长为 x_0,则系统的动能和势能分别为

$$T=\frac{1}{2}m(\dot{x}_1^2+\dot{x}_3^2)+\frac{1}{2}M\dot{x}_2^2 \tag{1}$$

$$V=\frac{1}{2}k[(x_2-x_1-x_0)^2+(x_3-x_2-x_0)^2] \tag{2}$$

又由于在求解振动问题时对分子的整体运动不感兴趣,可以令质心固定在原点,即

$$m(x_1+x_3)+Mx_2=0 \tag{3}$$

可见振动自由度为2,为此引入广义坐标

$$y_1=x_2-x_1-x_0,\quad y_2=x_3-x_2-x_0 \tag{4}$$

则可反解出

$$x_1=-\frac{(M+m)y_1+my_2}{M+2m}-x_0,\quad x_2=\frac{m(y_1-y_2)}{M+2m},\quad x_3=\frac{my_1+(M+m)y_2}{M+2m}+x_0 \tag{5}$$

把上式代入动能表达式并整理得

$$T=\frac{1}{2}m\frac{(M+m)(\dot{y}_1^2+\dot{y}_2^2)+2m\dot{y}_1\dot{y}_2}{M+2m} \tag{6}$$

而势能则是简单的

$$V=\frac{1}{2}k(y_1^2+y_2^2) \tag{7}$$

将上两式代入拉格朗日方程得

$$\begin{cases} m\dfrac{(M+m)\ddot{y}_1+m\ddot{y}_2}{M+2m}+ky_1=0 \\ m\dfrac{m\ddot{y}_1+(M+m)\ddot{y}_2}{M+2m}+ky_2=0 \end{cases} \tag{8}$$

最终解得

$$\omega_1=\sqrt{\frac{k(M+2m)}{Mm}},\quad \omega_2=\sqrt{\frac{k}{m}} \tag{9}$$

$$\begin{cases} y_1=a_1^{(1)}\sin(\omega_1t+\varphi_1)+a_1^{(2)}\sin(\omega_2t+\varphi_2) \\ y_2=-a_1^{(1)}\sin(\omega_1t+\varphi_1)+a_1^{(2)}\sin(\omega_2t+\varphi_2) \end{cases} \tag{10}$$

同前例,当初始条件是 $y_1(0)=-y_2(0)$,$\dot{y}_1(0)=-\dot{y}_2(0)$ 时,可解得 $a_1^{(2)}=0$,所以

$$y_1=-y_2=a_1^{(1)}\sin(\omega_1t+\varphi_1) \tag{11}$$

此时的原始坐标为

$$x_1 = -x_0 - \frac{My_1(0)}{M+2m}, \quad x_2 = \frac{2my_1(0)}{M+2m}, \quad x_3 = x_0 - \frac{My_1(0)}{M+2m} \tag{12}$$

初始速度为

$$\dot{x}_1 = -\frac{M\dot{y}_1(0)}{M+2m}, \quad \dot{x}_2 = \frac{2m\dot{y}_1(0)}{M+2m}, \quad \dot{x}_3 = -\frac{M\dot{y}_1(0)}{M+2m} \tag{13}$$

可见此模式对应初始时刻两个 A 原子分别在各自平衡位置的同一侧按相同初速度运动，而 B 原子则在质心位置的相反一侧以相反初速度运动．在任意时刻的运动表达式为

$$x_1 = -x_0 - \frac{My_1}{M+2m}, \quad x_2 = \frac{2my_1}{M+2m}, \quad x_3 = x_0 - \frac{My_1}{M+2m} \tag{14}$$

当初始条件是 $y_1(0) = y_2(0), \dot{y}_1(0) = \dot{y}_2(0)$ 时，可解得 $a_1^{(1)} = 0$，所以

$$y_1 = y_2 = a_1^{(2)} \sin(\omega_2 t + \varphi_2) \tag{15}$$

此时的初始坐标为

$$x_1 = -x_0 - y_1(0), \quad x_2 = 0, \quad x_3 = x_0 + y_1(0) \tag{16}$$

初始速度为

$$\dot{x}_1 = -\dot{y}_1(0), \quad \dot{x}_2 = 0, \quad \dot{x}_3 = \dot{y}_1(0) \tag{17}$$

可见此模式对应初始时刻两个 A 原子分别在各自平衡位置的不同侧，按大小相同、方向相反的初速度运动，而 B 原子则处于质心位置，初速度为零．在任意时刻的运动表达式为

$$x_1 = -x_0 - y_1, \quad x_2 = 0, \quad x_3 = x_0 + y_1 \tag{18}$$

可见 B 原子始终保持静止，不参与此模式振动．

也可以不扣除体系随质心的整体运动，直接求解自由度为 3 的小振动．试问，在解得的 3 个频率中，除了式(9)的两个值外，还有一个是多少？

例 2.3

求例 2.1 和例 2.2 的简正坐标．

解 例 2.1 中的动能和势能系数矩阵分别是

$$\boldsymbol{M} = \begin{bmatrix} m & 0 \\ 0 & m \end{bmatrix}, \quad \boldsymbol{K} = \begin{bmatrix} k+k_1 & -k_1 \\ -k_1 & k+k_1 \end{bmatrix} \tag{1}$$

易看出，$\boldsymbol{P} = \boldsymbol{I}_2/\sqrt{m}$ 使 $\boldsymbol{M}$ 相合变换到单位矩阵，且过渡矩阵

$$\boldsymbol{K}_1 = \frac{\boldsymbol{I}_2}{\sqrt{m}} \begin{bmatrix} k+k_1 & -k_1 \\ -k_1 & k+k_1 \end{bmatrix} \frac{\boldsymbol{I}_2}{\sqrt{m}} = \frac{1}{m} \begin{bmatrix} k+k_1 & -k_1 \\ -k_1 & k+k_1 \end{bmatrix} \tag{2}$$

它经正交变换矩阵

$$Q=\frac{1}{\sqrt{2}}\begin{bmatrix}1 & 1\\ -1 & 1\end{bmatrix} \tag{3}$$

对角化，即

$$Q^{\mathrm{T}}K_1Q=\frac{1}{m}\begin{bmatrix}k+2k_1 & 0\\ 0 & k\end{bmatrix} \tag{4}$$

总变换矩阵为

$$PQ=\frac{1}{\sqrt{2m}}\begin{bmatrix}1 & 1\\ -1 & 1\end{bmatrix} \tag{5}$$

简正坐标与原来广义坐标的关系为

$$\begin{bmatrix}x_1\\ x_2\end{bmatrix}=PQ\begin{bmatrix}\xi_1\\ \xi_2\end{bmatrix}=\frac{1}{\sqrt{2m}}\begin{bmatrix}\xi_2+\xi_1\\ \xi_2-\xi_1\end{bmatrix},\quad \begin{bmatrix}\xi_1\\ \xi_2\end{bmatrix}=(PQ)^{-1}\begin{bmatrix}x_1\\ x_2\end{bmatrix}=\sqrt{\frac{m}{2}}\begin{bmatrix}x_1-x_2\\ x_1+x_2\end{bmatrix} \tag{6}$$

例 2.2 中的动能和势能系数矩阵分别是

$$M=\frac{m}{M+2m}\begin{bmatrix}M+m & m\\ m & M+m\end{bmatrix},\quad K=\begin{bmatrix}k & 0\\ 0 & k\end{bmatrix} \tag{7}$$

矩阵

$$P=\begin{bmatrix}\sqrt{\dfrac{M+2m}{2Mm}} & \sqrt{\dfrac{1}{2m}}\\ -\sqrt{\dfrac{M+2m}{2Mm}} & \sqrt{\dfrac{1}{2m}}\end{bmatrix} \tag{8}$$

使 M 相合变换到单位矩阵. 所以过渡矩阵

$$K_1=P^{\mathrm{T}}KP=\frac{k}{m}\begin{bmatrix}\dfrac{M+2m}{M} & 0\\ 0 & 1\end{bmatrix} \tag{9}$$

K_1 已经是对角化形式，可见 P 就是总的相合变换. 简正坐标与原来广义坐标的关系为

$$\begin{bmatrix}y_1\\ y_2\end{bmatrix}=P\begin{bmatrix}\xi_1\\ \xi_2\end{bmatrix}=\frac{1}{\sqrt{2m}}\begin{bmatrix}\xi_2+\sqrt{\dfrac{M+2m}{M}}\xi_1\\ \xi_2-\sqrt{\dfrac{M+2m}{M}}\xi_1\end{bmatrix} \tag{10}$$

$$\begin{bmatrix}\xi_1\\ \xi_2\end{bmatrix}=P^{-1}\begin{bmatrix}y_1\\ y_2\end{bmatrix}=\begin{bmatrix}\sqrt{\dfrac{mM}{2(M+2m)}}(y_1-y_2)\\ \sqrt{\dfrac{m}{2}}(y_1+y_2)\end{bmatrix} \tag{11}$$

一般教科书中介绍的对角化都是这种形式，但由于 $\boldsymbol{M}$ 和 $\boldsymbol{K}$ 矩阵都是正定的，所以原则上还有另一种选择，即将 $\boldsymbol{K}$ 矩阵变换到单位矩阵，而 $\boldsymbol{M}$ 变为一般对角矩阵. 这样将得到一组新的简正坐标，求出的特征值不再是 ω^2，而是其倒数 ω^{-2}.

2.2.2 阻尼振动

到目前为止，我们忽略了系统之外的环境对运动的影响. 事实上物体在振动过程中，不可避免地要与环境交换能量. 在一般情形下，这将导致系统的部分能量传递到环境中，这就是耗散现象. 如果用传统力学的语言来讲，就是系统在振动时感受到阻碍运动的阻尼力，因此这样的振动称为阻尼振动. 阻尼力可以分为若干类型：首先在以往课程中最常见的是动摩擦力，它与两个相对运动物体的种类、界面状况有关，而且与二者间的压力成正比；其次是流体对物体运动产生的黏滞阻尼力，它是运动物体与流体之间相对速度的函数；此外流体力学中还有尾流阻尼力和波阻尼力等. 由麦克斯韦电磁理论，电荷在做变速运动时存在辐射阻尼力. 对于摩擦力这种简单形式的力，我们可以视之为主动力，将此情形归类于2.2.3 小节中的受迫振动，而过于复杂的阻尼力也不在我们感兴趣的范围. 故本小节研究的是黏滞阻尼下的小振动.

1. 耗散函数 $\mathscr{F}$

考察黏滞流体中有 N 个质点作小振动，由于速度是小量，黏滞阻尼力与速度成正比，即

$$\boldsymbol{f}_i = -c_i\dot{\boldsymbol{r}}_i, \quad i=1,2,\cdots,N \tag{2.2.44}$$

引入耗散函数 $\mathscr{F}$ 满足

$$\boldsymbol{f}_i = -\frac{\partial \mathscr{F}}{\partial \dot{\boldsymbol{r}}_i} \tag{2.2.45}$$

则耗散函数可以取为

$$\mathscr{F} = \frac{1}{2}\sum_{i=1}^{N} c_i \dot{\boldsymbol{r}}_i^2 \tag{2.2.46}$$

由质点的直角坐标与广义坐标间的代数关系可知

$$\dot{\boldsymbol{r}}_i = \sum_{\alpha=1}^{s} \frac{\partial \boldsymbol{r}_i}{\partial q_\alpha}\dot{q}_\alpha, \quad \dot{\boldsymbol{r}}_i^2 = \sum_{\alpha,\beta=1}^{s} \frac{\partial \boldsymbol{r}_i}{\partial q_\alpha}\cdot\frac{\partial \boldsymbol{r}_i}{\partial q_\beta}\dot{q}_\alpha\dot{q}_\beta \tag{2.2.47}$$

所以

$$\mathscr{F} = \frac{1}{2}\sum_i c_i \sum_{\alpha\beta} \frac{\partial \boldsymbol{r}_i}{\partial q_\alpha}\cdot\frac{\partial \boldsymbol{r}_i}{\partial q_\beta}\dot{q}_\alpha\dot{q}_\beta = \frac{1}{2}\sum_{\alpha\beta}\left(\sum_i c_i \frac{\partial \boldsymbol{r}_i}{\partial q_\alpha}\cdot\frac{\partial \boldsymbol{r}_i}{\partial q_\beta}\right)\dot{q}_\alpha\dot{q}_\beta \tag{2.2.48}$$

从上式开始，我们忽略掉求和号中的上、下限. 引入系数 $c_{\alpha\beta}$ 表示上式中括号内的部分，则上式可简记为

$$\mathscr{F} = \frac{1}{2}\sum_{\alpha\beta} c_{\alpha\beta}\dot{q}_\alpha\dot{q}_\beta \tag{2.2.49}$$

显然 $c_{\alpha\beta}$ 关于下标 α 和 β 对称，此外，由其定义可知，它一般是广义坐标的函数，但在处理小振动时，只需保留其零阶项就可使得整个耗散函数为二阶小量，所以这里可以视 $c_{\alpha\beta}$ 为常系数.

可以证明，计及耗散因素后的拉格朗日方程为

$$\frac{\mathrm{d}}{\mathrm{d}t}\frac{\partial T}{\partial \dot{q}_\alpha}-\frac{\partial T}{\partial q_\alpha}+\frac{\partial V}{\partial q_\alpha}+\frac{\partial \mathscr{F}}{\partial \dot{q}_\alpha}=Q_\alpha,\quad \alpha=1,2,\cdots,s \tag{2.2.50}$$

这里的广义力指的是除阻尼力之外的其他主动力. 特别地，对于保守体系或广义势体系（详见 2.4 节），上式可简化为

$$\frac{\mathrm{d}}{\mathrm{d}t}\frac{\partial L}{\partial \dot{q}_\alpha}=\frac{\partial L}{\partial q_\alpha}-\frac{\partial \mathscr{F}}{\partial \dot{q}_\alpha},\quad \alpha=1,2,\cdots,s \tag{2.2.51}$$

2. 耗散函数 $\mathscr{F}$ 的另一个物理意义

体系能量的变化率

$$\frac{\mathrm{d}E}{\mathrm{d}t}=\frac{\mathrm{d}}{\mathrm{d}t}\Big(\sum_\alpha \dot{q}_\alpha\frac{\partial L}{\partial \dot{q}_\alpha}-L\Big) \tag{2.2.52}$$

上式右边的第二项在 1.5.2 小节中的式(1.5.3)中已经给出

$$\frac{\mathrm{d}L}{\mathrm{d}t}=\sum_\alpha\frac{\partial L}{\partial q_\alpha}\dot{q}_\alpha+\sum_\alpha\frac{\partial L}{\partial \dot{q}_\alpha}\ddot{q}_\alpha \tag{2.2.53}$$

而式(2.2.52)右边的第一项

$$\frac{\mathrm{d}}{\mathrm{d}t}\Big(\sum_\alpha \dot{q}_\alpha\frac{\partial L}{\partial \dot{q}_\alpha}\Big)=\sum_\alpha \dot{q}_\alpha\frac{\mathrm{d}}{\mathrm{d}t}\frac{\partial L}{\partial \dot{q}_\alpha}+\sum_\alpha \ddot{q}_\alpha\frac{\partial L}{\partial \dot{q}_\alpha} \tag{2.2.54}$$

将上述两式代入式(2.2.52)，并利用式(2.2.51)的关系可得

$$\frac{\mathrm{d}E}{\mathrm{d}t}=\sum_\alpha \dot{q}_\alpha\Big(\frac{\mathrm{d}}{\mathrm{d}t}\frac{\partial L}{\partial \dot{q}_\alpha}-\frac{\partial L}{\partial q_\alpha}\Big)=-\sum_\alpha \dot{q}_\alpha\frac{\partial \mathscr{F}}{\partial \dot{q}_\alpha} \tag{2.2.55}$$

因为 $\mathscr{F}$ 是广义速度的二次齐次函数，由齐次函数的欧拉定理得 $\sum_\alpha \dot{q}_\alpha\frac{\partial \mathscr{F}}{\partial \dot{q}_\alpha}=2\mathscr{F}$，代入式(2.2.55)得

$$-\frac{\mathrm{d}E}{\mathrm{d}t}=2\mathscr{F} \tag{2.2.56}$$

可见耗散函数除了定义阻尼力之外，另一个物理意义是，它的两倍恰为体系的能量耗散率.

根据这一物理意义，显然有一个推论：**耗散函数非负**.

3. 阻尼振动的求解

将动能表达式和势能表达式(2.2.26)，以及耗散函数式(2.2.49)代入阻尼振动的拉格朗日方程(2.2.51)得

$$\sum_\beta m_{\alpha\beta}\ddot{q}_\beta+\sum_\beta k_{\alpha\beta}q_\beta=-\sum_\beta c_{\alpha\beta}\dot{q}_\beta \tag{2.2.57}$$

设试探解为

$$q_\alpha = a_\alpha e^{\lambda t} \tag{2.2.58}$$

代入式(2.2.57)，可得

$$\sum_{\beta=1}^{s}(m_{\alpha\beta}\lambda^2 + c_{\alpha\beta}\lambda + k_{\alpha\beta})a_\beta = 0 \tag{2.2.59}$$

上式可简记为

$$\sum_{\beta=1}^{s} d_{\alpha\beta}a_\beta = 0 \tag{2.2.60}$$

其中

$$d_{\alpha\beta} = m_{\alpha\beta}\lambda^2 + c_{\alpha\beta}\lambda + k_{\alpha\beta} \tag{2.2.61}$$

为了使振幅系数 a_β 有非零解，必须有

$$|d_{\alpha\beta}| = \begin{vmatrix} d_{11} & d_{12} & \cdots & d_{1s} \\ d_{21} & d_{22} & \cdots & d_{2s} \\ \vdots & \vdots & & \vdots \\ d_{s1} & d_{s2} & \cdots & d_{ss} \end{vmatrix} = 0 \tag{2.2.62}$$

从上两式可以求得 λ 的 $2s$ 个根. 除了出现类似于单自由度时临界阻尼的等根情形，最终的振动解为

$$q_\alpha = \sum_{\beta=1}^{s}(a_\alpha^{(\beta+)}e^{\lambda_{\beta+}t} + a_\alpha^{(\beta-)}e^{\lambda_{\beta-}t}), \quad \alpha = 1,2,\cdots,s \tag{2.2.63}$$

上式中各振幅系数的关系是

$$a_\alpha^{(\beta\pm)} = \mu_\alpha^{(\beta\pm)}a_1^{(\beta\pm)}, \quad \alpha = 2,3,\cdots,s, \quad \beta = 1,2,\cdots,s \tag{2.2.64}$$

其中 $\mu_\alpha^{(\beta\pm)}$ 都是常数，共有 $2s(s-1)$个，它们是将式(2.2.63)代入方程组(2.2.57)中的任意 $s-1$ 个方程中所得到的. 可见 $a_\alpha^{(\beta\pm)}$ 中仅 s 个 $a_1^{(\beta\pm)}$ 独立，共有 $2s$ 个待定常数，它们可由初始的 s 个初始广义坐标 $q_\alpha(0)$ 和 s 个初始广义速度 $\dot{q}_\alpha(0)$ 决定.

由于矩阵元 $d_{\alpha\beta}$一般都是λ 的二次函数，所以此行列式展开后是关于 λ 的 $2s$ 次方程，存在 $2s$ 个 λ 的根. 根据单自由度阻尼振动的经验，我们可以预期，对于多自由度阻尼振动，当阻尼力比较小时，这些根两两复数共轭. 随着阻尼力强度的增大，可以出现相等的实根，或者相异的实根.

但无论什么情况，只要存在耗散，根的实部一定是负数. 否则根据试探解(2.2.58)的形式，该振动模式将发散或不衰减，这与存在耗散这个条件是背道而驰的.

我们也可以从数学上严格证明这个结论. 将式(2.2.59)写成矩阵形式

$$(\boldsymbol{M}\lambda^2 + \boldsymbol{C}\lambda + \boldsymbol{K})\boldsymbol{a} = 0 \tag{2.2.65}$$

并左乘 $\boldsymbol{a}^{\mathrm{T}}$ 得

$$(\boldsymbol{a}^{\mathrm{T}}\boldsymbol{M}\boldsymbol{a})\lambda^2+(\boldsymbol{a}^{\mathrm{T}}\boldsymbol{C}\boldsymbol{a})\lambda+\boldsymbol{a}^{\mathrm{T}}\boldsymbol{K}\boldsymbol{a}=0 \tag{2.2.66}$$

上式中的矩阵乘积 $\boldsymbol{a}^{\mathrm{T}}\boldsymbol{M}\boldsymbol{a}$、$\boldsymbol{a}^{\mathrm{T}}\boldsymbol{C}\boldsymbol{a}$ 和 $\boldsymbol{a}^{\mathrm{T}}\boldsymbol{K}\boldsymbol{a}$ 都已经退化成普通的数，且由于动能、耗散函数和势能的正定性，非平庸情形下这三个数恒正．由一元二次方程根的理论，上式两个根的实部一定小于零．

虽然 λ 可能是复数，但由于初始坐标和速度均为实数，可以证明最终解式(2.2.63)必然是实数．

例 2.4

对于 2.2.1 节中的例 2.1，当系统存在阻尼，且耗散函数形式为 $\mathscr{F}=\frac{1}{2}\gamma(\dot{x}_1^2+\dot{x}_2^2)$ 时，建立运动方程并求解．

解 将系统的动能、势能和耗散函数代入拉格朗日方程(2.2.51)得

$$\begin{cases}m\ddot{x}_1+\gamma\dot{x}_1+(k+k_1)x_1-k_1x_2=0\\ m\ddot{x}_2+\gamma\dot{x}_2-k_1x_1+(k+k_1)x_2=0\end{cases} \tag{1}$$

令 $x_{1,2}=a_{1,2}\exp(\lambda t)$，代入上式得到关于振幅系数的代数方程

$$\begin{cases}(k+k_1+\gamma\lambda+m\lambda^2)a_1-k_1a_2=0\\ -k_1a_1+(k+k_1+\gamma\lambda+m\lambda^2)a_2=0\end{cases} \tag{2}$$

解得

$$\lambda_{1\pm}=-\frac{\gamma}{2m}\pm\sqrt{\left(\frac{\gamma}{2m}\right)^2-\frac{k+2k_1}{m}},\quad \lambda_{2\pm}=-\frac{\gamma}{2m}\pm\sqrt{\left(\frac{\gamma}{2m}\right)^2-\frac{k}{m}} \tag{3}$$

根据式(2.2.63)，振动表达式为

$$\begin{cases}x_1=a_1^{(1+)}\exp(\lambda_{1+}t)+a_1^{(1-)}\exp(\lambda_{1-}t)+a_1^{(2+)}\exp(\lambda_{2+}t)+a_1^{(2-)}\exp(\lambda_{2-}t)\\ x_2=-a_1^{(1+)}\exp(\lambda_{1+}t)-a_1^{(1-)}\exp(\lambda_{1-}t)+a_1^{(2+)}\exp(\lambda_{2+}t)+a_1^{(2-)}\exp(\lambda_{2-}t)\end{cases} \tag{4}$$

其中的振幅系数由初始条件决定．而 λ 的性质决定了相应振动模式的特点，具体分析如下：

(1) 当 $0<\gamma^2<4mk$ 时，$\lambda_{1\pm}$ 和 $\lambda_{2\pm}$ 都是复数，振动模式都是衰减振荡．

(2) 当 $4mk\leqslant\gamma^2<4m(k+2k_1)$ 时，$\lambda_{1\pm}$ 是复数，振动模式是衰减振荡；$\lambda_{2\pm}$ 是实数，振动模式是纯负指数衰减，无振荡；特别是取等号时，$\lambda_{2\pm}$ 对应临界阻尼运动．

(3) 当 $\gamma^2\geqslant4m(k+2k_1)$ 时，$\lambda_{1\pm}$ 和 $\lambda_{2\pm}$ 都是实数，振动模式都是纯负指数衰减，无振荡；特别是取等号时，$\lambda_{1\pm}$ 对应临界阻尼运动．

图 2.2.4 是各模式在不同阻尼强度下随时间衰减的形式，这里 $m=1$，$k=1$，$k_1=0.625$，图 2.2.4(a)、(b)和(c)中的 γ 分别为 1.5、2.5 和 3.5，即依次属于上述三种情形.

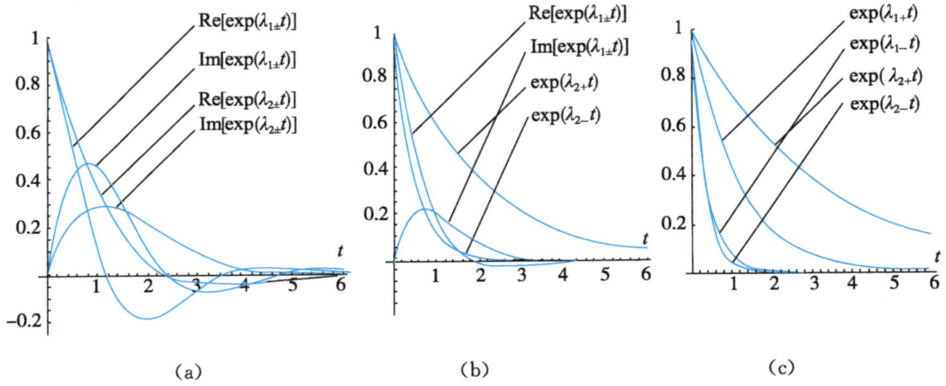

图 2.2.4　不同阻尼强度下的解

2.2.3　受迫振动

由于耗散的存在，自由振动将不断衰减，直至趋于静止. 为了维持振动，必须由外界提供能量. 从力的角度来看，就是外界提供一个策动力. 系统在该力驱动下所作的振动称为**受迫振动**. 这里我们只考虑最重要和最基本的简谐形式的策动力，由于自由振动成分的不断衰减，最终系统将按照策动力的频率振动. 我们先简要回顾单自由度系统的情况，然后讨论两个自由度及多个自由度的求解.

1. 单自由度系统的受迫振动

一个质点作一维振动，动能、势能和耗散函数分别为

$$T=\frac{1}{2}m\dot{q}^2,\quad V=\frac{1}{2}kq^2,\quad \mathscr{F}=\frac{1}{2}\gamma\dot{q}^2 \tag{2.2.67}$$

对应于广义坐标 q 的广义策动力为 $Q(t)=F_0\sin(\omega t+\delta)$，则系统受迫振动的微分方程为

$$m\ddot{q}+\gamma\dot{q}+kq=F_0\sin(\omega t+\delta) \tag{2.2.68}$$

此二阶常系数非齐次微分方程的解 $q=q_1+q_2$，其中 q_1 为相应齐次方程的通解，由于阻尼项的作用很快做负指数衰减，称为系统的瞬态响应，可以忽略；而 q_2 为相应于广义力的特解，表示系统的稳态响应，求解如下.

设试探解

$$q=a\sin(\omega t+\delta_0) \tag{2.2.69}$$

代入式(2.2.68)得

$$a[(-m\omega^2+k)\sin(\omega t+\delta_0)+\gamma\omega\cos(\omega t+\delta_0)]=F_0\sin(\omega t+\delta) \tag{2.2.70}$$

所以

$$\begin{cases} a=\dfrac{F_0}{\sqrt{(-m\omega^2+k)^2+\gamma^2\omega^2}} \\ \tan(\delta_0-\delta)=\dfrac{\gamma\omega}{m\omega^2-k} \end{cases} \tag{2.2.71}$$

由式(2.2.71)的第一式知,若 γ 足够小，则当策动力的频率约等于体系的固有频率 $\omega_0=(k/m)^{1/2}$ 时，体系振动的振幅取最大值 $a_{\max}\approx F_0/(\gamma\omega)$，这就是所谓**共振**现象，其主要特征可以从图 2.2.5 中看出. 图中 $F_0=1$，$m=1$，$k=1$，$\gamma=0.2$，$\delta=0$，其中图 2.2.5(a)是共振区域附近振幅系数随策动力频率变化的情况；图 2.2.5(b)则是振动初相位随策动力频率变化的情况. 由于耗散的影响，振幅的共振频率 ω_r 略小于固有频率 ω_0.

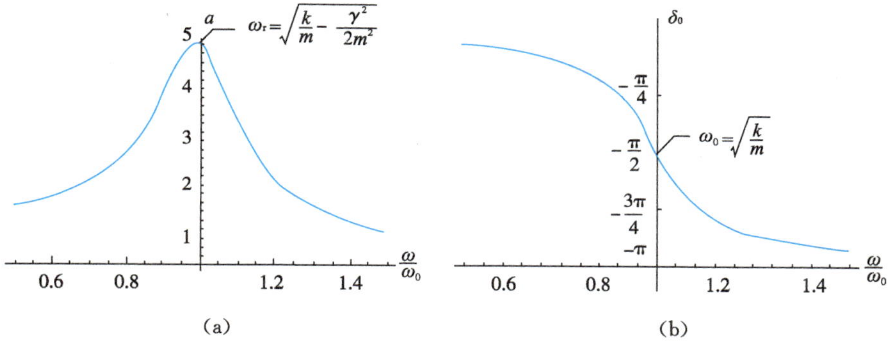

图 2.2.5 共振现象

2. 两个自由度系统的受迫振动

类似于单自由度情形的分析步骤，我们可以得到两自由度受迫振动的运动方程为

$$\begin{cases} m_{11}\ddot{q}_1+m_{12}\ddot{q}_2+\gamma_{11}\dot{q}_1+\gamma_{12}\dot{q}_2+k_{11}q_1+k_{12}q_2=F_1\sin(\omega t+\delta_1) \\ m_{21}\ddot{q}_1+m_{22}\ddot{q}_2+\gamma_{21}\dot{q}_1+\gamma_{22}\dot{q}_2+k_{21}q_1+k_{22}q_2=F_2\sin(\omega t+\delta_2) \end{cases} \tag{2.2.72}$$

方程右边是每个自由度所受广义策动力. 设其受迫振动的特解为

$$\begin{cases} q_1=a_1\sin(\omega t+\delta_{01}) \\ q_2=a_2\sin(\omega t+\delta_{02}) \end{cases} \tag{2.2.73}$$

利用复数法求解，设 $\tilde{q}_1=a_1e^{i(\omega t+\delta_{01})}$，$\tilde{q}_2=a_2e^{i(\omega t+\delta_{02})}$，$\tilde{F}_1=F_1e^{i(\omega t+\delta_1)}$，$\tilde{F}_2=F_2e^{i(\omega t+\delta_2)}$，则式(2.2.72)的复数表示形式为

$$\begin{cases} (-m_{11}\omega^2+i\gamma_{11}\omega+k_{11})\tilde{q}_1+(-m_{12}\omega^2+i\gamma_{12}\omega+k_{12})\tilde{q}_2=\tilde{F}_1 \\ (-m_{21}\omega^2+i\gamma_{21}\omega+k_{21})\tilde{q}_1+(-m_{22}\omega^2+i\gamma_{22}\omega+k_{22})\tilde{q}_2=\tilde{F}_2 \end{cases} \tag{2.2.74}$$

上式可化简为

$$\begin{cases} d_{11}a_1 e^{i\delta_{01}} + d_{12}a_2 e^{i\delta_{02}} = F_1 e^{i\delta_1} \\ d_{21}a_1 e^{i\delta_{01}} + d_{22}a_2 e^{i\delta_{02}} = F_2 e^{i\delta_2} \end{cases} \tag{2.2.75}$$

其中

$$d_{\alpha\beta} = -m_{\alpha\beta}\omega^2 + i\gamma_{\alpha\beta}\omega + k_{\alpha\beta}, \quad \alpha,\beta = 1,2 \tag{2.2.76}$$

解得

$$\begin{cases} a_1 e^{i\delta_{01}} = \dfrac{d_{22}e^{i\delta_1}F_1 - d_{12}e^{i\delta_2}F_2}{d_{11}d_{22} - d_{12}d_{21}} \\ a_2 e^{i\delta_{02}} = \dfrac{-d_{21}e^{i\delta_1}F_1 + d_{11}e^{i\delta_2}F_2}{d_{11}d_{22} - d_{12}d_{21}} \end{cases} \tag{2.2.77}$$

最后有

$$\begin{cases} q_1 = \mathrm{Im}\{\tilde{q}_1\} = \mathrm{Im}\left\{\dfrac{d_{22}e^{i\delta_1}F_1 - d_{12}e^{i\delta_2}F_2}{d_{11}d_{22} - d_{12}d_{21}} e^{i\omega t}\right\} \\ q_2 = \mathrm{Im}\{\tilde{q}_2\} = \mathrm{Im}\left\{\dfrac{-d_{21}e^{i\delta_1}F_1 + d_{11}e^{i\delta_2}F_2}{d_{11}d_{22} - d_{12}d_{21}} e^{i\omega t}\right\} \end{cases} \tag{2.2.78}$$

当策动力频率接近系统的固有频率时，上式中的分母 $d_{11}d_{22} - d_{12}d_{21}$ 接近于零，从而引起共振.

例 2.5

对于 2.2.2 小节例题 2.4 中的阻尼振动，如果在第一个振子上还施加了策动力 $F_0\sin\omega t$，求此系统的稳态解.

解 与原题的运动方程相比，只需在第一个方程右边加上策动力，即

$$\begin{cases} m\ddot{x}_1 + \gamma\dot{x}_1 + (k + k_1)x_1 - k_1 x_2 = F_0\sin\omega t \\ m\ddot{x}_2 + \gamma\dot{x}_2 - k_1 x_1 + (k + k_1)x_2 = 0 \end{cases} \tag{1}$$

当然，我们可以采用上面的复数法按式(2.2.78)直接求解. 针对本题的具体情况，这里提供另一种更便于计算的方法，将振动解设为

$$\begin{cases} x_1 = a_{11}\sin\omega t + a_{12}\cos\omega t \\ x_2 = a_{21}\sin\omega t + a_{22}\cos\omega t \end{cases} \tag{2}$$

将式(2)代入式(1)，化简后得到关于振幅系数的代数方程

$$\begin{cases} [(k + k_1 - m\omega^2)a_{11} - \gamma\omega a_{12} - k_1 a_{21} - F_0]\sin\omega t \\ +[\gamma\omega a_{11} + (k + k_1 - m\omega^2)a_{12} - k_1 a_{22}]\cos\omega t = 0 \\ [-k_1 a_{11} + (k + k_1 - m\omega^2)a_{21} - \gamma\omega a_{22}]\sin\omega t \\ +[-k_1 a_{12} + \gamma\omega a_{21} + (k + k_1 - m\omega^2)a_{22}]\cos\omega t = 0 \end{cases} \tag{3}$$

由于 $\sin\omega t$ 和 $\cos\omega t$ 彼此独立，为使上述方程组成立，要求 $\sin\omega t$ 和 $\cos\omega t$ 的系数均为零，即

$$\begin{cases}(k+k_1-m\omega^2)a_{11}-\gamma\omega a_{12}-k_1a_{21}=F_0\\ \gamma\omega a_{11}+(k+k_1-m\omega^2)a_{12}-k_1a_{22}=0\\ -k_1a_{11}+(k+k_1-m\omega^2)a_{21}-\gamma\omega a_{22}=0\\ -k_1a_{12}+\gamma\omega a_{21}+(k+k_1-m\omega^2)a_{22}=0\end{cases}\tag{4}$$

解得

$$\begin{cases}a_{11}=\dfrac{(b_1+b_2)(b_1b_2+\gamma^2\omega^2)F_0}{2(b_1^2+\gamma^2\omega^2)(b_2^2+\gamma^2\omega^2)}\\ a_{12}=-\dfrac{\gamma\omega(b_1^2+b_2^2+2\gamma^2\omega^2)F_0}{2(b_1^2+\gamma^2\omega^2)(b_2^2+\gamma^2\omega^2)}\\ a_{21}=\dfrac{k_1(b_1b_2-\gamma^2\omega^2)F_0}{(b_1^2+\gamma^2\omega^2)(b_2^2+\gamma^2\omega^2)}\\ a_{22}=-\dfrac{k_1\gamma\omega(b_1+b_2)F_0}{(b_1^2+\gamma^2\omega^2)(b_2^2+\gamma^2\omega^2)}\end{cases}\tag{5}$$

其中 $b_1=k+2k_1-m\omega^2$，$b_2=k-m\omega^2$.

将 $a_{\alpha\beta}$ 代入 $x_{1,2}$ 表达式，则稳态解完全求出. 也可以由这些系数求出总振幅和相位如下：

$$a_1=\sqrt{a_{11}^2+a_{12}^2}=\sqrt{\frac{(b_1+b_2)^2/4+\gamma^2\omega^2}{(b_1^2+\gamma^2\omega^2)(b_2^2+\gamma^2\omega^2)}},\quad \tan\delta_1=-\frac{\gamma\omega(b_1^2+b_2^2+2\gamma^2\omega^2)}{(b_1+b_2)(b_1b_2+\gamma^2\omega^2)}$$

$$a_2=\sqrt{a_{21}^2+a_{22}^2}=\sqrt{\frac{k_1^2}{(b_1^2+\gamma^2\omega^2)(b_2^2+\gamma^2\omega^2)}},\quad \tan\delta_2=-\frac{\gamma\omega(b_1+b_2)}{b_1b_2-\gamma^2\omega^2}\tag{6}$$

则有最终结果

$$\begin{cases}x_1=a_1\sin(\omega t+\delta_1)\\ x_2=a_2\sin(\omega t+\delta_2)\end{cases}\tag{7}$$

当 b_1 或 b_2 约等于零，即策动力频率处在两个固有频率之一的附近时，式(6)中 a_1 和 a_2 表达式的分母很小，因而振幅将变得很大，产生共振.

图 2.2.6 是 $k=4$，$k_1=2.5$，$\gamma=0.4$，$m=1$ 时的振幅和相位在共振区域附近随 ω 的变化情况，其中(a)是振幅图，(b)是相位图. 从图中我们可以看出振幅的共振频率与系统的固有频率有一点偏差，这与单自由度情形类似，只是单自由度情形振幅的共振频率略小于固有频率，而这里的偏差则可正可负. 相位与 ω 的关系比较复杂，但极限情形仍有章可循：在 ω 较小时，两个振子与策动力几乎同相位；当 ω 充分大时，第一个振子与策动力的相位近乎相反，第二个振子则与策动力趋于同相位.

此外，我们也可以看出两个振子对策动力响应的不同表现. 由于策动力是直接施加在第一个振子上的，所以此振子的共振曲线比较锐利. 而第二个振子只是间接受到策动力作用，因此其共振曲线的变化比较平缓.

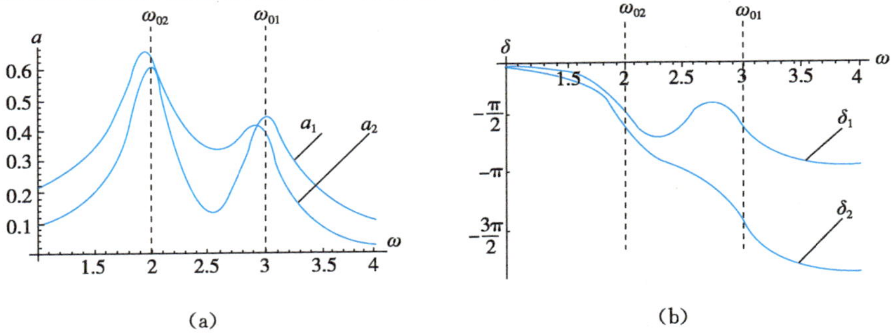

图 2.2.6 振幅和相位随 ω 的变化

3. s 个自由度系统的受迫振动

设 s 个自由度系统中，在广义坐标 q_α 上施加一个简谐策动力 $F_\alpha\sin(\omega t+\delta_\alpha)$，则根据阻尼振动的运动方程易得受迫振动的运动方程为

$$\sum_{\beta=1}^{s} m_{\alpha\beta}\ddot{q}_\beta + c_{\alpha\beta}\dot{q}_\beta + k_{\alpha\beta}q_\beta = F_\alpha\sin(\omega t+\delta_\alpha) \tag{2.2.79}$$

设其受迫振动的特解为

$$q_\alpha = a_\alpha\sin(\omega t+\delta_{0\alpha}) \tag{2.2.80}$$

利用复数法求解，设 $\tilde{q}_\alpha = A_\alpha e^{i(\omega t+\delta_{0\alpha})}$，$\tilde{F}_\alpha = F_\alpha e^{i(\omega t+\delta_\alpha)}$，则式(2.2.79)的复数表示为

$$\sum_{\beta=1}^{s}(-m_{\alpha\beta}\omega^2 + ic_{\alpha\beta}\omega + k_{\alpha\beta})\tilde{q}_\beta = \tilde{F}_\alpha \tag{2.2.81}$$

上式可化简为

$$\sum_{\beta=1}^{s} d_{\alpha\beta}a_\beta e^{i\delta_{0\beta}} = F_\alpha e^{i\delta_\alpha} \tag{2.2.82}$$

其中

$$d_{\alpha\beta} = -m_{\alpha\beta}\omega^2 + ic_{\alpha\beta}\omega + k_{\alpha\beta} \tag{2.2.83}$$

解得

$$a_\alpha e^{i\delta_{0\alpha}} = \frac{|F_\alpha|}{\begin{vmatrix} d_{11} & d_{12} & \cdots & d_{1s} \\ d_{21} & d_{22} & \cdots & d_{2s} \\ \vdots & \vdots & & \vdots \\ d_{s1} & d_{s2} & \cdots & d_{ss} \end{vmatrix}} \tag{2.2.84}$$

其中 $|F_\alpha|$ 表示将 d 系数的行列式中的第 α 列用 F_α 列向量代替所得的行列式.

下面对共振情形作一讨论. 先假设不存在耗散，此时其自由振动方程为

$$\sum_{\beta=1}^{s}(-m_{\alpha\beta}\omega^2+k_{\alpha\beta})a_\beta=0 \tag{2.2.85}$$

由此可得体系振动的固有频率为以下方程的根：

$$\begin{vmatrix} d'_{11} & d'_{12} & \cdots & d'_{1s} \\ d'_{21} & d'_{22} & \cdots & d'_{2s} \\ \vdots & \vdots & & \vdots \\ d'_{s1} & d'_{s2} & \cdots & d'_{ss} \end{vmatrix}=0 \tag{2.2.86}$$

其中 $d'_{\alpha\beta}=-m_{\alpha\beta}\omega^2+k_{\alpha\beta}$.

加上策动力后，受迫振动解的分母就是 $d'_{\alpha\beta}$ 所构成矩阵的行列式，即式(2.2.86)左边的形式. 如果策动力的频率恰等于某个固有频率，则受迫振动解的分母为零，这将导致无限共振. 但有两点原因使得这种不合理的局面不会出现：其一，耗散使得式(2.2.84)中分母上的系数行列式由 $|d'_{\alpha\beta}|$ 变为 $|d_{\alpha\beta}|$，在共振时取值很小但不为零；其二，当振幅充分大时，小振动近似已不再成立，需要考虑振动中的非线性效应.

4. 小振动的应用——求解耦合电路

在电磁学的 RLC 电路中，电阻的电压可由欧姆定律 $U_R=Ri$ 确定，其中 R 是电阻值，i 是电阻上流过的电流强度；电感的电压可由法拉第电磁感应定律 $U_L=L\mathrm{d}i/\mathrm{d}t$ 确定，其中 L 是电感系数，$\mathrm{d}i/\mathrm{d}t$ 是流经电感的电流强度随时间的变化率；而电容的电压可以按照电容的定义 $U_C=e/C$ 来确定，其中 e 是正极板的电荷量（此处不用 q 表示电荷是为了避免与广义坐标混淆），C 是电容值. 对于一个独立回路，其欧姆定律为

$$L\frac{\mathrm{d}i}{\mathrm{d}t}+Ri+\frac{e}{C}=\mathscr{E}(t) \tag{2.2.87}$$

其中 $\mathscr{E}$ 是回路上的电动势. 由于电流是电荷量对时间的微商，因此上式可以写为

$$L\frac{\mathrm{d}^2e}{\mathrm{d}t^2}+R\frac{\mathrm{d}e}{\mathrm{d}t}+\frac{e}{C}=\mathscr{E}(t) \tag{2.2.88}$$

将上式与单自由度受迫振动的运动方程

$$m\ddot{q}+\gamma\dot{q}+kq=Q(t) \tag{2.2.89}$$

对比，在数学上为完全“同构”. 只要将电磁量和力学量作表 2.2.1 中的对应，耦合电路问题就转化为一个纯力学的问题.

表 2.2.1　电磁量与力学量对应关系

电磁量	电量 e	电流强度 i	电感 L	电阻 R	电容倒数 $1/C$	电动势 $\mathscr{E}$
力学量	广义坐标 q	广义速度 $\mathrm{d}q/\mathrm{d}t$	质量 m	耗散系数 γ	弹性系数 k	广义策动力 $Q(t)$

由表 2.2.1 中电磁量与力学量的对应关系，可进一步得到，电感上储存的能量 $Li^2/2$ 对应振动问题中的动能，电容上储存的能量 $q^2/(2C)$ 则对应弹性势能，而电阻的焦耳热 $Ri^2/2$ 与振动问题中的耗散函数对应.

对于多回路的耦合电路，只要按照上述对应规则，也必然转化为多自由度的受迫振动问题，只是动能项中还可能有互感成分，即

$$
\begin{aligned}
T &= \frac{1}{2}\sum_{\alpha} L_\alpha i_\alpha^2 + \frac{1}{2}\sum_{\alpha\neq\beta} M_{\alpha\beta} i_\alpha i_\beta \\
V &= \frac{1}{2}\sum_{\alpha} \frac{e_\alpha^2}{C_\alpha} \\
\mathscr{F} &= \frac{1}{2}\sum_{\alpha} R_\alpha i_\alpha^2
\end{aligned} \tag{2.2.90}
$$

下面我们通过一个例子来说明这一点.

例 2.6

写出如图 2.2.7 所示耦合电路的微分方程.

解 此电路有两个独立回路，设独立回路电流分别为 i_1 和 i_2，则流经 R_1 和 L_1 上的电流为 i_1，流经 R_2 和 L_2 上的电流为 i_2，流经 C 上的电流为 i_1-i_2. 此电路对应振动问题的动能、势能、耗散函数及广义力分别为

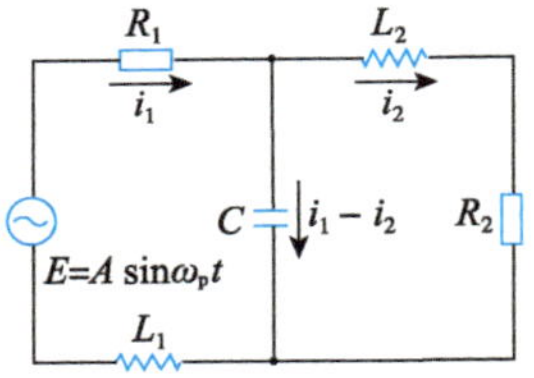

图 2.2.7　例 2.6 图

$$
\begin{aligned}
T &= \frac{1}{2}L_1\dot{e}_1^2 + \frac{1}{2}L_2\dot{e}_2^2 \\
V &= \frac{1}{2C}(e_1 - e_2)^2 \\
\mathscr{F} &= \frac{1}{2}R_1\dot{e}_1^2 + \frac{1}{2}R_2\dot{e}_2^2 \\
Q_1 &= A\sin\omega_p t,\quad Q_2 = 0
\end{aligned} \tag{1}
$$

将上述条件代入受迫振动的拉格朗日方程得

$$
\begin{cases}
L_1\ddot{e}_1 + R_1\dot{e}_1 + \dfrac{e_1 - e_2}{C} = A\sin\omega_p t \\
L_2\ddot{e}_2 + R_2\dot{e}_2 - \dfrac{e_1 - e_2}{C} = 0
\end{cases} \tag{2}
$$

但我们可以把思路倒过来——事实上，电磁学中求解交流耦合电路时有很成熟的方法，所以完全可以将受迫振动问题变换为交流耦合电路问题来求解.

更进一步，对于一个受迫振动体系，可以搭建一个与之对应的耦合电路，在实验上直接测量电流，然后再对应回原来的力学系统，就能很方便地在示波器上直观地“观察”受迫振动解.

2.3 非线性振动

2.2 节所研究的小振动中所有的运动方程都是表征振动参量，如位置、速度和加速度的线性函数，所以我们称之为线性振动. 但更一般地，振动方程中还可能包含位置、速度和加速度的非线性项(包括这些量的乘积)，这时的振动就叫非线性振动. 比如，当我们在平衡位置展开势能项时，如果振幅不是充分地小，那么位置变量的三次以上项就必须考虑：

$$V(q)=\frac{1}{2}\sum_{\alpha,\beta=1}^{s}\left(\frac{\partial^2 V}{\partial q_\alpha \partial q_\beta}\right)_0 q_\alpha q_\beta+\frac{1}{6}\sum_{\alpha,\beta,\gamma=1}^{s}\left(\frac{\partial^3 V}{\partial q_\alpha \partial q_\beta \partial q_\gamma}\right)_0 q_\alpha q_\beta q_\gamma+\cdots \quad (2.3.1)$$

相应地，动能项也必须考虑更高阶项

$$T(q,\dot{q})=\frac{1}{2}\sum_{\alpha,\beta=1}^{s}\left[M_{\alpha\beta}(0)+\sum_{\gamma=1}^{s}\left(\frac{\partial M_{\alpha\beta}}{\partial q_\gamma}\right)_0 q_\gamma\right]\dot{q}_\alpha\dot{q}_\beta+\cdots \quad (2.3.2)$$

作为第一步，将包含三阶小量的动能和势能表达式代入拉格朗日方程，就得到最低阶的非线性运动方程

$$\sum_{\beta=1}^{s}M_{\alpha\beta}(0)\ddot{q}_\beta+\sum_{\beta=1}^{s}\left(\frac{\partial^2 V}{\partial q_\alpha \partial q_\beta}\right)_0 q_\beta+\sum_{\beta,\gamma=1}^{s}\left[\left(\frac{\partial M_{\alpha\beta}}{\partial q_\gamma}\right)_0-\frac{1}{2}\left(\frac{\partial M_{\beta\gamma}}{\partial q_\alpha}\right)_0\right]\dot{q}_\beta\dot{q}_\gamma$$
$$+\sum_{\beta,\gamma=1}^{s}\left(\frac{\partial M_{\alpha\beta}}{\partial q_\gamma}\right)_0\ddot{q}_\beta q_\gamma+\frac{1}{2}\sum_{\beta,\gamma=1}^{s}\left(\frac{\partial^3 V}{\partial q_\alpha \partial q_\beta \partial q_\gamma}\right)_0 q_\beta q_\gamma=0 \quad (2.3.3)$$

可见，高阶效应导致拉格朗日方程中出现 $\dot{q}_\beta\dot{q}_\gamma$ 和 $\ddot{q}_\beta q_\gamma$ 等非线性项. 由于非线性模式的千差万别，没有也不可能有统一的具体求解方法，所以这里只是通过一个简单的例子来揭示非线性振动的复杂性和基本特征，并介绍求解此类问题的几种基本方法.

1. 解析求解法

非线性振动问题一般很难严格求解，但大振幅单摆问题是一个成功的例子.

设单摆的质量为 m，摆长为 l. 选取摆线偏离铅垂线的角度 θ 为广义坐标，设 $\theta=0$ 时摆球的势能为零，体系的拉格朗日函数为

$$L=\frac{1}{2}ml^2\dot{\theta}^2-mgl(1-\cos\theta)=\frac{1}{2}ml^2\dot{\theta}^2-2mgl\sin^2\frac{\theta}{2} \quad (2.3.4)$$

因为 $\partial L/\partial t=0$，所以广义能量积分（这里就是机械能）守恒

$$\frac{1}{2}ml^2\dot{\theta}^2+2mgl\sin^2\frac{\theta}{2}=E_0 \quad (2.3.5)$$

设初始条件为 $\theta=\theta_0$ 和 $\dot{\theta}=0$，代入上式得

$$E_0=2mgl\sin^2\frac{\theta_0}{2} \quad (2.3.6)$$

因而

$$\frac{\mathrm{d}\theta}{\mathrm{d}t}=\pm 2\sqrt{\frac{g}{l}\left(\sin^2\frac{\theta_0}{2}-\sin^2\frac{\theta}{2}\right)} \tag{2.3.7}$$

为了求得系统的周期 T，我们将上述方程在 $t\in[0, T/4]$ 和 $\theta\in[\theta_0, 0]$ 的范围内积分．此时上式取负号，可变形为

$$\int_{\theta_0}^{0}\frac{\mathrm{d}\theta}{\sqrt{\sin^2\frac{\theta_0}{2}-\sin^2\frac{\theta}{2}}}=-2\sqrt{\frac{g}{l}}\int_0^{T/4}\mathrm{d}t=-\frac{T}{2}\sqrt{\frac{g}{l}} \tag{2.3.8}$$

即

$$T=2\sqrt{\frac{l}{g}}\int_0^{\theta_0}\frac{\mathrm{d}\theta}{\sqrt{\sin^2\frac{\theta_0}{2}-\sin^2\frac{\theta}{2}}} \tag{2.3.9}$$

作变换

$$\sin\frac{\theta}{2}=\kappa\sin u,\quad \theta\in[0,\theta_0],\quad u\in[0,\pi/2] \tag{2.3.10}$$

其中 $\kappa=\sin\frac{\theta_0}{2}$，则式(2.3.9)变为

$$T=4\sqrt{\frac{l}{g}}\int_0^{\pi/2}\frac{\mathrm{d}u}{\sqrt{1-\kappa^2\sin^2 u}}\equiv 4\sqrt{\frac{l}{g}}K(\kappa) \tag{2.3.11}$$

其中

$$K(\kappa)=\int_0^{\pi/2}\frac{\mathrm{d}u}{\sqrt{1-\kappa^2\sin^2 u}} \tag{2.3.12}$$

是第一类完全椭圆积分．

讨论：

式(2.3.11)表明，大振幅单摆的周期与振幅有关．为具体考察 T 与 θ_0 的关系，将 K 展开成 κ^2 的幂级数，得

$$K(\kappa^2)=\frac{\pi}{2}\left[1+\left(\frac{1}{2}\right)^2\kappa^2+\left(\frac{1}{2}\cdot\frac{3}{4}\right)^2\kappa^4+\left(\frac{1}{2}\cdot\frac{3}{4}\cdot\frac{5}{6}\right)^2\kappa^6+\cdots\right] \tag{2.3.13}$$

所以

$$T=2\pi\sqrt{\frac{l}{g}}\left(1+\frac{1}{4}\sin^2\frac{\theta_0}{2}+\frac{9}{64}\sin^4\frac{\theta_0}{2}+\cdots\right) \tag{2.3.14}$$

可见，当振幅 $\theta_0\ll 1$ 时，上式中 $\sin^2\frac{\theta_0}{2}$ 以上的高次项均可略去，得到小振动的周期 $T_0=2\pi\sqrt{l/g}$，与振幅无关．然而随着振幅的增大，$\sin^2\frac{\theta_0}{2}$ 以后的高次项不能忽略，T 随 θ_0 的增大而增大．表 2.3.1 列出了几种典型摆幅下周期的严格解与零阶近似解的比值．

表 2.3.1 不同摆幅下周期的严格解与零阶近似解之比

$\theta_0/(°)$	1	2	5	7.244	22.81	30	45	90	180
T/T_0	1.00002	1.00008	1.00048	1.00100	1.01000	1.01741	1.03997	1.18034	∞

由表2.3.1中数据可以看出，在精度要求一般时，比如1%精度，要求初始摆动角不超过22.81°即可，这是一个很容易满足的要求．但如果要求精度再增加一个数量级，比如在用单摆测量重力加速度实验中，要求 T_0 有1‰的精度，则 θ_0 必须小于7.244°，实际操作时务必注意这一限制．此外，如果 θ_0 取180°，表中的实际周期为无穷大，但这仅有数学上的意义．因为它对应一个不稳定平衡的初始位置，而实际情况下总会有各种因素打破这一不稳定平衡．

2. 微扰法

微扰法又称为逐级近似法或摄动法，在振动类的问题中，它适于求解形如

$$\ddot{x}+\omega_0^2x=f(x,\dot{x}) \tag{2.3.15}$$

的振动方程，其中非线性项 $|f(x,\dot{x})|\ll|\omega_0^2x|$，可将其视为对线性方程的微扰或摄动．为彰显微扰的数量级，我们引入参量 ε，将上式写成

$$\ddot{x}+\omega_0^2x=\varepsilon f(x,\dot{x}) \tag{2.3.16}$$

微扰法的基本做法是：令 x 和 ω 的 n 阶近似解为

$$\begin{cases}x=x_0+\varepsilon x_1+\varepsilon^2x_2+\cdots+\varepsilon^nx_n\\ \omega=\omega_0+\varepsilon\omega_1+\varepsilon^2\omega_2+\cdots+\varepsilon^n\omega_n\end{cases} \tag{2.3.17}$$

其中 ε^ix_i 和 $\varepsilon^i\omega_i(i=1,2,\cdots,n)$ 表示对零阶近似解 x_0 和 ω_0 的 i 阶微扰．将上式代入式(2.3.16)，使等式两侧 ε 同级幂的系数相等，就得到关于各阶 x_i 和 ω_i 的一组方程，从零阶开始逐级求解这些方程（求解第 i 阶方程时，把零到 $i-1$ 阶的解作为已知条件)，便可以得到原方程的 n 阶近似解．

下面我们仍以大摆幅摆动的单摆为例，说明微扰法的应用．从单摆的拉格朗日方程易得其运动微分方程为

$$\ddot{\theta}+\frac{g}{l}\sin\theta=0 \tag{2.3.18}$$

将 $\sin\theta$ 作幂级数展开

$$\sin\theta=\theta-\frac{1}{6}\theta^3+\frac{1}{120}\theta^5-\cdots \tag{2.3.19}$$

取到 θ 的三次项，则式(2.3.18)近似为

$$\ddot{\theta}+\omega_0^2\theta=a\theta^3 \tag{2.3.20}$$

其中 $\omega_0=\sqrt{l/g}$，$a=\omega_0^2/6$．上式可以看作是线性方程 $\ddot{\theta}+\omega_0^2\theta=0$ 加上小量 $a\theta^3$ 的修正．为了明确表示数量级，引入 ε，将上式变成

$$\ddot{\theta}+\omega_0^2\theta=\varepsilon a\theta^3 \tag{2.3.21}$$

假定只求二阶近似解，则令

$$\theta = \theta_0 + \varepsilon\theta_1 + \varepsilon^2\theta_2$$
$$\omega = \omega_0 + \varepsilon\omega_1 + \varepsilon^2\omega_2 \tag{2.3.22}$$

代入式(2.3.21)，得

$$\ddot{\theta}_0 + \varepsilon\ddot{\theta}_1 + \varepsilon^2\ddot{\theta}_2 + (\omega - \varepsilon\omega_1 - \varepsilon^2\omega_2)^2(\theta_0 + \varepsilon\theta_1 + \varepsilon^2\theta_2) = \varepsilon a(\theta_0 + \varepsilon\theta_1 + \varepsilon^2\theta_2)^3 \tag{2.3.23}$$

略去 ε 的三次以上项，分别比较上式等号两侧同为 ε^0、ε^1 和 ε^2 的项，可以得到零阶、一阶和二阶近似方程

$$\begin{cases}\ddot{\theta}_0 + \omega^2\theta_0 = 0\\ \ddot{\theta}_1 + \omega^2\theta_1 = 2\omega\omega_1\theta_0 + a\theta_0^3\\ \ddot{\theta}_2 + \omega^2\theta_2 = -\omega_1^2\theta_0 + 2\omega\omega_1\theta_1 + 2\omega\omega_2\theta_0 + 3a\theta_0^2\theta_1\end{cases} \tag{2.3.24}$$

零阶近似解就是常规的小振幅单摆的结果

$$\theta_0 = A_0\cos(\omega t + \varphi) \tag{2.3.25}$$

其中 A_0 和 φ 为待定常量. 将上式代入式(2.3.24)中的第二式，则

$$\ddot{\theta}_1 + \omega^2\theta_1 = 2\omega\omega_1 A_0\cos(\omega t + \varphi) + aA_0^3\cos^3(\omega t + \varphi) \tag{2.3.26}$$

利用三倍角公式

$$\cos^3\alpha = \frac{3}{4}\cos\alpha + \frac{1}{4}\cos 3\alpha \tag{2.3.27}$$

可将式(2.3.26)化为

$$\ddot{\theta}_1 + \omega^2\theta_1 = \left(2\omega\omega_1 A_0 + \frac{3aA_0^3}{4}\right)\cos(\omega t + \varphi) + \frac{aA_0^3}{4}\cos 3(\omega t + \varphi) \tag{2.3.28}$$

如果我们将该方程右侧的部分视为策动力项，则其中第一项的频率与左侧的固有频率都是 ω，由于这里不存在任何耗散，此策动力将产生实际不可能发生的振幅无穷大的共振，除非该项的系数为零，即

$$2\omega\omega_1 A_0 + \frac{3aA_0^3}{4} = 0 \tag{2.3.29}$$

所以

$$\omega_1 = -\frac{3aA_0^2}{8\omega} \tag{2.3.30}$$

于是式(2.3.28)简化为

$$\ddot{\theta}_1 + \omega^2\theta_1 = \frac{aA_0^3}{4}\cos 3(\omega t + \varphi) \tag{2.3.31}$$

易解得其特解为（通解已经包含在零阶近似解中，不必再考虑）

$$\theta_1 = A_1\cos 3(\omega t + \varphi), \quad A_1 = -\frac{aA_0^3}{32\omega^2} \tag{2.3.32}$$

采用类似但稍烦琐的步骤，可以得到二阶近似下的求解结果. 首先，为去掉不符合实际情况的发散型共振，要求

$$\omega_2 = \frac{4\omega_1^2 - 3aA_0A_1}{8\omega} = \frac{21a^2A_0^4}{256\omega^3} \tag{2.3.33}$$

因而二阶微分方程简化为

$$\ddot{\theta}_2 + \omega^2\theta_2 = \frac{(4\omega\omega_1 + 3aA_0^2)A_1}{2}\cos3(\omega t + \varphi) + \frac{3aA_0^2A_1}{4}\cos5(\omega t + \varphi) \tag{2.3.34}$$

解得

$$\theta_2 = A_2\cos3(\omega t + \varphi) + B_2\cos5(\omega t + \varphi)$$

$$A_2 = -\frac{(4\omega\omega_1 + 3aA_0^2)A_1}{16\omega^2}, \quad B_2 = -\frac{aA_0^2A_1}{32\omega^2} \tag{2.3.35}$$

系数可进一步化简为

$$A_2 = \frac{3a^2A_0^5}{1024\omega^4}, \quad B_2 = \frac{a^2A_0^5}{1024\omega^4} \tag{2.3.36}$$

于是我们得到二阶近似下的总解为

$$\begin{aligned} \theta &= \theta_0 + \theta_1 + \theta_2 \\ &= A_0\cos(\omega t + \varphi) + (A_1 + A_2)\cos3(\omega t + \varphi) + B_2\cos5(\omega t + \varphi) \\ &= A_0\cos(\omega t + \varphi) - \frac{aA_0^3}{32\omega^2}\left(1 - \frac{3aA_0^2}{32\omega^4}\right)\cos3(\omega t + \varphi) \\ &\quad + \frac{a^2A_0^5}{1024\omega^4}\cos5(\omega t + \varphi) \end{aligned} \tag{2.3.37}$$

一般情况下没有必要求解更高阶近似，因为作为问题出发点的运动微分方程中仅精确到 a 的一阶项. 最后，由初始摆角为 θ_0 和角速度为零的条件，即

$$\begin{cases} A_0\cos\varphi - \dfrac{aA_0^3}{32\omega^2}\left(1 - \dfrac{3aA_0^2}{32\omega^2}\right)\cos3\varphi + \dfrac{a^2A_0^5}{1024\omega^4}\cos5\varphi = \theta_0 \\ -A_0\sin\varphi + \dfrac{3aA_0^3}{32\omega^2}\left(1 - \dfrac{3aA_0^2}{32\omega^2}\right)\sin3\varphi - \dfrac{5a^2A_0^5}{1024\omega^4}\sin5\varphi = 0 \end{cases} \tag{2.3.38}$$

以及频率关系

$$\omega = \omega_0 + \omega_1 + \omega_2 = \omega_0 - \frac{3aA_0^2}{8\omega} + \frac{21a^2A_0^4}{256\omega^3} \tag{2.3.39}$$

联合求解各阶振幅、初相位和频率（实际计算时可用迭代法快捷求解).

表 2.3.2 是不同初始摆角下二阶近似解与严格解的周期比较. 由表可知，直到初始摆角达到大约 15°，二阶近似解与严格解的误差才有 10^{-5}，即使摆角增加到 90°，误差也仅约为 1.6%.

表 2.3.2 不同初始摆角下二阶近似解与严格解的周期比较

$\theta_0/(°)$	14.25	20	30	45	90
T_2/T	1.00001	1.00004	1.00020	1.00103	1.01576

值得指出的是，微扰法中引入 ε 来标示阶数，是为了方便区分各阶小量. 当求得各阶量之后，在表达总量时就可以舍弃 ε 了.

3. 解析法、微扰法和数值计算法的比较

(1)解析法能彻底解决问题，而且能较清楚地揭示研究体系的内在规律. 但缺点是适用的范围很有限，对大多数问题是无能为力的.

(2)微扰法比解析法适用的范围广，当待求对象是一个简单系统加上小的扰动时，就可以用微扰法来处理. 只是数学上较烦琐，特别是高阶微扰，而且对大扰动或非微扰体系无能为力.

(3)更一般的体系，由于其内禀的复杂性，以上两种方法都将失效，必须采用数值计算才能求解. 随着计算机性能的提升及数值计算方法的丰富和改进，很多原先不能很好分析的体系都能通过数值计算得到定量的描述. 值得指出的是，数值计算不仅能得到问题的数值解，而且往往对该问题可否解析求解，或者能在多大程度上解析求解提供重要的信息.

(4)这三种方法都是实际科研工作中的基本手段，一个课题的研究过程往往是先解析地建立一些基本规律，再用微扰法有效地解决更细致的问题，最终靠强大的数值计算研究给出研究体系的所有细节.

2.4 带电粒子在电磁场中的拉格朗日函数

1. 广义势能

如果体系的广义力 Q_α 不能表示成 $-\partial V/\partial q_\alpha$ 的形式，则无法满足通常形式下保守系的拉格朗日方程. 但如果 Q_α 仅与广义坐标和广义速度有关，而且能构造出以广义坐标和广义速度为自变量的函数

$$U = U(q, \dot{q}) \tag{2.4.1}$$

使得

$$Q_\alpha = -\frac{\partial U}{\partial q_\alpha} + \frac{\mathrm{d}}{\mathrm{d}t}\frac{\partial U}{\partial \dot{q}_\alpha} \tag{2.4.2}$$

则该体系的拉格朗日方程仍能化成保守系的形式. 这是因为，将式(2.4.2)代入理想的完整体系的拉格朗日方程

$$\frac{\mathrm{d}}{\mathrm{d}t}\frac{\partial T}{\partial \dot{q}_\alpha} - \frac{\partial T}{\partial q_\alpha} = Q_\alpha \tag{2.4.3}$$

中，有

$$\frac{\mathrm{d}}{\mathrm{d}t}\frac{\partial T}{\partial \dot{q}_\alpha}-\frac{\mathrm{d}}{\mathrm{d}t}\frac{\partial U}{\partial \dot{q}_\alpha}-\frac{\partial T}{\partial q_\alpha}+\frac{\partial U}{\partial q_\alpha}=0 \tag{2.4.4}$$

只要令 $L=T-U$，则有

$$\frac{\mathrm{d}}{\mathrm{d}t}\frac{\partial L}{\partial \dot{q}_\alpha}-\frac{\partial L}{\partial q_\alpha}=0 \tag{2.4.5}$$

我们把满足式(2.4.2)的函数 U 称为**广义势能**.

2. 带电粒子在电磁场中的广义势能

带有电荷 e（此处不用 q 表示电荷是为了避免与广义坐标混淆）的粒子在电场 $\boldsymbol{E}$ 和磁场 $\boldsymbol{B}$ 中运动时，所受电磁力为

$$\boldsymbol{F}=e(\boldsymbol{E}+\boldsymbol{v}\times\boldsymbol{B}) \tag{2.4.6}$$

电场和磁场的运动满足麦克斯韦方程组

$$\begin{cases}\nabla\times\boldsymbol{E}+\dfrac{\partial\boldsymbol{B}}{\partial t}=0\\ \nabla\cdot\boldsymbol{E}=\dfrac{\rho}{\varepsilon_0}\\ \nabla\times\boldsymbol{B}-\mu_0\varepsilon_0\dfrac{\partial\boldsymbol{E}}{\partial t}=\mu_0\boldsymbol{j}\\ \nabla\cdot\boldsymbol{B}=0\end{cases} \tag{2.4.7}$$

由于显含速度，洛伦兹力显然不是通常意义下的保守力，要想将电磁学规律写成保守体系的拉格朗日形式，必须能构建合适的广义势能.

由上式的第四式，磁场是无源场，可以将 $\boldsymbol{B}$ 表示为一个矢量势 $\boldsymbol{A}$ 的旋度，即

$$\boldsymbol{B}=\nabla\times\boldsymbol{A} \tag{2.4.8}$$

将上式代入式(2.4.7)的第一式，并交换旋度算符和对时间偏导的顺序，得

$$\nabla\times\left(\boldsymbol{E}+\frac{\partial\boldsymbol{A}}{\partial t}\right)=0 \tag{2.4.9}$$

所以 $\boldsymbol{E}+\partial\boldsymbol{A}/\partial t$ 是无旋场，一定能表示成一个标量势 φ 的负梯度，即

$$\boldsymbol{E}=-\nabla\varphi-\frac{\partial\boldsymbol{A}}{\partial t} \tag{2.4.10}$$

将上式和式(2.4.8)代入式(2.4.6)中，则在引入标量势 $\boldsymbol{A}$ 和矢量势 φ 后，电磁力可表示为

$$\boldsymbol{F}=e\left[-\nabla\varphi-\frac{\partial\boldsymbol{A}}{\partial t}+\boldsymbol{v}\times(\nabla\times\boldsymbol{A})\right] \tag{2.4.11}$$

考虑到 $\dfrac{\mathrm{d}\boldsymbol{A}}{\mathrm{d}t}=\dfrac{\partial\boldsymbol{A}}{\partial t}+(\boldsymbol{v}\cdot\nabla)\boldsymbol{A}$ 和 $(\boldsymbol{v}\cdot\nabla)\boldsymbol{A}+\boldsymbol{v}\times(\nabla\times\boldsymbol{A})=\nabla(\boldsymbol{A}\cdot\boldsymbol{v})$ ①，上

① 一般情况下，$\nabla(\boldsymbol{A}\cdot\boldsymbol{v})=(\boldsymbol{v}\cdot\nabla)\boldsymbol{A}+\boldsymbol{v}\times(\nabla\times\boldsymbol{A})+(\boldsymbol{A}\cdot\nabla)\boldsymbol{v}+\boldsymbol{A}\times(\nabla\times\boldsymbol{v})$，但这里 $\boldsymbol{v}$ 对空间变量的偏导数为零，所以式子右边的后两项为零，只剩下前两项.

式化为

$$\boldsymbol{F}=e\left[-\nabla\varphi-\frac{\mathrm{d}\boldsymbol{A}}{\mathrm{d}t}+\nabla(\boldsymbol{A}\cdot\boldsymbol{v})\right]\tag{2.4.12}$$

又由于 φ 和 $\boldsymbol{A}$ 仅与位置有关，与速度无关，故而

$$\frac{\mathrm{d}}{\mathrm{d}t}\frac{\partial(\varphi-\boldsymbol{A}\cdot\boldsymbol{v})}{\partial\boldsymbol{v}}=-\frac{\mathrm{d}\boldsymbol{A}}{\mathrm{d}t}\tag{2.4.13}$$

将上式代入式(2.4.12)中，则

$$\boldsymbol{F}=e\left[-\nabla(\varphi-\boldsymbol{A}\cdot\boldsymbol{v})+\frac{\mathrm{d}}{\mathrm{d}t}\frac{\partial(\varphi-\boldsymbol{A}\cdot\boldsymbol{v})}{\partial\boldsymbol{v}}\right]\tag{2.4.14}$$

对照式(2.4.2)，可取带电粒子在电磁场中的广义势能为

$$U=e(\varphi-\boldsymbol{A}\cdot\boldsymbol{v})\tag{2.4.15}$$

3. 拉格朗日函数

知道了广义势，就可以直接写出其拉格朗日函数为

$$L=\frac{1}{2}mv^2-e\varphi+e\boldsymbol{A}\cdot\boldsymbol{v}\tag{2.4.16}$$

可以验证，将该拉格朗日函数代入保守体系形式的拉格朗日方程，就会得到

$$m\ddot{\boldsymbol{r}}=e(\boldsymbol{E}+\boldsymbol{v}\times\boldsymbol{B})\tag{2.4.17}$$

关键步骤同上述建立广义势能的过程，只是顺序反过来而已.

由式(2.4.16)对广义速度求偏导，得到广义动量

$$\boldsymbol{p}=\frac{\partial L}{\partial\boldsymbol{v}}=m\boldsymbol{v}+e\boldsymbol{A}\tag{2.4.18}$$

可见在电磁场存在时粒子的广义动量不再是普通的 $m\boldsymbol{v}$，还要加上含矢势项 $e\boldsymbol{A}$.

4. 规范变换与拉格朗日函数的非唯一性

设 $\psi(r,\ t)$是可微的任意时空函数,可证:按变换

$$\boldsymbol{A}'=\boldsymbol{A}+\nabla\psi(\boldsymbol{r},t),\quad \varphi'=\varphi-\frac{\partial\psi(\boldsymbol{r},t)}{\partial t}\tag{2.4.19}$$

所生成的新矢势和标势,与原矢势和标势等效.

该变换称为**规范变换.**

证明

$$\boldsymbol{B}'=\nabla\times\boldsymbol{A}'=\nabla\times\boldsymbol{A}+\nabla\times\nabla\psi(\boldsymbol{r},t)=\nabla\times\boldsymbol{A}=\boldsymbol{B}\tag{2.4.20}$$

上式推演中,利用了 $\nabla\times\nabla\psi(\boldsymbol{r},t)=0$ 的性质.

$$\begin{aligned}\boldsymbol{E}'&=-\nabla\varphi'-\frac{\partial\boldsymbol{A}'}{\partial t}=-\nabla\left[\varphi-\frac{\partial\psi(\boldsymbol{r},t)}{\partial t}\right]-\frac{\partial}{\partial t}[\boldsymbol{A}+\nabla\psi(\boldsymbol{r},t)]\\&=-\nabla\varphi+\nabla\frac{\partial\psi(\boldsymbol{r},t)}{\partial t}-\frac{\partial\boldsymbol{A}}{\partial t}-\frac{\partial}{\partial t}\nabla\psi(\boldsymbol{r},t)=\boldsymbol{E}\end{aligned}\tag{2.4.21}$$

设规范变换后,新的矢势和标势所对应的拉格朗日函数为 L',可以证明 L'与

原拉格朗日函数式(2.4.16)等效.

证明

$$
\begin{aligned}
L' &= \frac{1}{2}mv^2 - e\varphi' + e\boldsymbol{A}'\cdot\boldsymbol{v} \\
&= \frac{1}{2}mv^2 - e\left[\varphi - \frac{\partial\psi(\boldsymbol{r},t)}{\partial t}\right] + e[\boldsymbol{A} + \nabla\psi(\boldsymbol{r},t)]\cdot\boldsymbol{v} \\
&= \frac{1}{2}mv^2 - e\varphi + e\boldsymbol{A}\cdot\boldsymbol{v} + e\left[\frac{\partial\psi(\boldsymbol{r},t)}{\partial t} + \nabla\psi(\boldsymbol{r},t)\cdot\boldsymbol{v}\right] \\
&= L + e\frac{\mathrm{d}\psi(\boldsymbol{r},t)}{\mathrm{d}t}
\end{aligned}
\tag{2.4.22}
$$

由于 L' 与 L 仅相差一个广义坐标和时间的函数对时间的导数,二者等效. 可见,规范变换可视为拉格朗日函数非唯一性在电磁场中的体现.

2.5 连续体系的拉格朗日方程

除了离散质点构成的体系外，还有一类力学的研究对象是连续体系. 当连续体系内部的形变可以忽略时，称为刚体，我们将在第 4 章专门讨论. 当连续体系内部的形变不可忽略时，需要建立新的研究理论. 下面我们先从一维问题入手，由前面已经介绍过的离散质点拉格朗日方法出发，推测由离散过渡到连续后的基本运动方程. 然后把一维问题的结果拓展到一般情形，并以电磁场体系为例检验新理论的合理性.

2.5.1 一维均匀弹性棒的纵向振动

1. 离散模型

一维均匀弹性棒可以看成是由排列成直线的足够多的质点和弹簧构成的系统，其中每个质点质量为 m，每根弹簧刚度系数为 k，各质点间的平衡位置相距 a.

设 η_i 是第 i 个质点偏离平衡位置的位移，则体系动能、势能和拉格朗日函数分别为

$$T = \frac{1}{2}\sum_i m\dot{\eta}_i^2 \tag{2.5.1}$$

$$V = \frac{1}{2}\sum_i k(\eta_{i+1} - \eta_i)^2 \tag{2.5.2}$$

$$L = \frac{1}{2}\sum_i [m\dot{\eta}_i^2 - k(\eta_{i+1} - \eta_i)^2] \tag{2.5.3}$$

2. 模型的连续化

式(2.5.3)可变形为

$$L=\frac{1}{2}\sum_i a\left[\frac{m}{a}\dot{\eta}_i^2-ka\left(\frac{\eta_{i+1}-\eta_i}{a}\right)^2\right] \tag{2.5.4}$$

弹性棒的线密度 $\rho=m/a$. 记 ξ 为弹性棒单位长度的形变，即 $\xi=\frac{\eta_{i+1}-\eta_i}{a}$，而 $ka=E$ 是弹性棒单位长度的刚度系数，即一维弹性模量. 将上式的求和连续化

$$\sum_i a\rightarrow\int\mathrm{d}x,\quad \xi=\frac{\partial\eta}{\partial x} \tag{2.5.5}$$

于是

$$L=\frac{1}{2}\int a\left[\rho\dot{\eta}^2-E\left(\frac{\partial\eta}{\partial x}\right)^2\right]\mathrm{d}x\triangleq\int\mathscr{L}\mathrm{d}x \tag{2.5.6}$$

其中 $\mathscr{L}$ 是拉格朗日密度，它可以写成动能密度 $\mathscr{T}$ 与势能密度 $\mathscr{V}$ 之差的形式

$$\mathscr{L}=\mathscr{T}-\mathscr{V}=\frac{1}{2}\rho\dot{\eta}^2-\frac{1}{2}E\left(\frac{\partial\eta}{\partial x}\right)^2 \tag{2.5.7}$$

需要提醒的是，这里的广义坐标是 η，而 x 同时间 t 一样，是用来表达 η 的一个参量，$\eta=\eta(t,x)$.

以上讨论了一维连续介质情况，推广至三维，一般有

$$L=\iiint\mathscr{L}\mathrm{d}x_1\mathrm{d}x_2\mathrm{d}x_3 \tag{2.5.8}$$

其中拉格朗日密度

$$\mathscr{L}=\mathscr{L}\left(\eta,\frac{\partial\eta}{\partial t},\frac{\partial\eta}{\partial x_j},t,x_j\right),\quad \eta=\eta(x_j,t),\quad j=1,2,3 \tag{2.5.9}$$

2.5.2 由哈密顿原理导出连续体系的拉格朗日方程

1. 单宗量情形

当体系仅有一个广义坐标时，连续介质中的哈密顿原理是

$$\delta S=\delta\int_1^2 L\mathrm{d}t=\delta\int_1^2\iiint\mathscr{L}\left(\eta,\frac{\partial\eta}{\partial t},\frac{\partial\eta}{\partial x_j},t,x_j\right)\mathrm{d}x_1\mathrm{d}x_2\mathrm{d}x_3\mathrm{d}t=0 \tag{2.5.10}$$

注意这里的等时条件除了 $\delta t=0$，还有 $\delta x_j=0$. 因为

$$\delta\mathscr{L}=\frac{\partial\mathscr{L}}{\partial\eta}\delta\eta+\frac{\partial\mathscr{L}}{\partial(\partial\eta/\partial t)}\delta\left(\frac{\partial\eta}{\partial t}\right)+\sum_{j=1}^{3}\frac{\partial\mathscr{L}}{\partial(\partial\eta/\partial x_j)}\delta\left(\frac{\partial\eta}{\partial x_j}\right) \tag{2.5.11}$$

所以

$$\delta S=\int_1^2\iiint\left[\frac{\partial\mathscr{L}}{\partial\eta}\delta\eta+\frac{\partial\mathscr{L}}{\partial(\partial\eta/\partial t)}\delta\left(\frac{\partial\eta}{\partial t}\right)+\sum_{j=1}^{3}\frac{\partial\mathscr{L}}{\partial(\partial\eta/\partial x_j)}\delta\left(\frac{\partial\eta}{\partial x_j}\right)\right]\mathrm{d}x_1\mathrm{d}x_2\mathrm{d}x_3\mathrm{d}t=0 \tag{2.5.12}$$

其中被积函数的第二项对时间的积分，可通过分部积分变换为

$$\int_1^2 \frac{\partial \mathscr{L}}{\partial(\partial\eta/\partial t)}\delta\left(\frac{\partial\eta}{\partial t}\right)\mathrm{d}t = \frac{\partial \mathscr{L}}{\partial(\partial\eta/\partial t)}\delta\eta\Big|_1^2 - \int_1^2 \frac{\partial}{\partial t}\frac{\partial \mathscr{L}}{\partial(\partial\eta/\partial t)}\delta\eta\mathrm{d}t \qquad (2.5.13)$$

在不动边界条件下，上式右边第一项为零.

式(2.5.12)中被积函数的第三项对空间的积分，可通过数学上的高斯定理变换为

$$\begin{aligned}
&\iiint \sum_{j=1}^{3} \frac{\partial \mathscr{L}}{\partial(\partial\eta/\partial x_j)}\delta\left(\frac{\partial\eta}{\partial x_j}\right)\mathrm{d}x_1\mathrm{d}x_2\mathrm{d}x_3 \\
&= \iiint \sum_{j=1}^{3} \frac{\partial \mathscr{L}}{\partial(\partial\eta/\partial x_j)}\frac{\partial(\delta\eta)}{\partial x_j}\mathrm{d}x_1\mathrm{d}x_2\mathrm{d}x_3 \\
&= \iiint \sum_{j=1}^{3} \frac{\partial}{\partial x_j}\left[\frac{\partial \mathscr{L}}{\partial(\partial\eta/\partial x_j)}\delta\eta\right] - \frac{\partial}{\partial x_j}\frac{\partial \mathscr{L}}{\partial(\partial\eta/\partial x_j)}\delta\eta\mathrm{d}x_1\mathrm{d}x_2\mathrm{d}x_3 \\
&= \oiint \sum_{j=1}^{3} \frac{\partial \mathscr{L}}{\partial(\partial\eta/\partial x_j)}\delta\eta\mathrm{d}S_j - \iiint \sum_{j=1}^{3} \frac{\partial}{\partial x_j}\frac{\partial \mathscr{L}}{\partial(\partial\eta/\partial x_j)}\delta\eta\mathrm{d}x_1\mathrm{d}x_2\mathrm{d}x_3 \qquad (2.5.14)
\end{aligned}$$

由于 S 是边界，所以上式最后一行第一项中的 $\delta\eta=0$，于是该项为零.

通过上述推演，对$\partial\eta/\partial t$ 和$\partial\eta/\partial x_j$ 的变分都转化为对 η 的变分，式(2.5.12)变换为

$$\delta S = \int_1^2\iiint\left[\frac{\partial \mathscr{L}}{\partial\eta} - \frac{\partial}{\partial t}\frac{\partial \mathscr{L}}{\partial(\partial\eta/\partial t)} - \sum_{j=1}^{3}\frac{\partial}{\partial x_j}\frac{\partial \mathscr{L}}{\partial(\partial\eta/\partial x_j)}\right]\delta\eta\mathrm{d}x_1\mathrm{d}x_2\mathrm{d}x_3\mathrm{d}t = 0$$

(2.5.15)

由 $\delta\eta$ 的任意性，上式中的被积函数为零，即

$$\frac{\partial \mathscr{L}}{\partial\eta} - \frac{\partial}{\partial t}\frac{\partial \mathscr{L}}{\partial(\partial\eta/\partial t)} - \sum_{j=1}^{3}\frac{\partial}{\partial x_j}\frac{\partial \mathscr{L}}{\partial(\partial\eta/\partial x_j)} = 0 \qquad (2.5.16)$$

这里对 t 的偏导数与 x_j 无关，反之亦然. 但与 L 相关的量对 t 或 x_j 的偏导数需要对 L 的所有宗量做链式求导，所以这些偏导数又有全导数的含义. 为彰显这一点，以下记$\partial/\partial t$ 为 $\mathrm{d}/\mathrm{d}t$，$\partial/\partial x_j$ 为 $\mathrm{d}/\mathrm{d}x_j$（只要记住参量 t 和 x_j 彼此独立，全导数算符 $\mathrm{d}/\mathrm{d}t$ 和 $\mathrm{d}/\mathrm{d}x_j$ 就不会有歧义）. 这样，最终可得单宗量情形连续介质的拉格朗日方程为

$$\frac{\mathrm{d}}{\mathrm{d}t}\frac{\partial \mathscr{L}}{\partial(\partial\eta/\partial t)} + \sum_{j=1}^{3}\frac{\mathrm{d}}{\mathrm{d}x_j}\frac{\partial \mathscr{L}}{\partial(\partial\eta/\partial x_j)} - \frac{\partial \mathscr{L}}{\partial\eta} = 0 \qquad (2.5.17)$$

不妨检验前面的一维弹性棒的纵向振动，其拉格朗日密度为

$$\mathscr{L} = \frac{1}{2}\rho\dot{\eta}^2 - \frac{1}{2}E\left(\frac{\partial\eta}{\partial x}\right)^2 \qquad (2.5.18)$$

所以

$$\begin{gathered}
\frac{\partial \mathscr{L}}{\partial\eta} = 0,\quad \frac{\partial \mathscr{L}}{\partial\dot{\eta}} = \rho\dot{\eta},\quad \frac{\mathrm{d}}{\mathrm{d}t}\frac{\partial \mathscr{L}}{\partial\dot{\eta}} = \rho\frac{\partial^2\eta}{\partial t^2} \\
\frac{\partial \mathscr{L}}{\partial(\partial\eta/\partial x)} = -E\frac{\partial\eta}{\partial x},\quad \frac{\mathrm{d}}{\mathrm{d}x}\frac{\partial \mathscr{L}}{\partial(\partial\eta/\partial x)} = -E\frac{\partial^2\eta}{\partial x^2} \qquad (2.5.19)
\end{gathered}$$

将上式中的关系代入拉格朗日方程(2.5.17)得

$$\rho \frac{\partial^2 \eta}{\partial t^2} - E \frac{\partial^2 \eta}{\partial x^2} = 0 \tag{2.5.20}$$

此波动方程的一般解为

$$\eta = \eta_1\left(x - \sqrt{\frac{E}{\rho}}t\right) + \eta_2\left(x + \sqrt{\frac{E}{\rho}}t\right) \tag{2.5.21}$$

其中 η_1 和 η_2 分别表示沿着棒的正方向和负方向传播、速度均为 $\sqrt{E/\rho}$ 的机械波.

2. 多宗量情形

推广是直接的，n 个宗量情形连续介质的拉格朗日方程为

$$\frac{\mathrm{d}}{\mathrm{d}t} \frac{\partial \mathscr{L}}{\partial(\partial \eta_k/\partial t)} + \sum_{j=1}^{3} \frac{\mathrm{d}}{\mathrm{d}x_j} \frac{\partial \mathscr{L}}{\partial(\partial \eta_k/\partial x_j)} - \frac{\partial \mathscr{L}}{\partial \eta_k} = 0, \quad k = 1, 2, \cdots, n \tag{2.5.22}$$

2.5.3 电磁场的拉格朗日方程

在 2.4 节中已经得到带电粒子在电磁场中的拉格朗日函数为

$$L = \frac{1}{2}mv^2 - e\varphi + e\boldsymbol{v} \cdot \boldsymbol{A} \tag{2.5.23}$$

而电磁场的能量密度

$$w_{\mathrm{em}} = \frac{1}{2}\left(\varepsilon_0 E^2 + \frac{B^2}{\mu_0}\right) \tag{2.5.24}$$

其中电场、磁场量与标势和矢势的关系为

$$\boldsymbol{B} = \nabla \times \boldsymbol{A}, \quad E = -\nabla \varphi - \partial \boldsymbol{A}/\partial t \tag{2.5.25}$$

可以猜测，当真空中有连续电荷存在时，电磁场体系的拉格朗日密度函数为

$$\mathscr{L} = \frac{1}{2}\left(\varepsilon_0 E^2 - \frac{B^2}{\mu_0}\right) - \rho\varphi + \boldsymbol{j} \cdot \boldsymbol{A} \tag{2.5.26}$$

这一猜测其实有章可循：将上式与式(2.5.23)对比，带电粒子的动能代之以类似于电磁场的能量密度项 (2.5.24)(仅第二项有符号之差)，带电粒子在电磁场中的广义势代之以连续电荷的广义势密度.

在引入矢势和标势时，我们已经利用了麦克斯韦方程组(2.4.7)中的公式(1)和(4). 如果能够由式(2.5.26)推出式(2.4.7)中的公式(2)和(3)，则所猜测的式(2.5.26)就能构建整个麦克斯韦方程组. 鉴于麦克斯韦方程组是描述电磁现象的最根本规律，式(2.5.26)的正确性就得到了保证.

先求 φ 满足的拉格朗日方程

$$\frac{\partial \mathscr{L}}{\partial \varphi} = -\rho, \quad \frac{\partial \mathscr{L}}{\partial \dot{\varphi}} = 0, \quad \frac{\partial \mathscr{L}}{\partial(\partial \varphi/\partial x_k)} = \varepsilon_0 E_k \frac{\partial E_k}{\partial(\partial \varphi/\partial x_k)} = -\varepsilon_0 E_k \tag{2.5.27}$$

所以

$$-\varepsilon_0 \sum_{k=1}^{3} \frac{\partial E_k}{\partial x_k} + \rho = 0 \tag{2.5.28}$$

写成矢量式即为麦克斯韦方程组(2.4.7)中的公式(2)，即

$$\nabla \cdot \boldsymbol{E} = \rho/\varepsilon_0 \tag{2.5.29}$$

再求关于 A_1 的拉格朗日方程

$$\frac{\partial \mathscr{L}}{\partial A_1} = j_1, \quad \frac{\partial \mathscr{L}}{\partial \dot{A}_1} = \varepsilon_0 E_1 \frac{\partial E_1}{\partial \dot{A}_1} = -\varepsilon_0 E_1, \quad \frac{\mathrm{d}}{\mathrm{d}t}\frac{\partial \mathscr{L}}{\partial \dot{A}_1} = -\varepsilon_0 \frac{\partial E_1}{\partial t}$$

$$\frac{\partial \mathscr{L}}{\partial(\partial A_1/\partial x_1)} = 0$$

$$\frac{\partial \mathscr{L}}{\partial(\partial A_1/\partial x_2)} = -\frac{B_3}{\mu_0}\frac{\partial B_3}{\partial(\partial A_1/\partial x_2)} = \frac{B_3}{\mu_0}, \quad \frac{\mathrm{d}}{\mathrm{d}x_2}\frac{\partial \mathscr{L}}{\partial(\partial A_1/\partial x_2)} = \frac{1}{\mu_0}\frac{\partial B_3}{\partial x_2}$$

$$\frac{\partial \mathscr{L}}{\partial(\partial A_1/\partial x_3)} = -\frac{B_2}{\mu_0}\frac{\partial B_2}{\partial(\partial A_1/\partial x_2)} = -\frac{B_2}{\mu_0}, \quad \frac{\mathrm{d}}{\mathrm{d}x_3}\frac{\partial \mathscr{L}}{\partial(\partial A_1/\partial x_3)} = -\frac{1}{\mu_0}\frac{\partial B_2}{\partial x_3}$$

$$\tag{2.5.30}$$

将上述结果代入拉格朗日方程式(2.5.22)得

$$\frac{1}{\mu_0}\left(\frac{\partial B_3}{\partial x_2} - \frac{\partial B_2}{\partial x_3}\right) - \varepsilon_0 \frac{\partial E_1}{\partial t} - j_1 = 0 \tag{2.5.31}$$

将上式变量的下标按 1→2→3→1 轮转，就可得关于 A_2 和 A_3 满足的拉格朗日方程. 这三个分量式写成矢量式就得到麦克斯韦方程组(2.4.7)中的公式(3)

$$\nabla \times \boldsymbol{B} - \mu_0 \varepsilon_0 \frac{\partial \boldsymbol{E}}{\partial t} = \mu_0 \boldsymbol{j} \tag{2.5.32}$$

小结

本章介绍了拉格朗日力学几个常见的应用. 首先是两体的碰撞与散射问题，包括两体问题的一般性描述，弹性碰撞的普遍性质，以及粒子散射的分析. 在粒子散射问题中还特别分析了卢瑟福散射. 其次是多自由度体系的小振动，其中较详细地讨论了自由振动的一般性理论，对于有耗散的阻尼振动和存在策动力的受迫振动也进行了一般的阐述. 2.3～2.5 节均为相关领域的初步导引：通过单摆的例子揭示了非线性振动与小振动相比的不同性质；通过引入广义势，得到了带电粒子在电磁场中的拉格朗日函数；最后介绍了连续体系的拉格朗日方程，并得到了电磁场的拉格朗日密度函数. 这些知识为全面系统地了解相关领域打下了基础.

学海泛舟 2：发现问题和解决问题

发现问题和解决问题在科学研究中都有很重要的地位. 直线思维下，解决问题确乎更为重要，平日我们在课堂上学习的大多是如何解决问题，科学工作者能否发表论文、获得奖励几乎都是与其解决问题的水平息息相关. 但不排除有时候

发现问题反而更值得称道. 例如，数学家希尔伯特在 19 世纪与 20 世纪之交提出了数学领域的 23 个问题，为当时数学研究的方向提供了非常有益的导向，这就比成功解决其中某一个问题的意义更大.

在一门学科发展的早期，解决问题往往更重要. 因为这一阶段很容易提出大量问题，学科的未来走向很不明朗. 此时，解决其中的某个问题就能在一定程度上明确学科的发展趋势，并带动其他问题的解决. 随着学科的发展，二者的地位逐渐对调——已有的问题被逐个解决，新问题的发现越来越难. 而解决问题的手段越来越多，难度相对降低.

发现问题往往需要对研究对象有更深的洞察力和更高的领悟力，解决问题则偏重于一些专门化的技术和技巧. 所以不同的人、不同的阶段这两方面的能力也就不同.

发现问题是根本，解决问题是终点，这二者构成了人们认识世界的两个环节. 不针对具体场合，说其中哪一个更重要是没有意义的. 也许可以认为，缺乏的才是更重要的！

第 3 章 哈密顿力学

本章是分析力学的进一步研究的内容. 如果说拉格朗日力学让我们初尝了分析力学的滋味，那么哈密顿力学才能让我们品到分析力学的精髓. 通过一系列的物理思辨和数学手段，分析力学与牛顿力学渐行渐远，越来越抽象化，越来越不局限于力学系统.

3.1 哈密顿正则方程

拉格朗日力学采用广义坐标和广义速度来描述一个体系的力学状态，对具有 s 自由度的体系，可以由拉格朗日方程得到 s 个关于广义坐标的二阶微分方程组. 它们与牛顿力学所得的微分方程具有相同的阶数，甚至可能具有相同的形式. 如果从历史的逻辑来看，这是丝毫不应该觉得奇怪的——从旧事物中产生的新事物，自然带有旧事物的一些特性.

但这样的状况并不意味着分析力学不能走得更远，因为没有任何先验的理由表明，拉格朗日力学是唯一的分析力学体系. 一种可能的思路是：在拉格朗日力学体系中，广义坐标和广义速度是基本动力学变量. 如果将广义速度代之以广义动量，即采用广义坐标和广义动量作为新的基本动力学变量，能否建立一种新的分析力学体系？由以后的分析知，这种新的研究方法将得到 $2s$ 个一阶微分方程. 尽管这种对微分方程的降阶一般并不能真正简化求解过程，甚至经常不如构建拉格朗日方程那样简捷，但由于新的微分方程对于广义坐标和广义动量具有高度对称性，所以可以将广义动量视为广义坐标的一种，于是原则上就能对广义坐标和广义动量作联合变换. 变换空间的扩大使得新体系的理论方法更具实用性和普适性，前一性质表现在有可能找到更多的运动积分，简化问题求解；而后一性质表现在更适于讨论力学的普遍问题，也更便于移植到其他学科.

本节将从拉格朗日方程和哈密顿原理出发，分别导出正则方程；并介绍兼有拉格朗日方程和哈密顿方程优点的劳斯方程；最后给出几个求解实例.

3.1.1 勒让德变换与哈密顿正则方程

我们可以经过不同途径建立这一新的体系，一种很自然的想法就是从拉格朗日方程出发，将独立变量从广义坐标和广义速度变为广义坐标和广义动量. 但如果保持拉格朗日函数不变，仅仅作一个变量代换，则拉格朗日函数对新变量偏导数的表达式不够简单（见下面具体分析），这将导致新的运动方程比拉格朗日方程复杂. 这种局面显然不是我们愿意面对的. 好在数学家已经找到了勒让德变换，按照该变换由拉格朗日函数构造新的特征函数，就能保证新特征函数对新独立变量偏导数的形式足够简单，进而得到好用的新动力学方程.

1. 勒让德变换

先介绍两个变量的情况. 设 $f=f(x,y)$，则

$$\mathrm{d}f = u\mathrm{d}x + v\mathrm{d}y \tag{3.1.1}$$

其中

$$u = \frac{\partial f}{\partial x}, \quad v = \frac{\partial f}{\partial y} \tag{3.1.2}$$

这里我们以 x 和 y 为独立变量. 实际上，也可以将 u 和 y 作为独立变量. u 称为 x 的**共轭变量**. 这时

$$x = x(u,y), \quad v = v(u,y) \tag{3.1.3}$$

为避免混淆，以 u 和 y 为独立的自变量的函数 f 记作 $\overline{f}(u,y)$，即

$$\overline{f}(u,y) = f[x(u,y),y] \tag{3.1.4}$$

但是此函数对 u 和 y 的偏导数显然不像式(3.1.2)那样简单

$$\frac{\partial \overline{f}(u,y)}{\partial u} = \frac{\partial f}{\partial x}\frac{\partial x}{\partial u} = u\frac{\partial x}{\partial u}, \quad \frac{\partial \overline{f}(u,y)}{\partial y} = \frac{\partial f}{\partial x}\frac{\partial x}{\partial y} + \frac{\partial f}{\partial y} = u\frac{\partial x}{\partial y} + v \tag{3.1.5}$$

尝试引入新函数

$$g = -f + ux \tag{3.1.6}$$

则其微分形式为

$$\mathrm{d}g = -\mathrm{d}f + \mathrm{d}(ux) = -(u\mathrm{d}x + v\mathrm{d}y) + (x\mathrm{d}u + u\mathrm{d}x) = x\mathrm{d}u - v\mathrm{d}y \tag{3.1.7}$$

所以

$$x = \frac{\partial g}{\partial u}, \quad v = -\frac{\partial g}{\partial y} \tag{3.1.8}$$

可见新函数 g 的引入的确达到了使它对新变量 u 的偏导数足够简单这一目的，而且偏导结果恰为旧变量 x. 也就是说，对于新函数 g，新旧变量 u 和 x 的地位恰好互换. 将原有的独立变量的一部分或全部改用相应的共轭变量，这种独立变量的变换称为**勒让德变换**. 我们也称 g 是 f 相对于变量 x 的勒让德变换.

类似地，还可以作以下两种勒让德变换，即

$$x,y \to x,v, \quad g' = -f + vy \tag{3.1.9}$$

$$x,y \to u,v, \quad g'' = -f + ux + vy \tag{3.1.10}$$

从两变量情形推广到多变量情形是直接的. 对于多变量函数 $f(x_1, x_2, \cdots, x_s; y_1, y_2, \cdots, y_s)$，如果

$$u_\alpha = \frac{\partial f}{\partial x_\alpha}, \quad v_\alpha = \frac{\partial f}{\partial y_\alpha}, \quad \alpha = 1, 2, \cdots, s \tag{3.1.11}$$

则其勒让德变换为

$$g = -f + \sum_{\alpha=1}^{s} u_\alpha x_\alpha \tag{3.1.12}$$

它对新独立变量 u_α 的偏导数及对 y_α 的偏导数有如下简单的形式：

$$x_\alpha = \frac{\partial g}{\partial u_\alpha}, \quad v_\alpha = -\frac{\partial g}{\partial y_\alpha}, \quad \alpha = 1, 2, \cdots, s \tag{3.1.13}$$

2. 哈密顿正则方程的导出

将多变量情形的勒让德变换施加在保守体系的拉格朗日函数 $L(q, \dot{q}, t)$ 上，引入式(3.1.12)形式的**哈密顿函数**

$$H(p, q, t) = \sum_{\alpha=1}^{s} \dot{q}_\alpha p_\alpha - L(q, \dot{q}, t) \tag{3.1.14}$$

其两边的微分形式分别为

$$\mathrm{d}H = \sum_{\alpha=1}^{s} \left(\frac{\partial H}{\partial p_\alpha} \mathrm{d}p_\alpha + \frac{\partial H}{\partial q_\alpha} \mathrm{d}q_\alpha \right) + \frac{\partial H}{\partial t} \mathrm{d}t \tag{3.1.15}$$

$$\mathrm{d}\left[\sum_{\alpha=1}^{s} \dot{q}_\alpha p_\alpha - L(q, \dot{q}, t) \right] = \sum_{\alpha=1}^{s} \left(\dot{q}_\alpha \mathrm{d}p_\alpha + p_\alpha \mathrm{d}\dot{q}_\alpha - \frac{\partial L}{\partial q_\alpha} \mathrm{d}q_\alpha - \frac{\partial L}{\partial \dot{q}_\alpha} \mathrm{d}\dot{q}_\alpha \right) - \frac{\partial L}{\partial t} \mathrm{d}t \tag{3.1.16}$$

考虑到广义动量的定义

$$p_\alpha = \frac{\partial L}{\partial \dot{q}_\alpha} \tag{3.1.17}$$

并根据拉格朗日方程可得

$$\frac{\partial L}{\partial q_\alpha} = \frac{\mathrm{d}}{\mathrm{d}t} \frac{\partial L}{\partial \dot{q}_\alpha} = \dot{p}_\alpha \tag{3.1.18}$$

则式(3.1.16)可简化成

$$\mathrm{d}\left[\sum_{\alpha=1}^{s} \dot{q}_\alpha p_\alpha - L(q, \dot{q}, t) \right] = \sum_{\alpha=1}^{s} (\dot{q}_\alpha \mathrm{d}p_\alpha - \dot{p}_\alpha \mathrm{d}q_\alpha) - \frac{\partial L}{\partial t} \mathrm{d}t \tag{3.1.19}$$

将式(3.1.15)和上式比较可得

$$\dot{q}_\alpha = \frac{\partial H}{\partial p_\alpha}, \quad \dot{p}_\alpha = -\frac{\partial H}{\partial q_\alpha}, \quad \alpha = 1, 2, \cdots, s \tag{3.1.20}$$

$$\frac{\partial H}{\partial t} = -\frac{\partial L}{\partial t} \tag{3.1.21}$$

式(3.1.20)是含有 $2s$ 个未知数 $p_1, p_2, \cdots, p_s$ 和 $q_1, q_2, \cdots, q_s$ 的一阶微分方程组. 除了正负号的差别，这些方程在形式上关于 p_α 和 q_α 具有高度对称性，故

而称其为哈密顿正则方程，简称正则方程．相应地，把同一下标的广义坐标和广义动量称为正则共轭量．这种形式的正则方程适用于保守体系或包含广义势的体系．式(3.1.21)则表明，哈密顿函数与拉格朗日函数对时间的偏导数互为相反数．由于与拉格朗日方程的地位相当，正则方程也可以用来求解物体的运动．

当以直截了当的方式应用哈密顿表述时，通常并不会在实质上减少求解任何给定力学问题的困难，我们去求解的方程实际上与拉格朗日方法所提供的方程等价，从步骤上看往往更烦琐．哈密顿表述的精妙之处并不在于把它作为计算工具，而在于它提供了对力学形式结构的更深刻的洞察力．赋予作为独立变量的广义坐标和广义动量以同等的地位，使我们在选择标志为"坐标"和"动量"的物理量时有更大的自由．

由于广义动量的形式往往不能事先明确，所以采用正则方程求解问题时还需要拉格朗日力学的辅助．一般步骤为：首先写出系统的拉格朗日函数 $L(q,\dot{q},t)$，由此得到作为广义速度函数的广义动量，从中反解出以广义动量表达的广义速度；随后将式(3.1.14)中所有的广义速度换成广义动量，构造以广义坐标和广义动量为基本独立参量的哈密顿函数；最后利用正则方程得到 $2s$ 个一阶微分运动方程．

3.1.2 哈密顿原理与哈密顿正则方程

我们也可以从哈密顿原理(最小作用量原理)导出哈密顿正则方程．利用哈密顿函数和拉格朗日函数之间的关系式(3.1.14)，哈密顿原理可改写成

$$\delta\int_{t_1}^{t_2} L\mathrm{d}t = \delta\int_{t_1}^{t_2}\left(\sum_\alpha p_\alpha\dot{q}_\alpha - H\right)\mathrm{d}t = 0 \tag{3.1.22}$$

对上式进行变分运算，则有

$$\int_{t_1}^{t_2}\sum_\alpha\left(p_\alpha\delta\dot{q}_\alpha + \dot{q}_\alpha\delta p_\alpha - \frac{\partial H}{\partial q_\alpha}\delta q_\alpha - \frac{\partial H}{\partial p_\alpha}\delta p_\alpha\right)\mathrm{d}t = 0 \tag{3.1.23}$$

由第 1 章中的式(1.3.5)，变分和微分可以交换顺序，所以

$$\delta\dot{q}_\alpha = \frac{\mathrm{d}}{\mathrm{d}t}\delta q_\alpha \tag{3.1.24}$$

于是式(3.1.23)左边的第一项变为

$$\int_{t_1}^{t_2}\sum_\alpha p_\alpha\delta\dot{q}_\alpha\mathrm{d}t = \int_{t_1}^{t_2}\sum_\alpha p_\alpha\frac{\mathrm{d}}{\mathrm{d}t}\delta q_\alpha\mathrm{d}t \tag{3.1.25}$$

对上式分部积分，有

$$\int_{t_1}^{t_2}\sum_\alpha p_\alpha\frac{\mathrm{d}}{\mathrm{d}t}\delta q_\alpha\mathrm{d}t = \sum_\alpha p_\alpha\delta q_\alpha\Big|_{t_1}^{t_2} - \int_{t_1}^{t_2}\sum_\alpha\delta q_\alpha\mathrm{d}p_\alpha = -\int_{t_1}^{t_2}\sum_\alpha\dot{p}_\alpha\delta q_\alpha\mathrm{d}t \tag{3.1.26}$$

由于 δq_α 在 t_1 和 t_2 处为零，所以上式第一个等号后边的第一项为零．将上式

代入式(3.1.23)中，并调整各项顺序得

$$\int_{t_1}^{t_2}\sum_{\alpha}\left[\left(\dot{q}_\alpha-\frac{\partial H}{\partial p_\alpha}\right)\delta p_\alpha-\left(\dot{p}_\alpha+\frac{\partial H}{\partial q_\alpha}\right)\delta q_\alpha\right]\mathrm{d}t=0 \tag{3.1.27}$$

如果 δq_α 和 δp_α 彼此独立，则立即得到哈密顿正则方程(3.1.20)．但要注意，这里我们的讨论是在位形空间进行的．由于 δp_α 与 $\delta\dot{q}_\alpha$ 有关，而 $\delta\dot{q}_\alpha$ 与 δq_α 并不独立（回忆在1.3.1小节中导出欧拉方程时，y 与 y' 不独立），所以 δp_α 与 δq_α 也就不独立，不能直接令式(3.1.27)中 δp_α 和 δq_α 的系数各自为零．但根据前述的勒让德变换可知 $\dot{q}_\alpha=\partial H/\partial p_\alpha$，所以式(3.1.27)左边 δp_α 的系数自然为零，只剩下彼此独立的含 δq_α 的部分，于是 δq_α 的系数必须为零．至此哈密顿正则方程的两组式子均已导出．当然，这种推导方法与前面纯粹的勒让德变换推导方法相比，略显笨拙．

另一种方法从相空间哈密顿原理出发．原始的哈密顿原理是在由广义坐标所张成的位形空间中，由两端给定的各种虚运动中选出真实的运动．而相空间哈密顿原理则是在由广义坐标和广义动量共同张成的相空间中，由两端固定的各种虚运动中选出真实的运动．其数学表述为

$$\delta S=\delta\int_{t_1}^{t_2}\sum_{\alpha=1}^{s}p_\alpha\dot{q}_\alpha-H(q_1,q_2,\cdots,q_s;p_1,p_2,\cdots,p_s;t)\mathrm{d}t=0 \tag{3.1.28}$$

上式中的广义速度不再是独立变量，需要以广义动量和广义坐标表达．以下的步骤与位形空间的推导一样，直到式(3.1.27)．但此时的 δp_α 和 δq_α 彼此独立，所以 δp_α 和 δq_α 的系数必须都是零，因而得到

$$\dot{q}_\alpha=\frac{\partial H}{\partial p_\alpha},\quad \dot{p}_\alpha=-\frac{\partial H}{\partial q_\alpha} \tag{3.1.29}$$

在哈密顿力学中，相空间内广义坐标与广义动量的独立性是一个非常重要的性质，在接下来的内容中会屡次遇到．

3.1.3 循环坐标和劳斯方法

如果某个 q_α 在哈密顿函数中不出现，根据哈密顿方程(3.1.20)，$\dot{p}_\alpha=-\partial H/\partial q_\alpha=0$，则 p_α 为与时间无关的常数，即与坐标 q_α 共轭的动量 p_α 是运动积分，也称循环积分．相应地，我们把哈密顿函数中不显含的 q_α 称为循环坐标．

1. 哈密顿正则方程和拉格朗日方程中循环坐标的关系

由式(3.1.14)和(3.1.20)的关系式可知，哈密顿函数和拉格朗日函数总是同时显含或不显含某个 q_α 的，所以如果 q_α 是哈密顿正则方程的循环坐标，则它也是拉格朗日方程的循环坐标，反之亦然．此时，两套体系里的广义动量均为运动积分．

但这两个方程在处理循环坐标上却有原则上的差别：哈密顿正则方程中广义坐标和广义动量是对称的独立变量，循环坐标 q_α 导致其共轭的广义动量 p_α 守恒，

退化为一个常数，因而减少了一对独立变量，自由度从 s 减为 $s-1$①. 而拉格朗日方程的独立变量是广义坐标和广义速度，尽管与循环坐标 q_α 相对应的广义动量 p_α 守恒，但对应的广义速度 $\dot{q}_\alpha$ 却未必是常数，因而自由度仍为 s. 关于这一点，一个典型的例子就是在有心力问题中，θ 是循环坐标，与之共轭的广义动量即角动量 $mr^2\dot{\theta}$ 守恒，但由于 r 不是常数，所以广义速度 $\dot{\theta}$ 也就不是常数了.

2. 劳斯方法

为了充分利用循环坐标对哈密顿正则方程带来的简化，又尽量发挥拉格朗日方程求解非循环坐标的便捷，可引入劳斯方法.

设循环坐标为 $q_1, \cdots, q_m$，定义**劳斯函数**

$$R(q_1,q_2,\cdots,q_s;p_1,p_2,\cdots,p_m;\dot{q}_{m+1},\cdots,\dot{q}_s;t)=\sum_{\alpha=1}^{m}p_\alpha\dot{q}_\alpha-L \quad (3.1.30)$$

实际上 R 的自变量中应该没有循环坐标，但为讨论方便，先在形式上保留它们，最后再去掉. 上式的左边和右边求微分，则分别有

$$\mathrm{d}R=\sum_{\alpha=1}^{m}\frac{\partial R}{\partial p_\alpha}\mathrm{d}p_\alpha+\sum_{\alpha=m+1}^{s}\frac{\partial R}{\partial \dot{q}_\alpha}\mathrm{d}\dot{q}_\alpha+\sum_{\alpha=1}^{s}\frac{\partial R}{\partial q_\alpha}\mathrm{d}q_\alpha+\frac{\partial R}{\partial t}\mathrm{d}t \quad (3.1.31)$$

$$\begin{aligned}\mathrm{d}\left[\sum_{\alpha=1}^{m}p_\alpha\dot{q}_\alpha-L\right]&=\sum_{\alpha=1}^{m}(\dot{q}_\alpha\mathrm{d}p_\alpha+p_\alpha\mathrm{d}\dot{q}_\alpha)-\sum_{\alpha=1}^{s}\left(\frac{\partial L}{\partial \dot{q}_\alpha}\mathrm{d}\dot{q}_\alpha+\frac{\partial L}{\partial q_\alpha}\mathrm{d}q_\alpha\right)-\frac{\partial L}{\partial t}\mathrm{d}t\\&=\sum_{\alpha=1}^{m}(\dot{q}_\alpha\mathrm{d}p_\alpha-\dot{p}_\alpha\mathrm{d}q_\alpha)-\sum_{\alpha=m+1}^{s}\left(\frac{\partial L}{\partial \dot{q}_\alpha}\mathrm{d}\dot{q}_\alpha+\frac{\partial L}{\partial q_\alpha}\mathrm{d}q_\alpha\right)-\frac{\partial L}{\partial t}\mathrm{d}t\end{aligned} \quad (3.1.32)$$

第二式的推导中利用了式(3.1.17)和(3.1.18). 比较上面两个式子，对前 m 个下标来说，$\mathrm{d}q_\alpha$ 和 $\mathrm{d}p_\alpha$ 独立，所以有

$$\frac{\partial R}{\partial p_\alpha}=\dot{q}_\alpha,\quad \frac{\partial R}{\partial q_\alpha}=-\dot{p}_\alpha,\quad \alpha=1,2,\cdots,m \quad (3.1.33)$$

对后 $s-m$ 个下标来说，$\mathrm{d}q_\alpha$ 和 $\mathrm{d}\dot{q}_\alpha$ 独立，所以有

$$\frac{\partial R}{\partial \dot{q}_\alpha}=-\frac{\partial L}{\partial \dot{q}_\alpha},\quad \frac{\partial R}{\partial q_\alpha}=-\frac{\partial L}{\partial q_\alpha},\quad \alpha=m+1,\cdots,s \quad (3.1.34)$$

可见，关于坐标 $q_1,\cdots,q_m$ 的方程(3.1.33)取哈密顿正则方程的形式，R 的行为同于哈密顿函数；而方程(3.1.34)表明其余坐标满足

$$\frac{\mathrm{d}}{\mathrm{d}t}\left(\frac{\partial R}{\partial \dot{q}_\alpha}\right)-\frac{\partial R}{\partial q_\alpha}=0,\quad \alpha=m+1,\cdots,s \quad (3.1.35)$$

这里 R 的行为又同于拉格朗日函数！

---

① 所以在哈密顿方程中，循环坐标是可以“遗弃”的，故而又称之为**可遗坐标**.

由于实际的劳斯函数不含有循环坐标，所以式(3.1.33)的第二式为零，相应的广义动量守恒，变成了普通参数$\beta_1,\cdots,\beta_m$. 劳斯函数中的变量只剩下$s-m$个非循环坐标及它们的广义速度

$$R=R(q_{m+1},\cdots,q_s;\dot{q}_{m+1},\cdots,\dot{q}_s;\beta_1,\cdots,\beta_m;t) \tag{3.1.36}$$

3.1.4 应用举例

例 3.1

刚度系数为k的弹簧一端固定，另一端连接质量为m的滑块，滑块在水平面上无摩擦滑动. 求该体系的哈密顿正则方程.

解 以平衡位置为原点建立x轴，则振子体系的动能和势能分别是

$$T=\frac{1}{2}m\dot{x}^2,\quad V=\frac{1}{2}kx^2 \tag{1}$$

拉格朗日函数为

$$L=T-V=\frac{1}{2}m\dot{x}^2-\frac{1}{2}kx^2 \tag{2}$$

广义动量

$$p=\frac{\partial L}{\partial \dot{x}}=m\dot{x} \tag{3}$$

所以哈密顿函数

$$H=p\dot{x}-L=\frac{1}{2}m\dot{x}^2+\frac{1}{2}kx^2=\frac{p^2}{2m}+\frac{1}{2}kx^2 \tag{4}$$

最终得哈密顿正则方程

$$\dot{x}=\frac{\partial H}{\partial p}=\frac{p}{m},\quad \dot{p}=-\frac{\partial H}{\partial x}=-kx \tag{5}$$

这两个一阶微分方程消去变量p后化成

$$m\ddot{x}+kx=0 \tag{6}$$

与拉格朗日方法或牛顿方法所得结果相同.

另外，在本题中，体系受定常约束，哈密顿函数就是体系总能量，所以也可以不借助于式(3.1.14)，直接给出$H=T+V$.

例 3.2

写出开普勒问题的哈密顿正则方程.

解 开普勒问题就是质点在万有引力场中的运动问题. 在1.5.4小节我们已经

证明这是一个平面运动，所以不必在三维空间，而只是采用二维的极坐标就能完全描述．该体系的动能和势能分别为

$$T=\frac{1}{2}m(\dot{r}^2+r^2\dot{\theta}^2),\quad V=-\frac{\mu m}{r} \tag{1}$$

其中 μ 为比例常数．拉格朗日函数为

$$L=T-V=\frac{1}{2}m(\dot{r}^2+r^2\dot{\theta}^2)+\frac{\mu m}{r} \tag{2}$$

广义动量

$$p_r=\frac{\partial L}{\partial \dot{r}}=m\dot{r},\quad p_\theta=\frac{\partial L}{\partial \dot{\theta}}=mr^2\dot{\theta} \tag{3}$$

所以

$$\dot{r}=\frac{p_r}{m},\quad \dot{\theta}=\frac{p_\theta}{mr^2} \tag{4}$$

该体系哈密顿函数即总能量

$$H=T+V=\frac{1}{2}m(\dot{r}^2+r^2\dot{\theta}^2)-\frac{\mu m}{r}=\frac{p_r^2}{2m}+\frac{p_\theta^2}{2mr^2}-\frac{\mu m}{r} \tag{5}$$

最终得哈密顿正则方程

$$\begin{cases}\dot{r}=\dfrac{\partial H}{\partial p_r}=\dfrac{p_r}{m}\\ \dot{p}_r=-\dfrac{\partial H}{\partial r}=\dfrac{p_\theta^2}{mr^3}-\dfrac{\mu m}{r^2}\end{cases},\quad \begin{cases}\dot{\theta}=\dfrac{\partial H}{\partial p_\theta}=\dfrac{p_\theta}{mr^2}\\ \dot{p}_\theta=-\dfrac{\partial H}{\partial \theta}=0\end{cases} \tag{6}$$

由于 p_θ 对时间的微商为零，所以 p_θ 是与时间无关的参量，设为 β．则体系的哈密顿函数简化为

$$H=\frac{p_r^2}{2m}+\frac{\beta^2}{2mr^2}-\frac{\mu m}{r} \tag{7}$$

可见，循环坐标 θ 的出现，导致哈密顿函数的变量由 4 下降为 2，自由度从 2 减为 1.

例 3.3

用劳斯方法求开普勒问题的运动方程.

解 鉴于 θ 是循环坐标，建立劳斯函数如下：

$$R=p_\theta\dot{\theta}-L=p_\theta\dot{\theta}-\frac{1}{2}m(\dot{r}^2+r^2\dot{\theta}^2)-\frac{\mu m}{r}=-\frac{1}{2}m\dot{r}^2+\frac{\beta^2}{2mr^2}-\frac{\mu m}{r} \tag{1}$$

所以

$$\frac{\mathrm{d}}{\mathrm{d}t}\frac{\partial R}{\partial \dot{r}}=-\frac{\mathrm{d}}{\mathrm{d}t}(m\dot{r})=-m\ddot{r},\quad \frac{\partial R}{\partial r}=-\frac{\beta^2}{mr^3}+\frac{\mu m}{r^2} \tag{2}$$

将上式代入式(3.1.35)得

$$-m\ddot{r}+\frac{\beta^2}{mr^3}-\frac{\mu m}{r^2}=0 \tag{3}$$

例 3.4

求相对论粒子的哈密顿函数.

解 在 1.4.2 小节中，已经得到相对论粒子的拉格朗日函数为

$$L=m_0c^2(1-\sqrt{1-\beta^2})-V \tag{1}$$

所以

$$\begin{aligned}H&=\boldsymbol{p}\cdot\boldsymbol{v}-L=\frac{m_0c^2\beta^2}{\sqrt{1-\beta^2}}-m_0c^2(1-\sqrt{1-\beta^2})+V\\&=m_0c^2\left(\frac{1}{\sqrt{1-\beta^2}}-1\right)+V=\sqrt{p^2c^2+m_0^2c^4}-m_0c^2+V\end{aligned} \tag{2}$$

可见在相对论情形，尽管拉格朗日函数不能写成 $T-V$ 的形式，但哈密顿函数还是能写成 $T+V$ 形式的. 当 $\beta\ll1$ 时，上式能够回到非相对论情形

$$H=\frac{p^2}{2m_0}+V \tag{3}$$

例 3.5

给出带电粒子在电磁场中的哈密顿函数.

解 在 2.4 节中，我们已经得到非相对论带电粒子在电磁场中的拉格朗日函数为

$$L=\frac{1}{2}mv^2-e\varphi+e\boldsymbol{A}\cdot\boldsymbol{v} \tag{1}$$

其正则动量为

$$\boldsymbol{p}=m\boldsymbol{v}+e\boldsymbol{A} \tag{2}$$

所以

$$H=\boldsymbol{p}\cdot\boldsymbol{v}-L=\frac{1}{2}mv^2+e\varphi=\frac{(\boldsymbol{p}-e\boldsymbol{A})^2}{2m}+e\varphi \tag{3}$$

在相对论情形，带电粒子在电磁场中的拉格朗日函数为

$$L=m_0c^2(1-\sqrt{1-\beta^2})-e\varphi+e\boldsymbol{A}\cdot\boldsymbol{v} \tag{4}$$

因为

$$\frac{\partial\beta^2}{\partial v}=\frac{2v}{c^2} \tag{5}$$

所以正则动量为

$$\boldsymbol{p}=\frac{\partial L}{\partial \boldsymbol{v}}=\frac{m_0c^2}{2\sqrt{1-\beta^2}}\frac{\partial\beta^2}{\partial \boldsymbol{v}}+e\boldsymbol{A}\cdot\boldsymbol{v}=\frac{m_0\boldsymbol{v}}{\sqrt{1-\beta^2}}+e\boldsymbol{A} \tag{6}$$

由此可推得

$$\begin{aligned}H&=\boldsymbol{p}\cdot\boldsymbol{v}-L=\frac{m_0\boldsymbol{v}^2}{\sqrt{1-\beta^2}}+e\boldsymbol{A}\cdot\boldsymbol{v}-m_0c^2(1-\sqrt{1-\beta^2})+e\varphi-e\boldsymbol{A}\cdot\boldsymbol{v}\\&=m_0c^2\left(\frac{1}{\sqrt{1-\beta^2}}-1\right)+e\varphi=\sqrt{(\boldsymbol{p}-e\boldsymbol{A})^2c^2+m_0^2c^4}-m_0c^2+e\varphi\end{aligned} \tag{7}$$

3.2 泊松括号

在3.1节中我们介绍了哈密顿正则方程，该方法通过哈密顿函数来导出系统的力学性质，除了哈密顿正则方程之外，哈密顿力学还可以用泊松括号来描述. 不仅如此，泊松括号理论还能给我们提供一些处理经典力学问题的特定方法.

3.2.1 泊松括号的定义和性质

1. 泊松括号的引入

设 $f(q,p,t)$ 是保守完整系统力学状态的某一函数，它对时间的全微商

$$\frac{\mathrm{d}f}{\mathrm{d}t}=\frac{\partial f}{\partial t}+\sum_{\alpha=1}^{s}\left(\frac{\partial f}{\partial q_\alpha}\dot{q}_\alpha+\frac{\partial f}{\partial p_\alpha}\dot{p}_\alpha\right) \tag{3.2.1}$$

利用哈密顿正则方程(3.1.20)，上式改写为

$$\frac{\mathrm{d}f}{\mathrm{d}t}=\frac{\partial f}{\partial t}+\sum_{\alpha=1}^{s}\left(\frac{\partial f}{\partial q_\alpha}\frac{\partial H}{\partial p_\alpha}-\frac{\partial f}{\partial p_\alpha}\frac{\partial H}{\partial q_\alpha}\right) \tag{3.2.2}$$

定义泊松括号为

$$[f,H]\triangleq\sum_{\alpha=1}^{s}\left(\frac{\partial f}{\partial q_\alpha}\frac{\partial H}{\partial p_\alpha}-\frac{\partial f}{\partial p_\alpha}\frac{\partial H}{\partial q_\alpha}\right) \tag{3.2.3}$$

则式(3.2.2)可以简记为

$$\frac{\mathrm{d}f}{\mathrm{d}t}=\frac{\partial f}{\partial t}+[f,H] \tag{3.2.4}$$

更一般的泊松括号定义为

$$[u,v] \triangleq \sum_{\alpha=1}^{s}\left(\frac{\partial u}{\partial q_\alpha}\frac{\partial v}{\partial p_\alpha}-\frac{\partial u}{\partial p_\alpha}\frac{\partial v}{\partial q_\alpha}\right) \tag{3.2.5}$$

其中 u 和v 可以是以广义坐标、广义动量和时间为自变量的任意力学量.

2. 泊松括号的基本性质

(1) 反对称性，即两个变量交换顺序后泊松括号变号

$$[u,v]=-[v,u] \tag{3.2.6}$$

(2) 偏导性质

$$\frac{\partial}{\partial x}[u,v]=\left[\frac{\partial u}{\partial x},v\right]+\left[u,\frac{\partial v}{\partial x}\right] \tag{3.2.7}$$

(3) 分配律

$$[u,v+w]=[u,v]+[u,w] \tag{3.2.8}$$

(4) 结合律

$$[u,vw]=[u,v]w+v[u,w] \tag{3.2.9}$$

(5) 涉及广义坐标和广义动量的泊松括号

$$[q_\alpha,q_\beta]=0,\quad [p_\alpha,p_\beta]=0,\quad [q_\alpha,p_\beta]=\delta_{\alpha\beta} \tag{3.2.10}$$

$$[q_\alpha,f]=\frac{\partial f}{\partial p_\alpha},\quad [p_\alpha,f]=-\frac{\partial f}{\partial q_\alpha} \tag{3.2.11}$$

这 5 个性质的证明比较直接，作为课后习题.

量子力学中的基本对易子

$$[q_\alpha,q_\beta]_{\mathrm{qu}}=0,\quad [p_\alpha,p_\beta]_{\mathrm{qu}}=0,\quad [q_\alpha,p_\beta]_{\mathrm{qu}}=\mathrm{i}\hbar\delta_{\alpha\beta} \tag{3.2.12}$$

与这里的基本泊松括号式(3.2.10)仅仅差了一个比例因子. 对易子是泊松括号在量子力学中的拓展，在量子力学中是非常重要的基本运算.

(6) 泊松恒等式，或称雅可比恒等式

$$[u,[v,w]]+[v,[w,u]]+[w,[u,v]]=0 \tag{3.2.13}$$

该性质的证明较复杂，详见附录第 2 部分.

(7) 泊松括号相对于正则变换的不变性：当广义动量和广义坐标由 p_α 和 q_α 换成另一组正则变量 P_β 和 Q_β 时，泊松括号的值不变，即

$$[u,v]_{p,q}=[u,v]_{P,Q} \tag{3.2.14}$$

该性质涉及正则变换，其证明详见 3.3.4 小节.

3.2.2 泊松括号的应用

1. 以泊松括号表示的运动方程

当采用泊松括号后，力学量 $f(q, p, t)$ 随时间变化的动力学规律可表述为

式(3.2.4). 特别是，如果力学量只与广义坐标和广义动量有关，而不显含时间，则该式简化为

$$\dot{f}=[f,H] \tag{3.2.15}$$

一个有意义的特例是，当 $f=q_\alpha$ 或者 $f=p_\alpha$ 时，上式分别变为

$$\dot{q}_\alpha=[q_\alpha,H],\quad \dot{p}_\alpha=[p_\alpha,H],\quad \alpha=1,2,\cdots,s \tag{3.2.16}$$

它们正是哈密顿正则方程！值得一提的是，在以泊松括号的形式表述的运动方程中，广义动量和广义坐标完全对称.

2. 运动积分与泊松括号

根据式(3.2.4)，力学量 $f(q,p,t)$是系统运动积分的充要条件是

$$\frac{\partial f}{\partial t}+[f,H]=0 \tag{3.2.17}$$

如果 f 不显含时间，则此条件简化为

$$[f,H]=0 \tag{3.2.18}$$

这就是说，不显含时间的力学量成为运动积分的充要条件是它与系统哈密顿量的泊松括号为零.

作为一个特例，当系统的哈密顿量不显含时间时，显然有

$$\dot{H}=[H,H]=0 \tag{3.2.19}$$

所以此时系统的哈密顿量一定守恒.

又如，如果哈密顿函数不显含某广义坐标 q_α，则

$$\begin{aligned}[p_\alpha,H]&=\sum_{\beta=1}^{s}\left(\frac{\partial p_\alpha}{\partial q_\beta}\frac{\partial H}{\partial p_\beta}-\frac{\partial p_\alpha}{\partial p_\beta}\frac{\partial H}{\partial q_\beta}\right)\\&=\sum_{\beta=1}^{s}\left(0-\delta_{\alpha\beta}\frac{\partial H}{\partial q_\beta}\right)=-\frac{\partial H}{\partial q_\alpha}=0\end{aligned} \tag{3.2.20}$$

可见与循环坐标 q_α 共轭的广义动量 p_α 是运动积分.

3. 泊松定理

泊松括号理论不只是再现哈密顿正则方法已经得到的规律，由它还可以发现新的规律. **泊松定理**指出，如果 $u(q,p,t)$和 $v(q,p,t)$是某系统的两个运动积分，则由它们组成的泊松括号也是运动积分，即$[u,v]=\text{const}$.

证明 $\dfrac{\mathrm{d}}{\mathrm{d}t}[u,v]=\dfrac{\partial}{\partial t}[u,v]+[[u,v],H]=\left[\dfrac{\partial u}{\partial t},v\right]+\left[u,\dfrac{\partial v}{\partial t}\right]+[[u,v],H]$

由于 u 和 v 是运动积分，所以

$$\frac{\mathrm{d}u}{\mathrm{d}t}=\frac{\partial u}{\partial t}+[u,H]=0,\quad \frac{\mathrm{d}v}{\mathrm{d}t}=\frac{\partial v}{\partial t}+[v,H]=0$$

即

$$\frac{\partial u}{\partial t}=[H,u],\quad \frac{\partial v}{\partial t}=[H,v]$$

将此式代入第一式中，则

$$\frac{\mathrm{d}}{\mathrm{d}t}[u,v]=[[H,u],v]+[u,[H,v]]+[[u,v],H]$$
$$=-[v,[H,u]]-[u,[v,H]]-[H,[u,v]]$$

根据泊松恒等式，上式为零，所以泊松定理成立.

利用泊松定理，可以从两个已知的运动积分推出新的运动积分，如果新的运动积分独立于其他运动积分，则这种构造方法很有意义.

不过不可能指望两个运动积分的泊松括号总是独立的运动积分，否则将存在无穷多运动积分，这与系统最多只能有 $2s$ 个独立的运动积分矛盾！事实上，按照泊松定理的规则所生成的新泊松括号往往是普通常数，或者是原来运动积分的组合.

例 3.6

设 J_x、J_y 和 J_z 是一个质点对于原点角动量的三个直角分量，J 是总角动量.

(1) 计算泊松括号$[J_x, J_y]$和$[J_x, J]$；

(2) 证明 J_x 和 J_y 不能同时成为这个系统的广义动量；

(3) 如果 J_x 和 J_y 为运动积分，证明 J_z 也是运动积分.

解 (1) 将 J_x 和 J_y 用坐标和动量展开，并利用泊松括号的基本性质计算如下：

$$\begin{aligned}[J_x,J_y]&=[yp_z-zp_y,zp_x-xp_z]\\&=[yp_z,zp_x]+[yp_z,-xp_z]+[-zp_y,zp_x]+[-zp_y,-xp_z]\\&=-yp_x+0+0+xp_y=J_z\end{aligned}\tag{1}$$

根据下标的轮换对称性，$[J_x, J_z]=-J_y$，有

$$\begin{aligned}[J_x,J^2]&=[J_x,J_x^2]+[J_x,J_y^2]+[J_x,J_z^2]\\&=0+2J_y[J_x,J_y]+2J_z[J_x,J_z]\\&=2J_yJ_z+2J_z(-J_y)=0\end{aligned}\tag{2}$$

但另一方面

$$[J_x,J^2]=2J[J_x,J]=0\tag{3}$$

如果 $J\neq 0$，从上式就得出$[J_x, J]=0$；如果 $J=0$，$[J_x, J]=0$ 仍然成立.

(2) 根据基本泊松括号式(3.2.10)，两个广义动量的泊松括号必为零. 而此处 J_x 和 J_y 的泊松括号不为零，所以 J_x 和 J_y 中最多只能有一个可以定义成该系统的广义动量.

而由于$[J_x, J]=0$，所以 J_x 和 J 有可能同时定义为系统的广义动量.

(3) 由于$[J_x,J_y]=J_z$，根据泊松定理，J_z 也是运动积分.

例 3.7

已知哈密顿函数为 $H=p_1p_2+q_1q_2$，证明 $p_1^2+q_2^2$ 和 $p_2^2+q_1^2$ 是守恒量，并由泊松定理导出其他守恒量.

解 这里涉及的所有量均不显含时间. 由于

$$[p_1^2+q_2^2,H]=[p_1^2,q_1q_2]+[q_2^2,p_1p_2]=-2p_1q_2+2p_1q_2=0 \tag{1}$$

$p_1^2+q_2^2$ 守恒，标记为 C_1. 类似地

$$[p_2^2+q_1^2,H]=[p_2^2,q_1q_2]+[q_1^2,p_1p_2]=-2p_2q_1+2p_2q_1=0 \tag{2}$$

$p_2^2+q_1^2$ 也守恒，标记为 C_2. 由泊松定理

$$[p_1^2+q_2^2,p_2^2+q_1^2]=[p_1^2,q_1^2]+[q_2^2,p_2^2]=-4p_1q_1+4p_2q_2 \tag{3}$$

它也是一个守恒量，标记为 $4C_3$. 而

$$[p_1^2+q_2^2,-p_1q_1+p_2q_2]=-[p_1^2,p_1q_1]+[q_2^2,p_2q_2]=2(p_1^2+q_2^2)=2C_1$$
$$[p_2^2+q_1^2,-p_1q_1+p_2q_2]=[p_2^2,p_2q_2]-[q_1^2,p_1q_1]=-2(p_2^2+q_1^2)=-2C_2 \tag{4}$$

还是原来的两个守恒量，可见不会再有新的守恒量.

由于该体系的自由度为 2，所以可有 4 个独立守恒量. 似乎恰好可以用四个运动积分 C_1、C_2 和 C_3，再加上哈密顿量（标记为 C_0）来表达. 但实际上

$$(p_1p_2+q_1q_2)^2+(-p_1q_1+p_2q_2)^2=(p_1^2+q_2^2)(p_2^2+q_1^2) \tag{5}$$

即 $C_0^2+C_3^2=C_1C_2$，仅有三个独立，尚有一个独立守恒量待求.

4. 用泊松括号求解力学量

对于不显含时间的力学量 f，有

$$\frac{\mathrm{d}f}{\mathrm{d}t}=[f,H] \tag{3.2.21}$$

上式对时间持续求导，依次有

$$\frac{\mathrm{d}^2f}{\mathrm{d}t^2}=\left[\frac{\mathrm{d}f}{\mathrm{d}t},H\right]=[[f,H],H] \tag{3.2.22}$$

……

$$\frac{\mathrm{d}^nf}{\mathrm{d}t^n}=[\cdots[[f,H],H],\cdots] \quad (n\text{ 重嵌套}) \tag{3.2.23}$$

于是 $f(t)$ 在 t_0 时刻的泰勒展开式可用逐层嵌套的泊松括号表示，

$$\begin{aligned}f(t)&=f(t_0)+\left.\frac{\mathrm{d}f}{\mathrm{d}t}\right|_{t_0}(t-t_0)+\cdots+\frac{1}{n!}\left.\frac{\mathrm{d}^nf}{\mathrm{d}t^n}\right|_{t_0}(t-t_0)^n+\cdots\\&=f(t_0)+[f,H]|_{t_0}(t-t_0)+\cdots\end{aligned}$$

$$+\frac{1}{n!}[\cdots[[f,H],H],\cdots]|_{t_0}(t-t_0)^n+\cdots \tag{3.2.24}$$

如果 n 重泊松括号的计算结果有简单规律，例如为零或周期性重复等，就可能得到 $f(t)$ 的一般解.

例 3.8

用泊松括号方法求解竖直上抛问题.

解 此问题的哈密顿函数为

$$H=\frac{p^2}{2m}+mgq \tag{1}$$

广义坐标与哈密顿函数的逐层泊松括号计算如下：

$$[q,H]=\left[q,\frac{p^2}{2m}+mgq\right]=\frac{p}{m} \tag{2}$$

$$[[q,H],H]=\left[\frac{p}{m},\frac{p^2}{2m}+mgq\right]=-g \tag{3}$$

$$[[[q,H],H],H]=\left[-g,\frac{p^2}{2m}+mgq\right]=0 \tag{4}$$

可见三重以上的泊松括号全为零，所以

$$\begin{aligned}q(t)&=q(0)+[q,H]|_0 t+\frac{1}{2!}[[q,H],H]|_0 t^2\\&=q(0)+\left.\frac{p}{m}\right|_0 t+\frac{1}{2!}(-g)|_0 t^2\\&=q(0)+\dot{q}(0)t-\frac{1}{2}gt^2\end{aligned} \tag{5}$$

3.3 正则变换

由于哈密顿正则方程赋予广义动量和广义坐标对称的地位，所以我们能在比位形空间维度加倍的相空间中进行坐标变换，这就使得更抽象地表述力学体系成为可能.

3.3.1 正则变换方程

1. 问题的提出

特例 对于有心力问题，当选用极坐标系时，存在一个循环坐标 θ；但如果采用的是直角坐标系，则不存在循环坐标.

普遍的命题 一个体系的循环坐标数目是与广义坐标和广义动量的选择有关系的，且对于一个具体问题，原则上总存在一种特殊的选择，使得所有坐标都是循环的.

一旦找到这套坐标，则所有广义动量守恒，记为

$$p_\alpha = \beta_\alpha,\quad \alpha = 1,2,\cdots,s \tag{3.3.1}$$

其中 β_α 是常数参量. 又因为循环坐标不出现在哈密顿函数中，$H(q,\ p,\ t)=H(\beta,t)$，进而

$$\dot{q}_\alpha = \frac{\partial H(\beta,t)}{\partial \beta_\alpha} = \gamma_\alpha(\beta,t),\quad \alpha = 1,2,\cdots,s \tag{3.3.2}$$

上式对时间积分得

$$q_\alpha = \int \gamma_\alpha \mathrm{d}t,\quad \alpha = 1,2,\cdots,s \tag{3.3.3}$$

至此该体系已经彻底解出.

特别地，当 H 不显含 t 时，γ_α 与时间无关，上式对时间积分得

$$q_\alpha = \gamma_\alpha t + \delta_\alpha,\quad \alpha = 1,2,\cdots,s \tag{3.3.4}$$

其中 δ_α 是由初条件决定的积分常数.

2. 正则变换

我们把从一组坐标 q_α 到另一组坐标 Q_α 的变换 $Q_\alpha = Q_\alpha(q,\ t)$称为**点变换**. 由于在哈密顿表述中广义动量也是与广义坐标具有同等地位的独立变量，所以可以把坐标变换的概念拓展到将广义坐标 q_α 和广义动量 p_α 联合变换到 Q_α 和 P_α 的变换

$$\begin{cases} Q_\alpha = Q_\alpha(q,p,t) \\ P_\alpha = P_\alpha(q,p,t) \end{cases} \tag{3.3.5}$$

并非所有的上述变换都有物理意义，我们希望，变换后存在某函数 $K(Q,\ P,\ t)$，满足新广义坐标和广义动量的哈密顿正则方程

$$\dot{Q}_\alpha = \frac{\partial K}{\partial P_\alpha},\quad \dot{P}_\alpha = -\frac{\partial K}{\partial Q_\alpha} \tag{3.3.6}$$

符合这个条件的变换称为**正则变换**. 函数 K 是新广义坐标和广义动量表示下的哈密顿函数.

下面我们来构造正则变换. 变换前，q_α 和 p_α 满足相空间哈密顿原理

$$\delta \int_{t_1}^{t_2} \left[\sum_\alpha p_\alpha \dot{q}_\alpha - H(q,p,t) \right] \mathrm{d}t = 0 \tag{3.3.7}$$

如果上式左边的被积函数与新正则变量表达下的对应函数只是相差一个任意函数 F 对时间的全微商，即

$$\left[\sum_\alpha p_\alpha \dot{q}_\alpha - H(q,p,t) \right] - \lambda \left[\sum_\alpha P_\alpha \dot{Q}_\alpha - K(Q,P,t) \right] = \frac{\mathrm{d}F}{\mathrm{d}t} \tag{3.3.8}$$

λ 只是一个标度因子，不影响物理实质，所以下文中均取 $\lambda = 1$. 根据式(3.3.7)和

(3.3.8)，在新正则变量表达下

$$\delta\int_{t_1}^{t_2}\left[\sum_\alpha P_\alpha\dot{Q}_\alpha-K(Q,P,t)\right]\mathrm{d}t=-\delta\int_{t_1}^{t_2}\frac{\mathrm{d}F}{\mathrm{d}t}\mathrm{d}t=-\delta\int_{t_1}^{t_2}\mathrm{d}F \tag{3.3.9}$$

在不动边界问题中，$\delta\int_{t_1}^{t_2}\mathrm{d}F=0$，于是新正则变量也满足相空间的哈密顿原理

$$\delta\int_{t_1}^{t_2}\left[\sum_\alpha P_\alpha\dot{Q}_\alpha-K(Q,P,t)\right]\mathrm{d}t=0 \tag{3.3.10}$$

于是式(3.3.8)就是一种**正则变换条件**.

式(3.3.8)可以变形为

$$\sum_\alpha(p_\alpha\mathrm{d}q_\alpha-P_\alpha\mathrm{d}Q_\alpha)+(K-H)\mathrm{d}t=\mathrm{d}F \tag{3.3.11}$$

将微分算符替换为等时变分算符，由于 $\delta t=0$，上式变换为

$$\sum_\alpha(p_\alpha\delta q_\alpha-P_\alpha\delta Q_\alpha)=\delta F \tag{3.3.12}$$

这就是**变分形式的正则变换条件**，处理实际问题时往往比式(3.3.8)更方便.

3. 正则变换的生成函数

如下所证，一旦 F 给定，变换方程(3.3.5)就能完全确定，因此 F 被称为正则变换的**生成函数**，或称**母函数**.

为实现两组正则变量间的变换，F 必须同时与新、旧变量相关. 这样，除时间 t 外，有 $4s$ 个变量可作为生成函数自变量的候选者. 但因为新、旧两组正则变量由 $2s$ 个变换方程(3.3.5)相关联，所以生成函数只能有 $2s$ 个独立变量.

根据独立变量的选择方式，有四种基本形式的生成函数

$$F_1(q,Q,t),\quad F_2(q,P,t),\quad F_3(p,Q,t),\quad F_4(p,P,t) \tag{3.3.13}$$

可以根据问题的不同情况来决定选择何种形式.

式(3.3.11)的微分形式表明，这里的 F 是 q、Q、t 的函数，所以我们先讨论第一类生成函数 $F_1(q, Q, t)$. 正则变换条件式(3.3.11)移项得

$$\sum_\alpha p_\alpha\mathrm{d}q_\alpha-H\mathrm{d}t=\sum_\alpha P_\alpha\mathrm{d}Q_\alpha-K\mathrm{d}t+\mathrm{d}F_1(q,Q,t) \tag{3.3.14}$$

F_1 的全微分

$$\mathrm{d}F_1=\sum_\alpha\frac{\partial F_1}{\partial q_\alpha}\mathrm{d}q_\alpha+\sum_\alpha\frac{\partial F_1}{\partial Q_\alpha}\mathrm{d}Q_\alpha+\frac{\partial F_1}{\partial t}\mathrm{d}t \tag{3.3.15}$$

将上式代入式(3.3.14)并整理得

$$\sum_\alpha\left(p_\alpha-\frac{\partial F_1}{\partial q_\alpha}\right)\mathrm{d}q_\alpha-\sum_\alpha\left(P_\alpha+\frac{\partial F_1}{\partial Q_\alpha}\right)\mathrm{d}Q_\alpha+\left(K-H-\frac{\partial F_1}{\partial t}\right)\mathrm{d}t=0 \tag{3.3.16}$$

由于这里旧坐标 q_α、新坐标 Q_α 及时间参量 t 彼此独立，所以上式中 $\mathrm{d}q_\alpha$、$\mathrm{d}Q_\alpha$ 和 $\mathrm{d}t$ 的系数均为零，即

$$p_\alpha = \frac{\partial F_1}{\partial q_\alpha}, \quad \alpha = 1,2,\cdots,s \tag{3.3.17}$$

$$P_\alpha = -\frac{\partial F_1}{\partial Q_\alpha}, \quad \alpha = 1,2,\cdots,s \tag{3.3.18}$$

$$K = H + \frac{\partial F_1}{\partial t} \tag{3.3.19}$$

新、旧正则变量的变换关系可按如下方式得到：从式(3.3.17)中可以求出用 p_α、q_α 和 t 表示的 s 个 Q_α，即 $Q_\alpha = Q_\alpha(q, p, t)$. 将所得 Q_α 表达式代入式(3.3.18)，又可求出用 p_α、q_α 和 t 表示的 s 个 P_α，即 $P_\alpha = P_\alpha(q, p, t)$. 而式(3.3.19)则给出新哈密顿函数 K 和旧哈密顿函数 H 间的关系.

一般情况下，其余三个生成函数可以借助于 F_1 的勒让德变换很方便地确定.

第二类生成函数可由 F_1 按如下的勒让德变换给出：

$$F_2(q,P,t) = F_1(q,Q,t) + \sum_\alpha P_\alpha Q_\alpha \tag{3.3.20}$$

将上式代入式(3.3.14)得

$$\begin{aligned}\sum_\alpha p_\alpha \mathrm{d}q_\alpha - H\mathrm{d}t &= \sum_\alpha P_\alpha \mathrm{d}Q_\alpha - K\mathrm{d}t + \mathrm{d}F_2(q,P,t) - \mathrm{d}\sum_\alpha P_\alpha Q_\alpha \\ &= -\sum_\alpha Q_\alpha \mathrm{d}P_\alpha - K\mathrm{d}t + \mathrm{d}F_2(q,P,t)\end{aligned} \tag{3.3.21}$$

类似于式(3.3.15)对 $F_1(q, Q, t)$全微分的展开，表达出上式中的 $\mathrm{d}F_2(q,P,t)$，可以得到下列偏导关系：

$$p_\alpha = \frac{\partial F_2}{\partial q_\alpha}, \quad Q_\alpha = \frac{\partial F_2}{\partial P_\alpha}, \quad K = H + \frac{\partial F_2}{\partial t} \tag{3.3.22}$$

第三类生成函数通过以下的勒让德变换与 F_1 相关联：

$$F_3(p,Q,t) = F_1(q,Q,t) - \sum_\alpha q_\alpha p_\alpha \tag{3.3.23}$$

于是式(3.3.14)变为

$$-\sum_\alpha q_\alpha \mathrm{d}p_\alpha - H\mathrm{d}t = \sum_\alpha P_\alpha \mathrm{d}Q_\alpha - K\mathrm{d}t + \mathrm{d}F_3(p,Q,t) \tag{3.3.24}$$

可进一步求得 $F_3(q, Q, t)$满足的偏导关系是

$$q_\alpha = -\frac{\partial F_3}{\partial p_\alpha}, \quad P_\alpha = -\frac{\partial F_3}{\partial Q_\alpha}, \quad K = H + \frac{\partial F_3}{\partial t} \tag{3.3.25}$$

最后，当 p 和 P 取独立变量时，相应的生成函数 F_4 通过如下勒让德变换跟 F_1 相关联：

$$F_4(p,P,t) = F_1(q,Q,t) + \sum_\alpha P_\alpha Q_\alpha - \sum_\alpha p_\alpha q_\alpha \tag{3.3.26}$$

于是式(3.3.14)变为

$$-\sum_\alpha q_\alpha \mathrm{d}p_\alpha - H\mathrm{d}t = -\sum_\alpha Q_\alpha \mathrm{d}P_\alpha - K\mathrm{d}t + \mathrm{d}F_4(p,P,t) \tag{3.3.27}$$

可得 $F_4(p, P, t)$满足的偏导关系是

$$q_\alpha = -\frac{\partial F_4}{\partial p_\alpha}, \quad Q_\alpha = \frac{\partial F_4}{\partial P_\alpha}, \quad K = H + \frac{\partial F_4}{\partial t} \tag{3.3.28}$$

式(3.3.14)、(3.3.21)、(3.3.24)和(3.3.27)，以及它们的变分形式，均为正则变换条件.

3.3.2 正则变换实例

1. 常见的几种基本变换

(1) 恒等变换. 取生成函数为

$$F_2 = \sum_\alpha q_\alpha P_\alpha \tag{3.3.29}$$

则根据式(3.3.22)的前两个式子，有

$$p_\alpha = \frac{\partial F_2}{\partial q_\alpha} = P_\alpha, \quad Q_\alpha = \frac{\partial F_2}{\partial P_\alpha} = q_\alpha \tag{3.3.30}$$

可见按照式(3.3.29)对应的正则变换，将保持原来的广义坐标和广义动量的形式.

(2) 相空间中的平移变换. 如果令生成函数

$$F_2 = \sum_\alpha (q_\alpha + c_\alpha)(P_\alpha - d_\alpha) \tag{3.3.31}$$

其中 c_α 和 d_α 为常数. 易得

$$p_\alpha = \frac{\partial F_2}{\partial q_\alpha} = P_\alpha - d_\alpha, \quad Q_\alpha = \frac{\partial F_2}{\partial P_\alpha} = q_\alpha + c_\alpha \tag{3.3.32}$$

可见此变换相当于广义坐标 q_α 和广义动量 p_α 分别平移了 c_α 和 d_α.

(3) 广义坐标和广义动量互换的变换. 取生成函数

$$F_1 = \sum_\alpha q_\alpha Q_\alpha \tag{3.3.33}$$

根据式(3.3.17)和(3.3.18)，有

$$p_\alpha = \frac{\partial F_1}{\partial q_\alpha} = Q_\alpha, \quad P_\alpha = -\frac{\partial F_1}{\partial Q_\alpha} = -q_\alpha \tag{3.3.34}$$

可见这个变换把广义动量和广义坐标作了交换，原广义坐标的负值变成了新广义动量，而原广义动量变成了新广义坐标. 这充分反映了在哈密顿体系下广义动量与广义坐标的对称地位.

(4) q 和 p 分别在位形空间和动量空间内的正交变换. 设生成函数

$$F_2 = \sum_{\alpha,\beta} a_{\alpha\beta} P_\alpha q_\beta \tag{3.3.35}$$

其中系数 $a_{\alpha\beta}$构成的矩阵是正交矩阵，即

$$\sum_{\beta} a_{\alpha\beta} a^{\mathrm{T}}_{\beta\gamma} = \sum_{\beta} a_{\alpha\beta} a_{\gamma\beta} = \delta_{\alpha\gamma} \tag{3.3.36}$$

所以

$$p_{\beta} = \frac{\partial F_2}{\partial q_{\beta}} = \sum_{\alpha} a_{\alpha\beta} P_{\alpha}, \quad Q_{\alpha} = \frac{\partial F_2}{\partial P_{\alpha}} = \sum_{\beta} a_{\alpha\beta} q_{\beta} \tag{3.3.37}$$

上式中第一式的两边同时乘上 $a_{\gamma\beta}$ 并对指标 β 求和，利用正交矩阵的性质(3.3.36)得

$$\sum_{\beta} a_{\gamma\beta} p_{\beta} = \sum_{\alpha,\beta} a_{\alpha\beta} a_{\gamma\beta} P_{\alpha} = P_{\gamma} \tag{3.3.38}$$

调整上式中下标名称可得

$$P_{\alpha} = \sum_{\beta} a_{\alpha\beta} p_{\beta} \tag{3.3.39}$$

上式与式(3.3.37)的第二式表明，这里的变换仅仅是让广义坐标在位形空间作正交变换，让广义动量在动量空间作相同的正交变换．特别地，如果系数矩阵的行列式为+1，则广义坐标和广义动量分别在各自空间做转动．

需要指出的是，这里给出的几个基本正则变换，各自只存在两个生成函数（如平移变换只存在 F_2 和 F_3），不可能通过勒让德变换，由这两个生成函数导出另两个生成函数．

2．例题

例 3.9

证明 $Q = \ln\left(\frac{\sin p}{q}\right)$，$P = q\cot p$ 为正则变换．

证明

$$\begin{aligned} p\delta q - P\delta Q &= p\delta q - q\cot p\,\delta \ln\left(\frac{\sin p}{q}\right) \\ &= p\delta q - q\cot p\left(\frac{\cos p}{\sin p}\delta p - \frac{1}{q}\delta q\right) \\ &= (p + \cot p)\delta q - q\cot^2 p\,\delta p = \delta[q(p + \cot p)] \end{aligned}$$

由于 $p\delta q - P\delta Q$ 能写成全变分形式，所以此题的变换为正则变换．

例 3.10

证明变换 $Q = \frac{1}{2}(q^2 + p^2)$，$P = -\tan^{-1}\frac{q}{p}$ 是正则变换，并求得一个生成函数．当 $H = \frac{1}{2}(q^2 + p^2)$ 时，求解 q 和 p．

解

$$p\delta q - P\delta Q = p\delta q + \arctan\frac{q}{p}\delta\left[\frac{1}{2}(q^2+p^2)\right]$$
$$= \left(p + q\arctan\frac{q}{p}\right)\delta q + p\arctan\frac{q}{p}\delta p \tag{1}$$

因为

$$\frac{\partial}{\partial p}\left(p + q\arctan\frac{q}{p}\right) = \frac{\partial}{\partial q}\left(p\arctan\frac{q}{p}\right) = \frac{p^2}{q^2+p^2} \tag{2}$$

所以 $p\delta q - P\delta Q$ 可以写成一个函数的全变分.

选择 $F_4(p, P)$ 作为生成函数，求解过程比较简单. 由题中新、旧变量的关系式可以得到

$$q = -p\tan P = -\frac{\partial F_4}{\partial p}, \quad Q = \frac{p^2}{2}\sec^2 P = \frac{\partial F_4}{\partial P} \tag{3}$$

从上式解得

$$F_4 = \frac{p^2}{2}\tan P \tag{4}$$

由于 F_4 不显含时间，所以 $K=H=Q$. 根据哈密顿正则方程

$$\dot{Q} = \frac{\partial K}{\partial P} = 0, \quad \dot{P} = -\frac{\partial K}{\partial Q} = -1 \tag{5}$$

所以

$$Q = A_0^2/2, \quad P = -t - t_0 \tag{6}$$

其中 A_0 和 t_0 为常数. 将结果代回旧的广义坐标和广义动量，有

$$p = \sqrt{2Q\cos^2 P} = A_0\cos(t+t_0), \quad q = -p\tan P = A_0\sin(t+t_0) \tag{7}$$

可见，A_0 和 t_0 分别表示振动的振幅和初相位. 采用了题中的正则变换后，新的广义动量起了循环坐标的作用，新的广义坐标为常数. 这里我们不必讨论开根号时的正负性，因为这一点完全可以由初相位 t_0 的选择来决定.

例 3.11

已知 $F_1 = mg\left(\frac{1}{6}gQ^3 + qQ\right)$，给出相应的正则变换，并以此来求解重力场中的竖直上抛问题.

解 根据式(3.3.17)和(3.3.18)，有

$$p = \frac{\partial F_1}{\partial q} = mgQ, \quad P = -\frac{\partial F_1}{\partial Q} = -mg\left(\frac{g}{2}Q^2 + q\right) \tag{1}$$

由上式的第二式反解出

$$q = -\frac{P}{mg} - \frac{1}{2}gQ^2 \tag{2}$$

该问题的原哈密顿函数为

$$H = \frac{p^2}{2m} + mgq \tag{3}$$

所以新哈密顿函数为

$$K = H = \frac{1}{2m}(mgQ)^2 + mg\left(-\frac{P}{mg} - \frac{1}{2}gQ^2\right) = -P \tag{4}$$

Q 为循环坐标，所以 $P=C_1$ 为常数，又 $\dot{Q} = \dfrac{\partial K}{\partial P} = -1$，所以 $Q=-t+C_2$. 将结果代回旧坐标得

$$p = mg(-t+C_2), \quad q = -\frac{1}{2}gt^2 + C_2gt - \frac{1}{2}gC_2^2 - \frac{C_1}{mg} \tag{5}$$

3.3.3 无限小正则变换

到目前为止，我们讨论过的正则变换实例一般都使得新、旧正则变量之间有一个有限的差别，只有一个例外，即式(3.3.29)和(3.3.30)所表达的恒等变换. 其实在不变与有限变化之间的无限小变换也是值得关注的. 选取生成函数为

$$F_2(q,P,t) = \sum_\alpha q_\alpha P_\alpha + \varepsilon G(q,P,t) \tag{3.3.40}$$

其中 ε 为无限小参量. 将上式代入 F_2 的偏导关系式(3.3.22)得

$$p_\alpha = \frac{\partial F_2}{\partial q_\alpha} = P_\alpha + \varepsilon\frac{\partial G}{\partial q_\alpha} \tag{3.3.41}$$

$$Q_\alpha = \frac{\partial F_2}{\partial P_\alpha} = q_\alpha + \varepsilon\frac{\partial G}{\partial P_\alpha} \tag{3.3.42}$$

$$K = H + \frac{\partial F_2}{\partial t} = H + \varepsilon\frac{\partial G}{\partial t} \tag{3.3.43}$$

式(3.3.41)表明，p_α 与 P_α 之差是关于 ε 的一阶小量，所以在忽略 ε 的二阶小量时，式(3.3.42)可近似为

$$Q_\alpha = q_\alpha + \varepsilon\frac{\partial G}{\partial p_\alpha} \tag{3.3.44}$$

于是新、旧正则变量之差及新、旧哈密顿函数之差分别为

$$\delta q_\alpha = Q_\alpha - q_\alpha = \varepsilon\frac{\partial G}{\partial p_\alpha} \tag{3.3.45}$$

$$\delta p_\alpha = P_\alpha - p_\alpha = -\varepsilon \frac{\partial G}{\partial q_\alpha} \tag{3.3.46}$$

$$\delta H = K - H = \varepsilon \frac{\partial G}{\partial t} \tag{3.3.47}$$

可见新、旧正则变量之间及新、旧哈密顿函数之间均相差一个无限小量，这样的变换被称为**无限小正则变换**，$G(q, P, t)$则被称为无限小正则变换的生成函数.

如果把ε视为某连续参量λ的微分，即$\varepsilon = \mathrm{d}\lambda$，则新、旧正则变量对应于相空间中无限接近的两个不同相点

$$\mathrm{d}q_\alpha = Q_\alpha - q_\alpha = \mathrm{d}\lambda \frac{\partial G}{\partial p_\alpha} \tag{3.3.48}$$

$$\mathrm{d}p_\alpha = P_\alpha - p_\alpha = -\mathrm{d}\lambda \frac{\partial G}{\partial q_\alpha} \tag{3.3.49}$$

式(3.3.48)和(3.3.49)刻画了在相空间中系统随参数λ的连续演化.

一个简单的例子：取$G = H(q, p)$，$\lambda = t$，则$\mathrm{d}q_\alpha = \mathrm{d}t \dfrac{\partial H}{\partial p_\alpha}$，$\mathrm{d}p_\alpha = -\mathrm{d}t \dfrac{\partial H}{\partial q_\alpha}$，即

$$\dot{q}_\alpha = \frac{\partial H}{\partial p_\alpha}, \quad \dot{p}_\alpha = -\frac{\partial H}{\partial q_\alpha} \tag{3.3.50}$$

恰为哈密顿正则方程.

例 3.12

设质点角动量的z分量守恒. 证明：如果取$G = J_z$，$\lambda = \phi$，其中ϕ是绕z轴转过的角度，则G所生成的正则变换为绕z轴的转动.

证明 取质点的直角坐标为广义坐标，则

$$G = J_z = xp_y - yp_x \tag{1}$$

由式(3.3.48)，得

$$\mathrm{d}x = \frac{\partial G}{\partial p_x}\mathrm{d}\phi = \frac{\partial (xp_y - yp_x)}{\partial p_x}\mathrm{d}\phi = -y\mathrm{d}\phi \tag{2}$$

$$\mathrm{d}y = \frac{\partial G}{\partial p_y}\mathrm{d}\phi = \frac{\partial (xp_y - yp_x)}{\partial p_y}\mathrm{d}\phi = x\mathrm{d}\phi \tag{3}$$

$$\mathrm{d}z = \frac{\partial G}{\partial p_z}\mathrm{d}\phi = \frac{\partial (xp_y - yp_x)}{\partial p_z}\mathrm{d}\phi = 0 \tag{4}$$

由式(3.3.49)，得

$$\mathrm{d}p_x = -\frac{\partial G}{\partial x}\mathrm{d}\phi = -\frac{\partial(xp_y - yp_x)}{\partial x}\mathrm{d}\phi = -p_y\mathrm{d}\phi \tag{5}$$

$$\mathrm{d}p_y = -\frac{\partial G}{\partial y}\mathrm{d}\phi = -\frac{\partial(xp_y - yp_x)}{\partial y}\mathrm{d}\phi = p_x\mathrm{d}\phi \tag{6}$$

$$\mathrm{d}p_z = -\frac{\partial G}{\partial z}\mathrm{d}\phi = -\frac{\partial(xp_y - yp_x)}{\partial z}\mathrm{d}\phi = 0 \tag{7}$$

可见，无论是在 q 空间还是在 p 空间，G 所生成的正则变换都是绕 z 轴的转动.

一般情形，取任意方向 $\boldsymbol{n}$ 为转轴，则 $G=\boldsymbol{J}\cdot\boldsymbol{n}$，取 $\lambda=\phi$，ϕ 是绕 $\boldsymbol{n}$ 轴转过的角度，则 G 所生成的正则变换是绕 $\boldsymbol{n}$ 轴的转动.

3.3.4 正则变换的辛矩阵理论

1. 广义坐标和广义动量一体化下的正则方程

既然广义坐标与广义动量在哈密顿体系中具有很好的对称性，不妨将它们用统一的名称表示，这样可以让很多公式和推演过程的形式变得非常简洁. 设 $\{q, p\}$ 是体系的一组正则变量，令

$$\eta = \begin{pmatrix} q \\ p \end{pmatrix}, \quad 其中\ q = \begin{pmatrix} q_1 \\ q_2 \\ \vdots \\ q_s \end{pmatrix}, \quad p = \begin{pmatrix} p_1 \\ p_2 \\ \vdots \\ p_s \end{pmatrix} \tag{3.3.51}$$

则哈密顿正则方程

$$\begin{pmatrix} \dot{q} \\ \dot{p} \end{pmatrix} = \begin{pmatrix} \partial H/\partial p \\ -\partial H/\partial q \end{pmatrix} = \begin{pmatrix} & \boldsymbol{I}_s \\ -\boldsymbol{I}_s & \end{pmatrix}\begin{pmatrix} \partial H/\partial q \\ \partial H/\partial p \end{pmatrix} \tag{3.3.52}$$

可简记为

$$\dot{\eta} = \boldsymbol{J}\frac{\partial H}{\partial \eta}, \quad 其中\ \boldsymbol{J} = \begin{pmatrix} & \boldsymbol{I}_s \\ -\boldsymbol{I}_s & \end{pmatrix} \tag{3.3.53}$$

矩阵 $\boldsymbol{J}$ 具有以下几个显然的性质：

$$\boldsymbol{J}^2 = -\boldsymbol{I}_{2s}, \quad \boldsymbol{J}^{\mathrm{T}} = \boldsymbol{J}^{-1} = -\boldsymbol{J}, \quad \det\boldsymbol{J} = 1 \tag{3.3.54}$$

2. 正则变换条件

(1) 不含时情形.

若 $\{q,p\}\to\{Q,P\}$ 是一个不含时的正则变换，类似式(3.3.53)，则对于新正则变量有

$$\dot{\xi}=\boldsymbol{J}\frac{\partial H}{\partial \xi},\quad \text{其中}\ \xi=\begin{pmatrix}Q\\P\end{pmatrix} \tag{3.3.55}$$

形式上

$$\begin{pmatrix}\dot{Q}\\\dot{P}\end{pmatrix}=\begin{pmatrix}\partial Q/\partial q & \partial Q/\partial p\\\partial P/\partial q & \partial P/\partial p\end{pmatrix}\begin{pmatrix}\dot{q}\\\dot{p}\end{pmatrix} \tag{3.3.56}$$

也即

$$\dot{\xi}=\frac{\partial \xi}{\partial \eta}\dot{\eta} \tag{3.3.57}$$

再根据式(3.3.53)，有

$$\dot{\xi}=\frac{\partial \xi}{\partial \eta}\dot{\eta}=\frac{\partial \xi}{\partial \eta}\boldsymbol{J}\frac{\partial H}{\partial \eta} \tag{3.3.58}$$

可证

$$\frac{\partial H}{\partial \eta}=\left(\frac{\partial \xi}{\partial \eta}\right)^{\mathrm{T}}\frac{\partial H}{\partial \xi} \tag{3.3.59}$$

于是式(3.3.58)变形为

$$\dot{\xi}=\frac{\partial \xi}{\partial \eta}\boldsymbol{J}\left(\frac{\partial \xi}{\partial \eta}\right)^{\mathrm{T}}\frac{\partial H}{\partial \xi} \tag{3.3.60}$$

将上式与式(3.3.55)对比得

$$\frac{\partial \xi}{\partial \eta}\boldsymbol{J}\left(\frac{\partial \xi}{\partial \eta}\right)^{\mathrm{T}}=\boldsymbol{J} \tag{3.3.61}$$

定义矩阵

$$\frac{\partial \xi}{\partial \eta}=\boldsymbol{M} \tag{3.3.62}$$

则

$$\boldsymbol{MJM}^{\mathrm{T}}=\boldsymbol{J} \tag{3.3.63}$$

$\boldsymbol{M}$ 称为辛矩阵. 由上述分析过程可知，在不含时情形，式(3.3.63)可作为正则变换的判据.

除了式(3.3.63)之外，$\boldsymbol{M}$ 的其他基本性质如下：

$$\boldsymbol{M}^{\mathrm{T}}\boldsymbol{JM}=\boldsymbol{J},\quad \boldsymbol{M}^{n}\boldsymbol{J}(\boldsymbol{M}^{n})^{\mathrm{T}}=\boldsymbol{J},\quad \det\boldsymbol{M}=1 \tag{3.3.64}$$

$$\boldsymbol{M}_1\boldsymbol{M}_2\boldsymbol{J}(\boldsymbol{M}_1\boldsymbol{M}_2)^{\mathrm{T}}=\boldsymbol{J} \tag{3.3.65}$$

式(3.3.65)表明，任意两个辛矩阵的乘积仍然为辛矩阵，因而两个正则变换的总变换依旧是正则变换.

(2) 含时情形.

设正则变量初值为 $\xi_\alpha(t_0)=\xi_{0\alpha}$，则正则变量 $\xi(t)$ 是初值的函数

$$\xi = \xi(\xi_0, t) \tag{3.3.66}$$

并且 $\xi(t)$ 满足运动方程

$$\dot{\xi} = \boldsymbol{J}\frac{\partial K}{\partial \xi} \tag{3.3.67}$$

其中 K 是哈密顿函数．此时

$$\boldsymbol{M} = \frac{\partial \xi}{\partial \xi_0} \tag{3.3.68}$$

$\boldsymbol{M}$ 对时间的微商

$$\begin{aligned}\frac{\mathrm{d}\boldsymbol{M}}{\mathrm{d}t} &= \frac{\mathrm{d}}{\mathrm{d}t}\frac{\partial \xi}{\partial \xi_0} = \frac{\partial \dot{\xi}}{\partial \xi_0} = \frac{\partial}{\partial \xi_0}\left(\boldsymbol{J}\frac{\partial K}{\partial \xi}\right) \\ &= \boldsymbol{J}\left(\frac{\partial^2 K}{\partial \xi \partial \xi}\right)\frac{\partial \xi}{\partial \xi_0} = \boldsymbol{J}\left(\frac{\partial^2 K}{\partial \xi \partial \xi}\right)\boldsymbol{M}\end{aligned} \tag{3.3.69}$$

其转置形式为

$$\frac{\mathrm{d}\boldsymbol{M}^{\mathrm{T}}}{\mathrm{d}t} = \left[\boldsymbol{J}\left(\frac{\partial^2 K}{\partial \xi \partial \xi}\right)\boldsymbol{M}\right]^{\mathrm{T}} = \boldsymbol{M}^{\mathrm{T}}\left(\frac{\partial^2 K}{\partial \xi \partial \xi}\right)(-\boldsymbol{J}) \tag{3.3.70}$$

于是

$$\begin{aligned}\frac{\mathrm{d}}{\mathrm{d}t}(\boldsymbol{M}^{\mathrm{T}}\boldsymbol{J}\boldsymbol{M}) &= \frac{\mathrm{d}\boldsymbol{M}^{\mathrm{T}}}{\mathrm{d}t}\boldsymbol{J}\boldsymbol{M} + \boldsymbol{M}^{\mathrm{T}}\boldsymbol{J}\frac{\mathrm{d}\boldsymbol{M}}{\mathrm{d}t} \\ &= \boldsymbol{M}^{\mathrm{T}}\left(\frac{\partial^2 K}{\partial \xi \partial \xi}\right)(-\boldsymbol{J})\boldsymbol{J}\boldsymbol{M} + \boldsymbol{M}^{\mathrm{T}}\boldsymbol{J}\boldsymbol{J}\left(\frac{\partial^2 K}{\partial \xi \partial \xi}\right)\boldsymbol{M} \\ &= \boldsymbol{M}^{\mathrm{T}}\left(\frac{\partial^2 K}{\partial \xi \partial \xi}\right)\boldsymbol{M} - \boldsymbol{M}^{\mathrm{T}}\left(\frac{\partial^2 K}{\partial \xi \partial \xi}\right)\boldsymbol{M} = 0\end{aligned} \tag{3.3.71}$$

再利用初条件 $t=t_0$ 时，$\boldsymbol{M}_0$ 是单位矩阵，所以

$$\boldsymbol{M}_0^{\mathrm{T}}\boldsymbol{J}\boldsymbol{M}_0 = \boldsymbol{J} \tag{3.3.72}$$

综合式(3.3.71)和(3.3.72)，在任意时刻都有

$$\boldsymbol{M}^{\mathrm{T}}\boldsymbol{J}\boldsymbol{M} = \boldsymbol{J} \tag{3.3.73}$$

3. 泊松括号的正则不变性

与式(3.3.59)类似，对于任意力学量 ψ，有

$$\frac{\partial \psi}{\partial \eta} = \left(\frac{\partial \xi}{\partial \eta}\right)^{\mathrm{T}}\frac{\partial \psi}{\partial \xi} = \boldsymbol{M}^{\mathrm{T}}\frac{\partial \psi}{\partial \xi} \tag{3.3.74}$$

所以

$$\begin{aligned}[\varphi,\psi]_\eta &= \left(\frac{\partial \varphi}{\partial \eta}\right)^{\mathrm{T}}\boldsymbol{J}\frac{\partial \psi}{\partial \eta} = \left(\boldsymbol{M}^{\mathrm{T}}\frac{\partial \varphi}{\partial \xi}\right)^{\mathrm{T}}\boldsymbol{J}\left(\boldsymbol{M}^{\mathrm{T}}\frac{\partial \psi}{\partial \xi}\right) \\ &= \left(\frac{\partial \varphi}{\partial \xi}\right)^{\mathrm{T}}\boldsymbol{M}\boldsymbol{J}\boldsymbol{M}^{\mathrm{T}}\left(\frac{\partial \psi}{\partial \xi}\right) = \left(\frac{\partial \varphi}{\partial \xi}\right)^{\mathrm{T}}\boldsymbol{J}\left(\frac{\partial \psi}{\partial \xi}\right) = [\varphi,\psi]_\xi\end{aligned} \tag{3.3.75}$$

可见，任意两个力学量的泊松括号与采用何种正则变量无关.

3.4 哈密顿-雅可比方程

3.4.1 哈密顿-雅可比方程的建立

1. 一般情形

利用正则变换，原则上可以寻找更多的运动积分. 但棘手的是，对于一个哈密顿函数，并没有一个明确的规则来指导发现恰当的正则变换. 问题的关键在于，不同体系的原哈密顿函数形形色色，变换后的新哈密顿函数不可能有统一的简化方法，除非按以下的设想.

设有一个特殊的正则变换，其母函数为 $F_2(q, P, t)$，它能使变换后的哈密顿函数 $K(P, Q, t)\equiv 0$. 这种情况下，新的哈密顿正则方程为

$$\dot{Q}_\alpha = \frac{\partial K}{\partial P_\alpha} = 0, \quad \dot{P}_\alpha = -\frac{\partial K}{\partial Q_\alpha} = 0, \quad \alpha = 1,2,\cdots,s \tag{3.4.1}$$

所以

$$Q_\alpha = \xi_\alpha(\text{const}), \quad P_\alpha = \eta_\alpha(\text{const}), \quad \alpha = 1,2,\cdots,s \tag{3.4.2}$$

于是 $2s$ 个运动积分全部找出，再根据正则变换方程求得 q 和 p.

由于 $p_\alpha=\dfrac{\partial F_2}{\partial q_\alpha},K=H+\dfrac{\partial F_2}{\partial t}$，所以

$$H\left(q_1,q_2,\cdots,q_s,\frac{\partial F_2}{\partial q_1},\frac{\partial F_2}{\partial q_2},\cdots,\frac{\partial F_2}{\partial q_s},t\right)+\frac{\partial F_2}{\partial t}=0 \tag{3.4.3}$$

上式中的 $F_2(q,\eta, t)$都是以偏微分形式出现的，因此，如果 F_2 是方程解，则

$$S(q,t) = F_2(q,t) + A \tag{3.4.4}$$

也满足方程，其中 A 是常数. 上式中 S 和 F_2 中的自变量略去了已是常数的 η. 于是方程(3.4.3)可改写成

$$H\left(q_1,q_2,\cdots,q_s;\frac{\partial S}{\partial q_1},\frac{\partial S}{\partial q_2},\cdots,\frac{\partial S}{\partial q_s};t\right)+\frac{\partial S}{\partial t}=0 \tag{3.4.5}$$

上式称为**哈密顿-雅可比方程**，它是关于 S 的非线性偏微分方程，其中 S 称为**哈密顿主函数**.

由数理方程知识可知，一阶偏微分方程的完全解所含有的独立积分常数的数目等于函数自变量的数目，所以方程(3.4.5)中 S 的解有 $s+1$ 个独立常数，式(3.4.4)中已经用了一个常数，其余 s 个常数恰可对应到$S(q, \eta,t)$中的 s 个 η_α.

2. 哈密顿主函数的意义

由于 $K(P, Q, t)=0$，所以由式(3.3.22)的第三个式子可知

$$\frac{\partial S}{\partial t} = \frac{\partial F_2}{\partial t} = -H \tag{3.4.6}$$

S 对时间的全微商

$$\frac{\mathrm{d}S}{\mathrm{d}t} = \sum_{\alpha} \frac{\partial S}{\partial q_\alpha}\dot{q}_\alpha + \frac{\partial S}{\partial t} \tag{3.4.7}$$

将式(3.4.6)和式(3.3.22)的第一个式子代入上式得

$$\frac{\mathrm{d}S}{\mathrm{d}t} = \sum_{\alpha} p_\alpha \dot{q}_\alpha - H = L \tag{3.4.8}$$

故而

$$S = \int L\ \mathrm{d}t \tag{3.4.9}$$

也就是说，S 其实就是积分上下限未定的哈密顿作用量，所以也把 S 称为**哈密顿作用函数**.

当然式(3.4.9)并不表明问题已经解决，因为在解出 q_α 和 p_α 作为 t 的函数之前，该式无法积分.

3. 哈密顿特征函数

设哈密顿函数 H 不显含时间，则它一定是守恒量，设为常数 E，则

$$\frac{\partial S}{\partial t} = -E \tag{3.4.10}$$

考虑到 S 是关于 $s+1$ 个变量$\{q_1, q_2, \cdots, q_s; t\}$的函数，上式可积分为

$$S(q,t) = -Et + W(q_1, q_2, \cdots, q_s) + A \tag{3.4.11}$$

而式(3.4.9)可以进一步写成

$$S = \int \left(\sum_{\alpha} p_\alpha \dot{q}_\alpha - H\right)\mathrm{d}t = \int \sum_{\alpha} p_\alpha \mathrm{d}q_\alpha - Et + A \tag{3.4.12}$$

上面两个式子相比较得

$$W(q_1, q_2, \cdots, q_s) = \int \sum_{\alpha} p_\alpha \mathrm{d}q_\alpha \tag{3.4.13}$$

W 称为**哈密顿特征函数**，上式的右边是 1.3.2 小节中曾经介绍过的莫培督作用量，只是这里的上下限没有固定.

由式(3.4.13)可以得到

$$p_\alpha = \frac{\partial W}{\partial q_\alpha} \tag{3.4.14}$$

所以 H 中的广义动量可以用哈密顿特征函数对广义坐标的偏导数代替，从而

$$H\left(q_1, q_2, \cdots, q_s; \frac{\partial W}{\partial q_1}, \frac{\partial W}{\partial q_2}, \cdots, \frac{\partial W}{\partial q_s}\right) = E \tag{3.4.15}$$

式(3.4.15)是哈密顿特征函数所满足的微分方程，也称为（H 为常数时的或不含时的）哈密顿-雅可比方程.

函数 W 是 s 个广义坐标的函数，因此一阶偏微分方程(3.4.15)的解包含 s 个常数，但由于 E 已经作为常量引入，可以记其为 η_1，所以只剩下 $s-1$ 个常数待定，也即形式上

$$W=W(q_1,q_2,\cdots,q_s;E,\eta_2,\cdots,\eta_s) \tag{3.4.16}$$

由式(3.4.4)和(3.4.11)，我们可以得到生成函数与哈密顿特征函数的关系

$$F_2(q_1,\cdots,q_s;\eta_1,\cdots,\eta_s;t)=-Et+W(q_1,\cdots,q_s;E,\eta_2,\cdots,\eta_s) \tag{3.4.17}$$

所以新的广义坐标常量

$$\xi_\alpha=\frac{\partial F_2}{\partial \eta_\alpha}=\begin{cases}-t+\dfrac{\partial W}{\partial E}, & \alpha=1\\ \dfrac{\partial W}{\partial \eta_\alpha}, & \alpha=2,\cdots,s\end{cases} \tag{3.4.18}$$

汇总一下采用哈密顿-雅可比方程求解问题的步骤，首先将原来哈密顿函数 H 中的 p_α 改换为 $\partial S/\partial q_\alpha$，写出方程(3.4.5). 接着求解该方程，得到哈密顿主函数 $S(q,\eta,t)$，其中常数 η_α 就是新广义动量 P_α. 然后由 $\xi_\alpha(q,\eta,t)=\partial S(q,\eta,t)/\partial\eta_\alpha$ 反解出 $q_\alpha=q_\alpha(\xi,\eta,t)$，代入 $p_\alpha(q,\eta,t)=\partial S(q,\eta,t)/\partial q_\alpha$ 中得到 $p_\alpha=p_\alpha(\xi,\eta,t)$.

在本书中经常遇到的是哈密顿函数 H 不显含时间的情形. 这时，上述方法依然有效，但还可以更简便地按如下步骤求解：首先将原来哈密顿函数 H 中的 p_α 代换为 $\partial W/\partial q_\alpha$，写出关于哈密顿特征函数的哈密顿-雅可比方程(3.4.15). 接着求解该方程，得到哈密顿特性函数 $W(q,\eta)$，其中常数 η_α 就是新广义动量 P_α. 然后由式(3.4.18)反解出 $q_\alpha=q_\alpha(\xi,\eta,t)$，代入 $p_\alpha(q,\eta,t)=\partial W(q,\eta)/\partial q_\alpha$ 中得到 $p_\alpha=p_\alpha(\xi,\eta,t)$.

3.4.2 应用举例

例 3.13

已知一系统的哈密顿函数为 $H(p,q)=p+aq^2$(其中 a 为常量)，用哈密顿-雅可比方程求解运动.

解 将哈密顿函数代入式(3.4.15)得

$$\frac{\partial W}{\partial q}+aq^2=E \tag{1}$$

从中解出

$$W=Eq-\frac{a}{3}q^3 \tag{2}$$

其中包含的常量 E 就是新的广义动量. 所以

$$S=-Et+Eq-\frac{a}{3}q^3+A \tag{3}$$

进而

$$\xi=\frac{\partial S}{\partial E}=-t+q,\quad p=\frac{\partial S}{\partial q}=E-aq^2 \tag{4}$$

从上式中反解出

$$q=t+\xi,\quad p=E-a(t+\xi)^2 \tag{5}$$

例 3.14

用哈密顿-雅可比方程求解一维谐振子.

解 一维谐振子的哈密顿函数为 $H=\frac{p^2}{2m}+\frac{kq^2}{2}$，用 $\partial W/\partial q$ 代换 p，式(3.4.15)在这里的形式为

$$\frac{1}{2m}\left(\frac{\partial W}{\partial q}\right)^2+\frac{kq^2}{2}=E \tag{1}$$

从上式解得

$$W=\pm\int\sqrt{2m\left(E-\frac{kq^2}{2}\right)}\ \mathrm{d}q \tag{2}$$

再由式(3.4.11)得

$$S=-Et\pm\int\sqrt{2m\left(E-\frac{kq^2}{2}\right)}\ \mathrm{d}q \tag{3}$$

上式积分出来形式较烦琐，其实我们所用的只是 S 的一些偏微商形式，所以暂时不积出. 这里的常量 E 可作为新的广义动量，相应的新广义坐标为

$$\xi=\frac{\partial S}{\partial E}=-t\pm\int\sqrt{\frac{m}{2E-kq^2}}\ \mathrm{d}q=-t\pm\sqrt{\frac{m}{k}}\arcsin\sqrt{\frac{k}{2E}}q \tag{4}$$

上式积分时本来应该有积分常数，我们把它吸收到常数 ξ 中. 由上式反解得

$$q=\pm\sqrt{\frac{2E}{k}}\sin\left[\sqrt{\frac{k}{m}}(t+\xi)\right] \tag{5}$$

广义动量满足

$$p=\frac{\partial S}{\partial q}=\pm\sqrt{2m\left(E-\frac{kq^2}{2}\right)}=\pm\sqrt{2mE}\cos\left[\sqrt{\frac{k}{m}}(t+\xi)\right] \tag{6}$$

所以这里变换后的新广义动量是体系总能量，新广义坐标正比于振动的初相位.

例 3.15

用哈密顿-雅可比方程求解开普勒问题.

解 开普勒问题的哈密顿函数为

$$H=\frac{1}{2m}\left(p_r^2+\frac{p_\theta^2}{r^2}\right)-\frac{\alpha}{r} \tag{1}$$

代入式(3.4.15)中得

$$H=\frac{1}{2m}\left[\left(\frac{\partial W}{\partial r}\right)^2+\frac{1}{r^2}\left(\frac{\partial W}{\partial \theta}\right)^2\right]-\frac{\alpha}{r}=E \tag{2}$$

其中已经做了替换

$$p_r=\frac{\partial W}{\partial r},\quad p_\theta=\frac{\partial W}{\partial \theta} \tag{3}$$

将式(2)作适当变形

$$\left(\frac{\partial W}{\partial \theta}\right)^2=r^2\left[2mE+\frac{\alpha}{r}-\left(\frac{\partial W}{\partial r}\right)^2\right] \tag{4}$$

上式可以采用分离变量法求解，设

$$W(r,\theta)=W_r(r)+W_\theta(\theta) \tag{5}$$

将上式代入式(4)得

$$\left(\frac{\partial W_\theta}{\partial \theta}\right)^2=r^2\left[2mE+\frac{\alpha}{r}-\left(\frac{\partial W_r}{\partial r}\right)^2\right] \tag{6}$$

上式的左边与 r 无关，右边与 θ 无关，为使等式成立，两边必然等于一个非负常数，设为 J^2，则

$$\left(\frac{\partial W_\theta}{\partial \theta}\right)^2=J^2 \tag{7}$$

$$r^2\left[2mE+\frac{\alpha}{r}-\left(\frac{\partial W_r}{\partial r}\right)^2\right]=J^2 \tag{8}$$

由式(7)可直接解出

$$W_\theta=J\theta+A \tag{9}$$

式(8)变形为

$$W_r=\int\sqrt{2mE+\frac{\alpha}{r}-\frac{J^2}{r^2}}\,\mathrm{d}r \tag{10}$$

将上面两个式子代入式(5)得

$$W(r,\theta)=\int\sqrt{2mE+\frac{\alpha}{r}-\frac{J^2}{r^2}}\,\mathrm{d}r+J\theta+A \tag{11}$$

$$\xi_r=-t+\frac{\partial W}{\partial E}=-t+\int\frac{m\mathrm{d}r}{\sqrt{2mE+\alpha/r-J^2/r^2}} \tag{12}$$

可以从上式中解出 $r=r(\xi_r,t)$. 再由

$$\xi_\theta=\frac{\partial W}{\partial J}=-\int\frac{J\,\mathrm{d}r/r^2}{\sqrt{2mE+\alpha/r-J^2/r^2}}+\theta \tag{13}$$

解出 $\theta=\theta(\xi_\theta)$，由于不显含 t，所以所得解就是轨道方程.

例 3.16

一个体系的哈密顿函数为 $H=\dfrac{f_1(q_1,p_1)+\cdots+f_s(q_s,p_s)}{g_1(q_1,p_1)+\cdots+g_s(q_s,p_s)}=\dfrac{\sum\limits_\alpha f_\alpha(q_\alpha,p_\alpha)}{\sum\limits_\alpha g_\alpha(q_\alpha,p_\alpha)}$，用哈密顿-雅可比方程求解此问题.

解 把哈密顿函数代入式(3.4.15)中得

$$\frac{\sum\limits_\alpha f_\alpha\left(q_\alpha,\dfrac{\partial W}{\partial q_\alpha}\right)}{\sum\limits_\alpha g_\alpha\left(q_\alpha,\dfrac{\partial W}{\partial q_\alpha}\right)}=E \tag{1}$$

经适当整理，上式变成

$$\sum_\alpha\left[f_\alpha\left(q_\alpha,\frac{\partial W}{\partial q_\alpha}\right)-Eg_\alpha\left(q_\alpha,\frac{\partial W}{\partial q_\alpha}\right)\right]=0 \tag{2}$$

由于上式中不同的下标已经完全分离，可以设

$$W(q_1,q_2,\cdots,q_s)=\sum_\alpha W_\alpha(q_\alpha) \tag{3}$$

将上式代入式(1)可得

$$\sum_\alpha\left[f_\alpha\left(q_\alpha,\frac{\partial W_\alpha}{\partial q_\alpha}\right)-Eg_\alpha\left(q_\alpha,\frac{\partial W_\alpha}{\partial q_\alpha}\right)\right]=0 \tag{4}$$

鉴于上式中各个方括号内的物理量彼此独立，其值只能是与任何 q_α 无关的常数，记为 C_α，则有

$$f_\alpha\left(q_\alpha,\frac{\partial W_\alpha}{\partial q_\alpha}\right)-Eg_\alpha\left(q_\alpha,\frac{\partial W_\alpha}{\partial q_\alpha}\right)=C_\alpha,\quad \alpha=1,2,\cdots,s \tag{5}$$

其中 C_α 满足约束关系

$$C_1+C_2+\cdots+C_s=0 \tag{6}$$

从方程式(5)中可以解得

$$W_\alpha=W_\alpha(q_\alpha,E,C_\alpha,D_\alpha),\quad \alpha=1,2,\cdots,s \tag{7}$$

其中 D_α 是求解式(5)的第 α 个方程时产生的积分常数. 随后根据式(3)得出总的哈密顿特性函数，之后的求解就很程序化了.

3.5 经典力学的延伸

3.5.1 经典力学与统计力学 1——相空间和刘维尔定理

1. 相点密度

在 3.1.2 小节的最后部分，我们已经引入了相空间的概念. 对于自由度为 s 的力学体系，相空间由 s 个广义坐标维度和 s 个广义动量维度张成. 相空间中的任一点代表力学系统的一个确定的运动状态，这个点称为**代表点**或**相点**. 当力学体系随时间演化时，相点在相空间移动，其轨迹称为**相轨道**. 由于力学体系的演化是由初始相点位置(即初始的广义坐标和广义动量)及哈密顿正则方程唯一确定的，所以在哈密顿函数不显含时间情形，两个相轨道不可能相交，否则以交点为初始位置的相点将会有两条相轨道运动，违反了上述唯一确定性.

图 3.5.1(a)和(b)分别是竖直下抛运动和一维简谐振动的相轨道曲线. 两维以上运动涉及四维以上的相空间，无法在三维空间直观地给出全貌，研究时更多地需要依靠抽象思维.

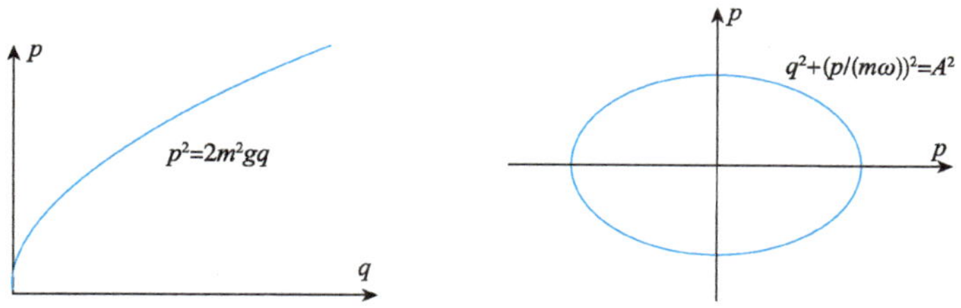

(a)　　　　(b)

图 3.5.1　竖直下抛运动和一维简谐振动的相轨道曲线

尽管原则上研究体系可以包含任意有限多个质点，但在求解实际问题时，这种任意性面临严峻的挑战. 这是因为，随着质点数的增加，微分方程的数目和初始条件同步增加，导致求解过程的困难程度迅速增大,计算很快便无法进行下去. 这种困难在传统分析模式下是不可克服的，只能牺牲掉一些细节的信息，而更多地关注系统“粗线条”的整体性质——这就是统计力学的出发点. 幸运的是，哈密顿表述对于复杂体系的统计研究是比较合适的，在该框架下对刘维尔定理的证明就是一个有力的例证.

由于体系含有大量质点，初始时刻某个质点在相空间中的确切位置是不知道的[①]，但我们可以用相点的一个集合充满整个相空间，其中每一点都代表一个可能状态. 定义**相点密度**为单位相空间体积中代表点的数量，即

$$\rho=\frac{\mathrm{d}N}{\mathrm{d}V} \tag{3.5.1}$$

其中相空间体积元

$$\mathrm{d}V=\mathrm{d}q_1\mathrm{d}q_2\cdots\mathrm{d}q_s\mathrm{d}p_1\mathrm{d}p_2\cdots\mathrm{d}p_s \tag{3.5.2}$$

2. 刘维尔定理

图 3.5.2 是相空间中的一对正则共轭变量 q_α 和 p_α 所张成平面内的一个面元，其长和宽分别是 $\mathrm{d}t$ 时间内相点广义坐标第 α 个分量的变化 $\mathrm{d}q_\alpha$ 及广义动量第 α 个分量的变化 $\mathrm{d}p_\alpha$. 于是在单位时间内通过左侧边界进入面元的相点数目为

$$\rho\frac{\mathrm{d}q_\alpha}{\mathrm{d}t}\mathrm{d}p_\alpha \tag{3.5.3}$$

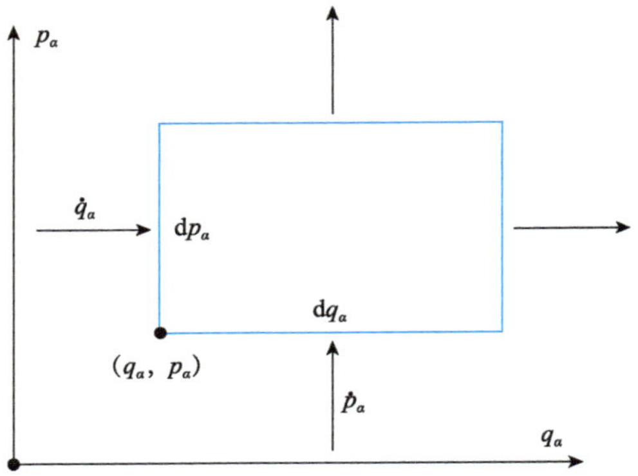

图 3.5.2　刘维尔定理原理图

而单位时间内通过底边进入面元的相点数目为

$$\rho\frac{\mathrm{d}p_\alpha}{\mathrm{d}t}\mathrm{d}q_\alpha \tag{3.5.4}$$

这样，单位时间内进入面元 $\mathrm{d}q_\alpha\mathrm{d}p_\alpha$ 的相点总数为

$$\rho(\dot{q}_\alpha\mathrm{d}p_\alpha+\dot{p}_\alpha\mathrm{d}q_\alpha) \tag{3.5.5}$$

单位时间内从该面元的右方和上方出去的相点总数可以通过上式的一阶泰勒展开来近似表达

$$\left[\rho\dot{q}_\alpha+\frac{\partial}{\partial q_\alpha}(\rho\dot{q}_\alpha)\mathrm{d}q_\alpha\right]\mathrm{d}p_\alpha+\left[\rho\dot{p}_\alpha+\frac{\partial}{\partial p_\alpha}(\rho\dot{p}_\alpha)\mathrm{d}p_\alpha\right]\mathrm{d}q_\alpha \tag{3.5.6}$$

---

① 还需提醒，在上述讨论中我们尚未涉及微观世界中的一个量子特性——海森伯不确定性原理，如果考虑了这一因素，甚至一个微观粒子的经典力学状态也是不可能完全精确知道的.

式(3.5.5)与上式之差就是单位时间内相点密度在该面元的净增加

$$\frac{\partial \rho}{\partial t}\mathrm{d}q_\alpha \mathrm{d}p_\alpha = -\left[\frac{\partial}{\partial q_\alpha}(\rho \dot{q}_\alpha) + \frac{\partial}{\partial p_\alpha}(\rho \dot{p}_\alpha)\right]\mathrm{d}q_\alpha \mathrm{d}p_\alpha \tag{3.5.7}$$

即

$$\frac{\partial \rho}{\partial t} = -\left(\frac{\partial \rho}{\partial q_\alpha}\dot{q}_\alpha + \rho\frac{\partial \dot{q}_\alpha}{\partial q_\alpha} + \frac{\partial \rho}{\partial p_\alpha}\dot{p}_\alpha + \rho\frac{\partial \dot{p}_\alpha}{\partial p_\alpha}\right) \tag{3.5.8}$$

根据哈密顿正则方程(3.1.29)，易得

$$\frac{\partial \dot{q}_\alpha}{\partial q_\alpha} = -\frac{\partial \dot{p}_\alpha}{\partial p_\alpha} = \frac{\partial^2 H}{\partial q_\alpha \partial p_\alpha} \tag{3.5.9}$$

所以式(3.5.8)进一步简化为

$$\frac{\partial \rho}{\partial t} = -\left(\frac{\partial \rho}{\partial q_\alpha}\dot{q}_\alpha + \frac{\partial \rho}{\partial p_\alpha}\dot{p}_\alpha\right) \tag{3.5.10}$$

以上仅考虑了一对共轭量 q_α 和 p_α 的相空间. 当考虑总的相空间时，上式的右边需要对下标 α 求和，即

$$\frac{\partial \rho}{\partial t} + \sum_\alpha \left(\frac{\partial \rho}{\partial q_\alpha}\dot{q}_\alpha + \frac{\partial \rho}{\partial p_\alpha}\dot{p}_\alpha\right) = 0 \tag{3.5.11}$$

上式的左边其实就是相点密度对时间的全微商，也就是说

$$\frac{\mathrm{d}\rho}{\mathrm{d}t} = 0 \tag{3.5.12}$$

这个结果就是**刘维尔定理**，它表明相空间中相点的密度在运动中保持恒定.

在位形空间中没有类似的规律，可见，比之于拉格朗日力学，哈密顿力学能很方便地用于统计力学中.

3. 刘维尔定理的几个应用

由式(3.2.4)可得

$$\frac{\mathrm{d}\rho}{\mathrm{d}t} = \frac{\partial \rho}{\partial t} + [\rho, H] = 0 \tag{3.5.13}$$

当体系达到统计平衡时，$\partial\rho/\partial t=0$，所以此时有

$$[\rho, H] = 0 \tag{3.5.14}$$

上面两个式子在统计力学中可以用来推导各种分布函数.

刘维尔定理还有一些在科学工程上的应用，比如电子束流的聚焦问题. 我们既可以将不同相点看成一个质点的可能状态，也可以用不同相点表示若干质点的确定状态. 忽略电子之间的相互作用，根据刘维尔定理，电子束的相点密度在传输过程中保持不变，也即其相空间体积不变. 所以空间上的压缩，必然导致电子束流在动量空间的膨胀.

3.5.2 经典力学与统计力学 2——位力定理

1. 位力定理

还有一个很重要的统计性质. 考虑一群质点，其位矢 $\boldsymbol{r}_i$ 和动量 $\boldsymbol{p}_i$ 都是有界的，即质点不会运动到无穷远处，动量也不会发散. 定义一个量

$$S \triangleq \sum_i \boldsymbol{p}_i \cdot \boldsymbol{r}_i \tag{3.5.15}$$

其时间微商为

$$\frac{\mathrm{d}S}{\mathrm{d}t} = \sum_i (\boldsymbol{p}_i \cdot \dot{\boldsymbol{r}}_i + \dot{\boldsymbol{p}}_i \cdot \boldsymbol{r}_i) \tag{3.5.16}$$

如果在时间间隔 T 内计算上式的平均值，则有

$$\overline{\frac{\mathrm{d}S}{\mathrm{d}t}} = \frac{1}{T}\int_0^T \frac{\mathrm{d}S}{\mathrm{d}t}\mathrm{d}t = \frac{S(T)-S(0)}{T} \tag{3.5.17}$$

如果系统做周期性运动，而且 T 取运动周期的整数倍时，$S(T)=S(0)$，所以上式为零. 但即使系统做非周期运动，由于 $\boldsymbol{r}_i$ 和 $\boldsymbol{p}_i$ 有界，作为它们函数的 S 也有界，上式的分子必然只是个有限值. 所以只要我们选取充分长的时间 T，上式也趋于零. 这样，我们总有

$$\overline{\sum_i \boldsymbol{p}_i \cdot \dot{\boldsymbol{r}}_i} = -\overline{\sum_i \dot{\boldsymbol{p}}_i \cdot \boldsymbol{r}_i} \tag{3.5.18}$$

上式左边的 $\boldsymbol{p}_i \cdot \dot{\boldsymbol{r}}_i$ 是动能 T_i 的两倍，右边的 $\dot{\boldsymbol{p}}_i$ 是第 i 个质点受到的作用力 $\boldsymbol{F}_i$，所以

$$\overline{\sum_i 2T_i} = -\overline{\sum_i \boldsymbol{F}_i \cdot \boldsymbol{r}_i} \tag{3.5.19}$$

所以系统总动能的平均值

$$\overline{T} = -\frac{1}{2}\overline{\sum_i \boldsymbol{F}_i \cdot \boldsymbol{r}_i} \tag{3.5.20}$$

式(3.5.20)的右边被定义为**均位力积**，简称**位力**（旧作**维里**）. 所以**位力定理**可以表述为：束缚态质点系的平均动能等于其位力.

如果力 $\boldsymbol{F}_i$ 是保守力，则位力定理也可以写成

$$\overline{T} = \frac{1}{2}\overline{\sum_i \nabla V_i \cdot \boldsymbol{r}_i} \tag{3.5.21}$$

例如，两个质点间的相互作用势为幂律形式

$$V = kr^{n+1} \tag{3.5.22}$$

代入式(3.5.21)得到

$$\overline{T} = \frac{n+1}{2}\overline{V} \tag{3.5.23}$$

有两个很熟悉的特例：

(1) 当作用势是谐振子势时，$n=1$，$\overline{T}=\overline{V}$. 这个结果我们早已熟知.

(2) 当作用势是库仑势或万有引力势时，$n=-2$，$\overline{T}=-\overline{V}/2$. 此关系式可以用于天体物理中不同体系能量和质量的估算，小到行星，大到星系团，对后者的研究还揭示出暗物质存在的必要性.

注意:抛物线轨道和双曲线轨道这些开放性轨道的运动不符合位力定理，因为这些情形位矢是无界的.

2. 利用位力定理导出理想气体状态方程

设理想气体系统由 N 个分子组成，被封闭在体积 V 的容器内，若气体的绝对温度为 T，根据能量按自由度均分定理，每个分子的平均动能为 $3kT/2$，其中 k 是玻尔兹曼常量. 所以体系的平均动能为

$$\overline{T}=\frac{3}{2}NkT \tag{3.5.24}$$

式(3.5.20)右边的 $\boldsymbol{F}_i$ 包括容器壁对分子的碰撞力及分子间的碰撞力，当考虑的是理想气体时，后者可以忽略. 令器壁的单位法向矢量 $\boldsymbol{n}$ 从容器内部指向外部，则容器壁面元 $\mathrm{d}S$ 对分子的作用力为

$$\mathrm{d}\boldsymbol{F}=-f\boldsymbol{n}\mathrm{d}S \tag{3.5.25}$$

其中 f 是单位面积容器壁对分子的作用力大小. 所以

$$-\frac{1}{2}\overline{\sum_i \boldsymbol{F}_i\cdot\boldsymbol{r}_i}=\frac{1}{2}\oiint_S f\boldsymbol{n}\mathrm{d}S\cdot\boldsymbol{r}=\frac{p}{2}\oiint_S \boldsymbol{r}\cdot\boldsymbol{n}\mathrm{d}S \tag{3.5.26}$$

其中 p 是 f 在外表面上的平均值，即宏观的压强. 利用数学上的高斯定理，上式变形为

$$-\frac{1}{2}\overline{\sum_i \boldsymbol{F}_i\cdot\boldsymbol{r}_i}=\frac{p}{2}\iiint_V \nabla\cdot\boldsymbol{r}\mathrm{d}V=\frac{3}{2}pV \tag{3.5.27}$$

把式(3.5.24)和上式分别代入式(3.5.20)的左边和右边，约去共同的因子3/2，最后得到

$$NkT=pV \tag{3.5.28}$$

这就是理想气体的状态方程.

3.5.3 经典力学与量子力学——定态薛定谔方程的建立

1. 用哈密顿-雅可比方程导出定态薛定谔方程

在哈密顿表述下，借助于一些关键性假设，我们可以导出量子力学中的基石之一——定态薛定谔方程. 常规量子力学教科书在建立薛定谔方程时，以自由粒子波函数为平面波为出发点，将这种情形所满足的波动方程拓展到有势场存在的形式. 其实历史上薛定谔是从哈密顿力学构建这一伟大方程的.

我们以不含时的单粒子力学体系为例，其哈密顿量为

$$H=\frac{1}{2m}\boldsymbol{p}^2+V(\boldsymbol{r})=\frac{1}{2m}(p_x^2+p_y^2+p_z^2)+V(\boldsymbol{r}) \tag{3.5.29}$$

相应的哈密顿-雅可比方程为

$$\frac{1}{2m}\left[\left(\frac{\partial W}{\partial x}\right)^2+\left(\frac{\partial W}{\partial y}\right)^2+\left(\frac{\partial W}{\partial z}\right)^2\right]+V(\boldsymbol{r})=E \tag{3.5.30}$$

薛定谔的第一个关键假设是令

$$W=\hbar\ln\psi \tag{3.5.31}$$

其中 ψ 无量纲，$\hbar$ 是与哈密顿特性函数同量纲的一比例常数. 将上式代入式(3.5.30)并整理得

$$\frac{\hbar^2}{2m}\left[\left(\frac{\partial \psi}{\partial x}\right)^2+\left(\frac{\partial \psi}{\partial y}\right)^2+\left(\frac{\partial \psi}{\partial z}\right)^2\right]+[V(\boldsymbol{r})-E]\psi^2=0 \tag{3.5.32}$$

薛定谔的第二个关键假设是认为微观领域的粒子并不直接满足上述方程，而是左边部分对起始和终点的空间积分后的变分为零，即

$$\delta\int_1^2\frac{\hbar^2}{2m}\left[\left(\frac{\partial \psi}{\partial x}\right)^2+\left(\frac{\partial \psi}{\partial y}\right)^2+\left(\frac{\partial \psi}{\partial z}\right)^2\right]+[V(\boldsymbol{r})-E]\psi^2\,\mathrm{d}\boldsymbol{r}=0 \tag{3.5.33}$$

上式可简写为

$$\delta\int_1^2\frac{\hbar^2}{2m}(\nabla\psi)^2+(V-E)\psi^2\,\mathrm{d}\boldsymbol{r}=0 \tag{3.5.34}$$

将变分算符作用到被积函数，将变分与梯度算符交换顺序，然后将整个式子除以 2 得

$$\int_1^2\frac{\hbar^2}{2m}\nabla\psi\cdot\nabla\delta\psi+[V(\boldsymbol{r})-E]\psi\delta\psi\mathrm{d}\boldsymbol{r}=0 \tag{3.5.35}$$

上式左边第一项的核心部分进行分部积分得

$$\begin{aligned}\int_1^2\nabla\psi\cdot\nabla\delta\psi\mathrm{d}\boldsymbol{r}&=\int_1^2[\nabla\cdot(\nabla\psi\delta\psi)-\nabla^2\psi\delta\psi]\mathrm{d}\boldsymbol{r}\\&=\oint\!\!\!\oint_S(\nabla\psi\delta\psi)\cdot\mathrm{d}S-\int_1^2\nabla^2\psi\delta\psi\mathrm{d}\boldsymbol{r}\end{aligned} \tag{3.5.36}$$

一个有物理意义的 ψ 须使得上式中的表面积分为零，于是式(3.5.21)简化为

$$\int_1^2\left\{-\frac{\hbar^2}{2m}\nabla^2\psi+[V(\boldsymbol{r})-E]\psi\right\}\delta\psi\mathrm{d}\boldsymbol{r}=0 \tag{3.5.37}$$

由于 $\delta\psi$ 的任意性，上式中的被积函数为零，即

$$-\frac{\hbar^2}{2m}\nabla^2\psi+V(\boldsymbol{r})\psi=E\psi \tag{3.5.38}$$

写成分量形式为

$$-\frac{\hbar^2}{2m}\left(\frac{\partial^2\psi}{\partial x^2}+\frac{\partial^2\psi}{\partial y^2}+\frac{\partial^2\psi}{\partial z^2}\right)+V(\boldsymbol{r})\psi=E\psi \tag{3.5.39}$$

式(3.5.38)或(3.5.39)就是当体系的哈密顿函数不显含时间时，微观粒子所

满足的基本方程，即定态薛定谔方程.

2. 进一步讨论

从上述推导过程可知，定态薛定谔方程几乎完全在经典力学的哈密顿理论框架中建立，这说明了哈密顿表述具备不囿于经典力学的强大生命力，究其原因，是哈密顿表述采用了能量作为研究的出发点，而不是牛顿表述的核心——力，因为后者在微观世界中没有合适的对应，而能量的概念在各种尺度上都是有效的物理量.

当然，薛定谔的两个关键假设在薛定谔方程建立的过程中也是至关重要的. 这里我们不妨尝试来“理解”它们. 第一个假设的作用是将描述经典世界的宏观量 W 与描述量子世界的微观量 ψ 联系起来. 其实式(3.5.21)多少让人联想到一个形式上非常相似的统计物理中著名的玻尔兹曼关系

$$S = k\ln\Omega \tag{3.5.40}$$

其中 S 是宏观量熵，k 是玻尔兹曼常量，Ω 是系统的微观状态数. 而第二个假设表达的是量子体系与经典体系的区别：后者中的 ψ 以式(3.5.32)的表述形式强制为零，对应着经典性质的波；而前者的 ψ 则免除了这种限制，代之以让这种表述形式具有稳定性，即其变分为零的式(3.5.33)，反映了微观世界的可叠加性.

这些“理解”都只是后人的一种猜测，其实薛定谔本人对这两个假设也表示难以理解. 实际上，科学上的一些重大突破都是这样“不可理喻”的，再如普朗克解释“黑体辐射”时引入的辐射量子化假设，尽管现在看来很平常，但在当时绝对是个“疯狂”的想法，以至于他本人在很长时间也无法理解. 这些现象，一方面说明科学研究的超时代性，另一方面也表明，科学研究有着自身独特的内在规律，绝非单靠按部就班的推演所能成就的.

小结

本章介绍了分析力学的哈密顿体系，它在拉格朗日体系的基础上进一步抽象化，将广义动量提高到与广义坐标对等的地位，使得力学体系的数学表述有了比拉格朗日体系更大的选择空间. 3.1 节是本章的基础，我们首先通过数学上的勒让德变换引入哈密顿函数，并从拉格朗日方程出发建立哈密顿正则方程；随后，与第 1 章建立拉格朗日方程时采用的两种途径相似，我们又从哈密顿原理的途径再次建立了哈密顿正则方程，这就有力地表明哈密顿原理和牛顿方程、拉格朗日方程及哈密顿正则方程一样，都可以作为力学体系的基本原理；接着通过比较哈密顿体系和拉格朗日体系中循环坐标的异同点，阐明了形式上介于拉格朗日方程和哈密顿正则方程之间的劳斯方法在求解问题时的优越性. 在 3.2 节中我们介绍了用泊松括号的形式来描述研究体系的动力学规律，不但具有形式上的优美、对称，还可以方便构建有限的新运动积分. 在 3.3 节中我们分析了四种正则变换的方法，表明相空间中一组恰当的坐标变换可以帮助找到更多的循环坐标，甚至所

有的广义坐标都是循环坐标，这就给问题的求解带来实质性的便利，尽管寻找最优生成函数比较困难；作为一个特别应用，还介绍了无限小正则变换. 在 3.4 节中我们讨论了一种特殊的正则变换所导出的哈密顿-雅可比方程，用此方程求解问题时，生成函数的构建不再像 3.3 节那样靠妙手偶得，而是有章可循，水到渠成. 最后在3.5 节，我们以刘维尔定理和位力定理的证明，以及定态薛定谔方程的建立过程为例，揭示了经典力学与统计力学及量子力学这些近代物理学科有着千丝万缕的联系，从而在一定程度上表明了近代物理学发展的必然性.

至此，分析力学的基本内容已经介绍完毕. 回顾分析力学的诞生、成熟和延伸，我们再次体会了自然科学体系所共有的连续性、创新性和开放性. 分析力学通过对牛顿力学形式上的变革，从以力为中心转到以能量、作用量为中心，从实在空间转到位形空间，再到相空间，一步步走向抽象和普适，充分展现了人类认知能力的强大和物理体系丰富的内涵. 鉴于此，我们坚信，本书为后续理论物理课程的学习提供了必需的数理技能和思维上的准备.

学海泛舟 3：理论体系的非唯一性与问题的本质

问题的本质未必能随着问题的“解决”而展现出来. 在对某类问题的探索中，人们先发现了某种“解决”问题的方法，随着屡试不爽的实践经验，人们往往感性地唯此方法独尊，进而认为它真的揭开了问题的本质. 然而，一旦后人获得了新方法，旧方法便失去了唯一性，其“神圣感”难免降低. 如果新方法“不幸”有着更普遍的适用范围，那么人们就会在经过一段尴尬的失落后，欣然地将“光环”笼罩在新方法上. 但细究起来，一个方法的成功，只是表明它能由“输入”正确地判断出“输出”而已，未必就是（几乎肯定不是）“终极”理论，而问题的真实面目仍然深藏在一个“灰箱”里.

具体到力学学科，我们在彰显分析力学体系比之于牛顿体系的长处的同时，务必要思考它的不足之处. 比如，哈密顿原理（与此相似的还有光学中的费马原理）隐含的目的论，至少有一点令人不安：它要求在一个物理的世界里，必须存在非物理的超距作用——这显然是“阿喀琉斯的脚后跟”.

第 4 章　刚体的运动

在 3.5.1 小节中我们已经说到，当质点系中的质点数目较大时，实际上一般是无法求解每个质点在任意时刻的状态的，只能分析体系的统计性质．但至少有一种例外，我们仍然可以得到体系的所有信息，这种情形就是体系内所有质点的相对位置都保持不变．我们把具有这种特殊性质的质点系称为**刚体**．

当然，理想的刚体是不存在的，可以从两个角度阐明这一点．其一，实际的固体，如铁块、钢球，甚至最硬的金刚石，微观地看来，基本成分都是原子或分子，彼此间通过电磁相互作用（主要是静电作用）和一些量子机制在各自平衡位置附近作无规的热振动．当有外力作用时，这些原子分子的振动中心将发生移动，进而产生宏观上固体的形变．其二，理想刚体具有无限的硬度，根据经典理论，如果在其某处施加一力，则其他部分应该立即感受此力的影响，不需要任何时间．这显然与相对论的观点——任何相互作用的传播速度不能超过真空光速相矛盾．

但这样一个数学上的简化在很多场合下仍然是有效的．首先，考虑到在常规大小的作用力下，很多固体系统形状和大小的改变远小于它们位置的改变，而我们感兴趣的只是它们的整体运动而非内部状态的细节；再者，尽管实际固体中力的传递速度不可能达到真空光速的大小，更不会是无穷大，但比一般固体的机械运动速度还是大若干量级的．

物理学经常对研究对象进行必要的简化，从而能用尽可能简洁明晰的数学工具对其进行定量分析．如果一味拘泥于对研究对象描述的精确性，必然要面临过多的参量和过于复杂的方程，以至于研究工作无法展开．当然这种简化必须使得研究对象的最关键属性能在一定精确程度上保留下来，而且一般都有一定的适用条件，否则所得结果可能就“面目全非”了．对于机械运动系统，最关键的属性就是形状、位置、速度等基本力学量．用刚体来表征实际的固体，是物理学简化研究对象的一个典型例子．其他的例子还有质点和点电荷，它们分别是当质量体和带电体的线度远小于相互作用尺度时的有效简化．这两种简化，我们早已分别在普通力学和电磁学中运用自如了．其实从历史上看，一些物理上的简化并没有上述非常充足的理由，而只是为了能让研究进行下去．简化的有效性可以由实验这个最高裁判官来评判. 一旦“判决有效”，最终总会有人从理论上来解释这种简化的合理性.

在本章的内容里，我们经常按刚体的定义，将刚体视为离散质点的集合；而有时候又将刚体当作一个连续体. 这两种观点，处理宏观的刚体时是可以视讨论的需要交替使用的. 究其原因，宏观刚体包含了大量的原子分子，它们之间的距离远小于我们所研究的宏观距离，因而离散的观点和连续的观点不会导致任何宏观上的差别. 只是在具体计算中，连续的观点更受欢迎，因为它将离散观点下的求和简化为积分，给计算带来了极大的便利. 但必须注意，如果研究对象仅包含几百、几十，甚至几个分子时，连续的观点就可能给计算带来一定的误差，在需要精度很高的定量研究时必须恢复研究对象的本来面目.

4.1 刚体运动的描述

4.1.1 刚体的自由度和运动分类

1. 自由刚体的自由度

在三维空间中，含有 N 个质点的自由质点系的自由度为 $3N$. 但具有 N 个质点的刚体，其自由度却远远取不到这个值，因为这些质点彼此的距离必须保持不变，刚体的自由度应该是 $3N$ 减去独立的关于相对位置的约束关系. 但判断这些约束关系的独立性并非一目了然，于是我们不妨换一个思路分析刚体的自由度. 由经验可知，要想确定一个刚体上所有质点的位置，只需知道其中任意三个不共线质点的位置就可以了. 它们共有 9 个坐标，扣除彼此之间距离保持不变的三个约束关系，我们立即得到刚体的自由度是 6.

也可以这样来细致地理解这一问题. 如图 4.1.1(a)所示，先选取刚体内部任意三个不共线的质点，如上一段分析，这三个质点构成的小体系的自由度为 6. 然后再选取刚体内其他的任一质点加入该小体系，见图 4.1.1(b). 新增的质点一方面增加了 3 个自由度，但同时也增加了 3 个独立的约束关系. 这样净效应就是没有增加实际自由度，新的小体系自由度仍然是 6. 在图 4.1.1(c)中，增加了第五个质点，尽管由此新添了该点到其他四个点距离为常数这四个约束关系，但只需其中的三个关系就能确定第五个质点的三个坐标分量，另一个约束关系不独立，这样自由度仍然为 6. 按此道理，逐点将刚体中的其他质点加入小体系，直至小体系扩大到成为整个刚体，自由度依然保持为 6.

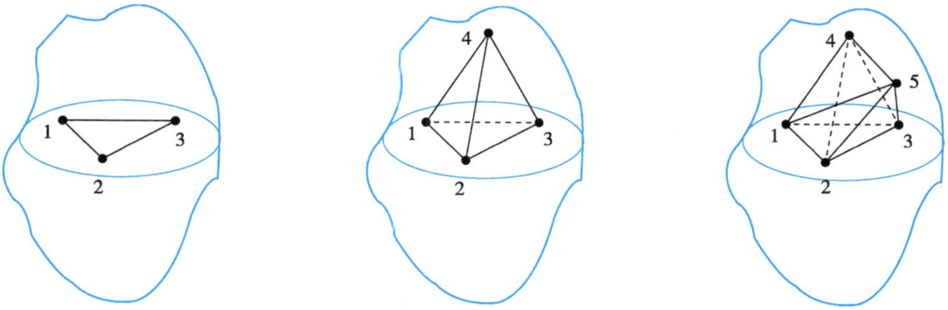

(a) (b) (c)

图 4.1.1 刚体的自由度

2. 刚体运动的分类

如果除了上述刚性约束外，还有一些附加约束，则刚体自由度会进一步减小. 我们可以选择一些特别的附加约束，对刚体运动作如下分类.

(1)**平动**：当刚体运动时，其上的所有质点具有相同的速度和加速度，以其中一个质点的运动就可以表征整个刚体的运动，因而自由度是 3.

(2)**定轴转动**：当刚体运动时，刚体上有两个质点保持位置不变，由于其余质点与这两个质点的距离要保持不变，可能的运动只能是以两个质点所在直线为轴，做自由度为 1 的转动.

(3)**平面平行运动**：当刚体运动时，刚体上任一点始终处于同一平面内，有两个平动自由度和一个转动自由度，总自由度为 3.

(4)**定点转动**：当刚体运动时，刚体上有一点保持位置不变，增加了三个约束关系，因而自由度由一般情形的 6 减少为 3.

(5)**一般运动**：刚体不受任何附加约束，自由度为 6.

由于前三种情况较为简单，且在上册中已经介绍，而一般运动可以分解为平动和定点转动的组合①，所以本章的内容围绕定点转动展开.

4.1.2 刚体运动的欧拉定理

1. 惯性坐标系和本体坐标系

在研究刚体的运动时，需要用到两种坐标系. 一种是普通的**惯性坐标系**，或称**空间坐标系**、**固定坐标系**，它是观察者所在的参考系. 另一种固定在刚体上并与刚体同步运动，称为**本体坐标系**. 惯性坐标系的最大优点正如其名称所表明的，它是一个惯性系，方便建立动力学方程，而且由于其坐标轴方向固定不变，

① 参见 4.1.2 小节的沙勒定理.

该坐标系中的某一力学量对时间微商时，只需计算其各个分量的时间微商. 但缺点是刚体的一些几何参量在该系中的表达往往不能一目了然，且处于变动之中. 在本体坐标系中，刚体几何参量的表达很直观简单，也不会随时间改变. 但由于该系坐标轴随刚体的运动而同步运动，所以在计算刚体的某一力学量对时间的微商时，除了需要计算其各分量对时间的微商外，还需要考虑各坐标轴基矢对时间的微商.

两种坐标系各有利弊，我们可以通过找到它们之间的联系，恰当使用这两套坐标系描述刚体运动状态，使它们扬长避短地发挥作用.

2. 刚体运动的欧拉定理

刚体运动的欧拉定理的表述是：具有一个固定点的刚体的任一位移，等效于绕该定点的某一轴线的转动.

证明 将本体坐标系和惯性坐标系的原点都取在该固定点上，则刚体绕固定点运动时，坐标系的原点不变，只是各个坐标轴随刚体的运动而改变方向，由线性代数知识，此时坐标系在做纯转动. 于是，我们只要证明任一纯转动可等效为绕过原点的某轴线的转动，则欧拉定理得证.

设转动矩阵为 $\boldsymbol{A}$，一旦我们找到列向量 $\boldsymbol{R}$，使得

$$\boldsymbol{AR} = \boldsymbol{R} \tag{4.1.1}$$

则 $\boldsymbol{R}$ 所代表的轴线就是欧拉定理中的那条轴线，这等价于 $\boldsymbol{A}$ 具有本征值+1. 这样，欧拉定理的等效表述为：具有某固定点的刚体的实际运动所对应的转动矩阵必定有本征值+1.

由线性代数的知识，表示转动的矩阵为三阶正交矩阵，所以有

$$\boldsymbol{A}^{\mathrm{T}}\boldsymbol{A} = \boldsymbol{A}\boldsymbol{A}^{\mathrm{T}} = \boldsymbol{I} \tag{4.1.2}$$

上式表示正交矩阵与其转置矩阵互为逆矩阵. 由上式可得

$$(\boldsymbol{A}-\boldsymbol{I})\boldsymbol{A}^{\mathrm{T}} = \boldsymbol{I}-\boldsymbol{A}^{\mathrm{T}} \tag{4.1.3}$$

两边取行列式得

$$|\boldsymbol{A}-\boldsymbol{I}||\boldsymbol{A}^{\mathrm{T}}| = |\boldsymbol{I}-\boldsymbol{A}^{\mathrm{T}}| \tag{4.1.4}$$

一般正交矩阵的行列式为+1或−1，但可以证明表示转动的转动矩阵的行列式一定是+1，即

$$|\boldsymbol{A}| = 1 \tag{4.1.5}$$

理由是，任何转动可以看成由单位矩阵开始逐渐演化的过程，由于单位矩阵的行列式为+1，在这个演化过程中行列式必然保持为+1，不可能跳变到−1. 根据这一性质，以及转置矩阵与原矩阵的行列式相同的性质，式(4.1.4)可变为

$$|\boldsymbol{A}-\boldsymbol{I}| = |(\boldsymbol{I}-\boldsymbol{A}^{\mathrm{T}})^{\mathrm{T}}| = |\boldsymbol{I}-\boldsymbol{A}| = -|\boldsymbol{A}-\boldsymbol{I}| \tag{4.1.6}$$

上式的最后一个关系之所以成立，是因为空间维数是3. 于是有

$$|\boldsymbol{A}-\boldsymbol{I}| = 0 \tag{4.1.7}$$

可见矩阵至少有一个本征值为+1. 至此问题得证.

欧拉定理的一个直接的推论是**沙勒定理**，即刚体的一般运动是平动加转动. 这是因为，刚体的一般运动可以视为刚体中某点的平动加上刚体相对于此点的运动. 而根据欧拉定理，后一运动就是绕过该点的某转轴的转动.

式(4.1.6)的最后一个等号是否成立，关键在于刚体的转动是否是在奇数维空间进行的. 如果实际空间是偶数维，则

$$|\boldsymbol{A}-\boldsymbol{I}|=|\boldsymbol{I}-\boldsymbol{A}| \tag{4.1.8}$$

这样便不能得到式(4.1.7)，无法保证转动矩阵有本征值+1，因而得不到欧拉定理. 换句话说，在偶数维空间，具有一个固定点的刚体的任一位移一般不能等效于绕过该定点的某一轴线的转动. 在理解这一点时，请务必注意不要被两维的情形所迷惑，刚体在 xy 平面内运动时，转动轴是第三维空间的 z 轴！更高维的情形才是值得深入思考的.

“宏观世界空间为什么是三维的?”是一个有趣的问题. 尽管物理学现在还不能很好地解释这个司空见惯的事实，但大自然偶尔会泄露这一维数与其他维数的不同之处. 除了这里的例子，另外的例子还有电磁波在不同维度空间的传播特性不同. 此外，不同维度空间中生物体的存在性与特性的分析也能从一个侧面来品味这一问题.

4.1.3 无限小转动和角速度

1. 有限转动不是矢量

直观上，转动操作既有大小，也有方向，很容易认为它一定是个矢量，但其实不然，有限转动就不符合矢量的基本性质——加法的可交换性. 我们不妨考察一下长方体的一些特殊的转动. 在图 4.1.2 中，长方体先绕水平轴旋转 90°，再绕竖直轴旋转 90°. 而在图 4.1.3 中，长方体处于同样的初始位置，先绕竖直轴旋转 90°，再绕水平轴旋转 90°. 也即两图中对两个长方体分别进行了相同的两次转动，只是两次转动的先后顺序相反，然而两个长方体的最终位置却完全不同.

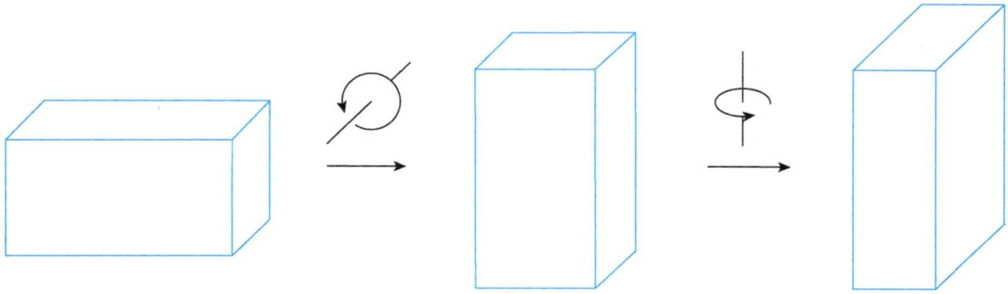

(a) (b) (c)

图 4.1.2 长方体先绕水平轴旋转 90°，再绕竖直轴旋转 90°

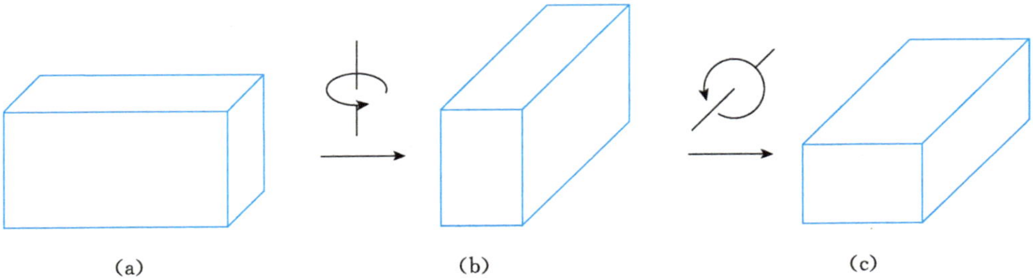

图 4.1.3　长方体先绕竖直轴旋转 90°，再绕水平轴旋转 90°

尽管从逻辑上讲，否定一个判断只需要一个反例即可，但可以有其他思路更能揭示问题的本质．我们可以用描述转动的正交矩阵的性质来说明这一问题．设对某位矢 $\boldsymbol{R}$ 施行两个有限转动操作，它们分别用转动矩阵 $\boldsymbol{A}_1$ 和 $\boldsymbol{A}_2$ 来表征．有两种操作方式如下：

$$方式 1：\quad \boldsymbol{R} \rightarrow \boldsymbol{R}_1 = \boldsymbol{A}_1\boldsymbol{R} \rightarrow \boldsymbol{R}_{21} = \boldsymbol{A}_2\boldsymbol{A}_1\boldsymbol{R}$$

$$方式 2：\quad \boldsymbol{R} \rightarrow \boldsymbol{R}_2 = \boldsymbol{A}_2\boldsymbol{R} \rightarrow \boldsymbol{R}_{12} = \boldsymbol{A}_1\boldsymbol{A}_2\boldsymbol{R}$$

由于矩阵相乘时，一般不满足交换律，即

$$\boldsymbol{A}_1\boldsymbol{A}_2 \neq \boldsymbol{A}_2\boldsymbol{A}_1 \tag{4.1.9}$$

所以上述两种操作所得到的两个位矢一般也不相等，即

$$\boldsymbol{R}_{21} \neq \boldsymbol{R}_{12} \tag{4.1.10}$$

于是转动效果与两次转动操作的先后顺序有关．因此，有限转动尽管具有方向性，但不满足加法的交换性，不属于矢量．

2. 无限小转动是矢量

量变可以产生质变，当转动的幅度为无限小的时候，就能够满足矢量的可交换性了．证明如下．

证明　无限小转动对应的矩阵与单位矩阵相差一个一阶小量，因而可表示为

$$\boldsymbol{A}_1 = \boldsymbol{I} + \boldsymbol{\varepsilon}_1, \quad \boldsymbol{A}_2 = \boldsymbol{I} + \boldsymbol{\varepsilon}_2 \tag{4.1.11}$$

所以

$$\boldsymbol{A}_1\boldsymbol{A}_2 = (\boldsymbol{I} + \boldsymbol{\varepsilon}_1)(\boldsymbol{I} + \boldsymbol{\varepsilon}_2) = \boldsymbol{I} + \boldsymbol{\varepsilon}_1 + \boldsymbol{\varepsilon}_2 + \boldsymbol{\varepsilon}_1\boldsymbol{\varepsilon}_2 \approx \boldsymbol{I} + \boldsymbol{\varepsilon}_1 + \boldsymbol{\varepsilon}_2 \tag{4.1.12}$$

其中忽略了二阶小量．

由于上式形式对下标 1 和 2 的对称性，可以预见 $\boldsymbol{A}_2\boldsymbol{A}_1$ 的运算结果与上式相同，所以无限小转动符合矢量的加法交换性，可以定义成一种矢量．

3. 角速度

设考虑了方向的小转动角用 $\Delta\boldsymbol{n}$ 表示，定义角速度是角位移对时间的微商，即

$$\boldsymbol{\omega} = \lim_{\Delta t \to 0} \frac{\Delta \boldsymbol{n}}{\Delta t} = \frac{\mathrm{d}\boldsymbol{n}}{\mathrm{d}t} \tag{4.1.13}$$

前面我们已经得到无限小转动 d$\boldsymbol{n}$ 是矢量，又因为 dt 是标量，于是 d$\boldsymbol{n}$/dt 即角速度 $\boldsymbol{\omega}$ 必为矢量，其方向遵照右手定则.

4.1.4 刚体上任一点的速度和加速度

1. 纯转动情形

设刚体绕过定点 O 的一轴线转动了一个小角度 $\Delta\varphi$，刚体上一点 P 转动前的位矢为 $\boldsymbol{r}$，转动后的位矢为 $\boldsymbol{r}'$，位矢变化量为 $\Delta\boldsymbol{r}$. 由图 4.1.4 可知

$$\Delta r = \overline{PC}\Delta\varphi = r\sin\theta\Delta\varphi \tag{4.1.14}$$

用 $\Delta\boldsymbol{n}$ 表示考虑了方向的 $\Delta\varphi$，则上式的矢量形式为

$$\Delta\boldsymbol{r} = \Delta\boldsymbol{n}\times\boldsymbol{r} \tag{4.1.15}$$

将上式两边除以 Δt 并令 $\Delta t\to 0$，则

$$\lim_{\Delta t\to 0}\frac{\Delta\boldsymbol{r}}{\Delta t} = \lim_{\Delta t\to 0}\frac{\Delta\boldsymbol{n}}{\Delta t}\times\boldsymbol{r} \tag{4.1.16}$$

上式的左边就是 P 点的瞬时速度 $\boldsymbol{v}$，再根据角速度的定义式(4.1.13)，上式改写成

$$\boldsymbol{v} = \boldsymbol{\omega}\times\boldsymbol{r} \tag{4.1.17}$$

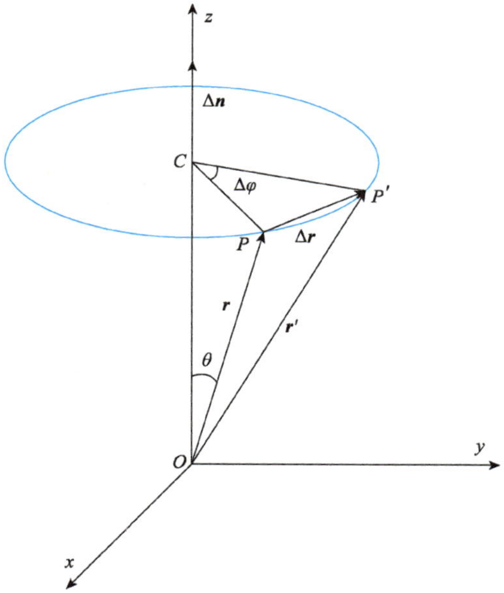

图 4.1.4 纯转动刚体上任一点的速度

P 点加速度可以如下推出：

$$\boldsymbol{a} = \frac{\mathrm{d}}{\mathrm{d}t}(\boldsymbol{\omega}\times\boldsymbol{r}) = \frac{\mathrm{d}\boldsymbol{\omega}}{\mathrm{d}t}\times\boldsymbol{r}+\boldsymbol{\omega}\times\frac{\mathrm{d}\boldsymbol{r}}{\mathrm{d}t} = \frac{\mathrm{d}\boldsymbol{\omega}}{\mathrm{d}t}\times\boldsymbol{r}+\boldsymbol{\omega}\times(\boldsymbol{\omega}\times\boldsymbol{r}) \tag{4.1.18}$$

推导上式的最后一步等号时利用了式(4.1.17).

2. 一般运动情形

设 C 点为参考基点，根据沙勒定理，刚体运动分解为刚体随基点 C 的平动加上绕 C 的纯转动. 所以 P 点的运动速度为基点 C 的平动速度与绕 C 点转动的速度式(4.1.17)之和

$$\boldsymbol{v}=\boldsymbol{v}_C+\boldsymbol{\omega}\times\boldsymbol{r} \tag{4.1.19}$$

相应的加速度为

$$\boldsymbol{a}=\boldsymbol{a}_C+\frac{\mathrm{d}\boldsymbol{\omega}}{\mathrm{d}t}\times\boldsymbol{r}+\boldsymbol{\omega}\times(\boldsymbol{\omega}\times\boldsymbol{r}) \tag{4.1.20}$$

尽管随着参考基点的不同，$\boldsymbol{r}$ 会不同，但 $\boldsymbol{\omega}$ 始终不变，证明如下.

如图 4.1.5 所示，设另取基点 C'，则 P 点速度也可表示为

$$\boldsymbol{v}=\boldsymbol{v}_{C'}+\boldsymbol{\omega}'\times\boldsymbol{r}' \tag{4.1.21}$$

其中 $\boldsymbol{r}'$是 P 点相对于 C'点的位矢，$\boldsymbol{\omega}'$是 P 点相对于 C'点的角速度.

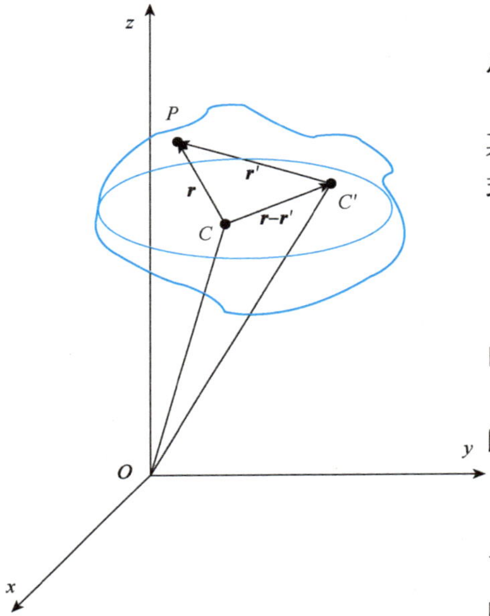

图 4.1.5　一般运动刚体上任一点的速度

根据式(4.1.19)，选择 C 点为参考基点时，C'点的速度是

$$\boldsymbol{v}_{C'}=\boldsymbol{v}_C+\boldsymbol{\omega}\times(\boldsymbol{r}-\boldsymbol{r}') \tag{4.1.22}$$

其中 $\boldsymbol{r}-\boldsymbol{r}'$ 是 C' 相对于 C 的位矢. 由式(4.1.19)减去式(4.1.22)得

$$\boldsymbol{v}-\boldsymbol{v}_{C'}=\boldsymbol{\omega}\times\boldsymbol{r}' \tag{4.1.23}$$

上式与式(4.1.21)比较，则有

$$(\boldsymbol{\omega}-\boldsymbol{\omega}')\times\boldsymbol{r}'=0 \tag{4.1.24}$$

由于 $\boldsymbol{r}'$的任意性，上式恒成立的条件是

$$\boldsymbol{\omega}=\boldsymbol{\omega}' \tag{4.1.25}$$

问题得证.

3. 转动瞬轴

在上册刚体的平面平行运动中，介绍了转动瞬心的概念. 这里我们讨论在刚体的一般运动中，此概念的拓展.

把式(4.1.22)变换成

$$\boldsymbol{v}_C=\boldsymbol{v}_{C'}+\boldsymbol{\omega}\times(\boldsymbol{r}'-\boldsymbol{r}) \tag{4.1.26}$$

这里的 $\boldsymbol{r}'-\boldsymbol{r}$ 是 C 与 C'之间的相对位矢，与 P 无关. 另一方面，固定 C'，参考基点 C 可以选择刚体上的任一点，甚至刚体外一点，只要该点保持与刚体内各点的相对位置不变，所以 $\boldsymbol{r}'-\boldsymbol{r}$ 在整个本体坐标空间各个方向、各种长度都有可能，从而 $\boldsymbol{v}_C$也是如此. 所以除去 $\boldsymbol{v}_C/\!/\boldsymbol{\omega}$ 这样的平庸情形，必然存在一个点 C，使得

$$\boldsymbol{v}_C=0 \tag{4.1.27}$$

此时，式(4.1.19)简化成

$$\boldsymbol{v}=\boldsymbol{\omega}\times\boldsymbol{r} \tag{4.1.28}$$

我们把具有性质(4.1.27)的参考基点称为**转动瞬心**.

对于一般刚体运动，一旦有一个基点满足式(4.1.27)，就必然有无穷多个同样性质的基点，因为将式(4.1.26)中的 $\boldsymbol{r}$ 换成

$$\boldsymbol{r}+l\boldsymbol{\omega}/\omega \tag{4.1.29}$$

不影响计算结果(其中 l 可以是任意长度). 从上式可以看出，所有的转动瞬心恰构成一条与 $\boldsymbol{\omega}$ 方向平行的直线，我们称此直线为**转动瞬轴**. 转动瞬轴是平面平行运动中转动瞬心概念的拓展.

需要注意的是，转动瞬心和转动瞬轴都只是在某时刻静止，但加速度并不是零. 不能通过对式(4.1.28)做时间微商来求得加速度.

转动瞬心在惯性系中随时间演化的轨迹称为**空间极迹**，在本体系中随时间演化的轨迹称为**本体极迹**. 转动瞬轴在惯性系中随时间扫出的曲面称为**空间极面**，在本体系中随时间扫出的曲面称为**本体极面**.

4.2 欧拉刚体运动学方程

4.2.1 欧拉角

1. 欧拉角的构建

从一坐标系到另一坐标系的变换可以用如下的矩阵形式来表示：

$$\boldsymbol{x}=\boldsymbol{A}\boldsymbol{x}' \tag{4.2.1}$$

如果分别令 $\boldsymbol{x}'$和 $\boldsymbol{x}$ 表示惯性坐标系和本体坐标系中的矢量，则旋转矩阵 $\boldsymbol{A}$ 完全描述了这两个坐标系的相对取向. 该矩阵包含三个独立的参量①，原则上有很多选法，但习惯上采用如下定义的**欧拉角**. 人们可以通过按照特定次序的三次相对转动来完成从惯性坐标系到本体坐标系的变换，而欧拉角就是这三次变换中相继转动的角度.

如图 4.2.1(a)所示，第一次旋转是 $x'y'z'$坐标系绕 z'轴逆时针旋转 φ 角，得到 $x''y''z''$系. 此转动发生在 $x'y'$平面，变换矩阵为

$$\boldsymbol{A}_\varphi=\begin{pmatrix}\cos\varphi & \sin\varphi & 0\\ -\sin\varphi & \cos\varphi & 0\\ 0 & 0 & 1\end{pmatrix} \tag{4.2.2}$$

第二次旋转是 $x''y''z''$坐标系绕 x''轴逆时针旋转 θ 角，得到 $x'''y'''z'''$系，参

① 任意 3×3 阶实数矩阵有 9 个独立参量，但式(4.1.2)中有 6 个独立约束关系，独立参量个数减少为 9−6=3.

见图 4.2.1(b). 转动发生在 $y''z''$平面，变换矩阵为

$$\boldsymbol{A}_\theta = \begin{pmatrix} 1 & 0 & 0 \\ 0 & \cos\theta & \sin\theta \\ 0 & -\sin\theta & \cos\theta \end{pmatrix} \tag{4.2.3}$$

ON 即 $x''(x''')$ 轴，是 $x''y''$平面与 $x'''y'''$平面的交线，称为**节线**.

第三次旋转是 $x'''y'''z'''$ 坐标系绕 z''' 轴逆时针旋转 ψ 角，得到 xyz 系，如图4.2.1(c)所示. 转动发生在 $x'''y'''$平面，变换矩阵为

$$\boldsymbol{A}_\psi = \begin{pmatrix} \cos\psi & \sin\psi & 0 \\ -\sin\psi & \cos\psi & 0 \\ 0 & 0 & 1 \end{pmatrix} \tag{4.2.4}$$

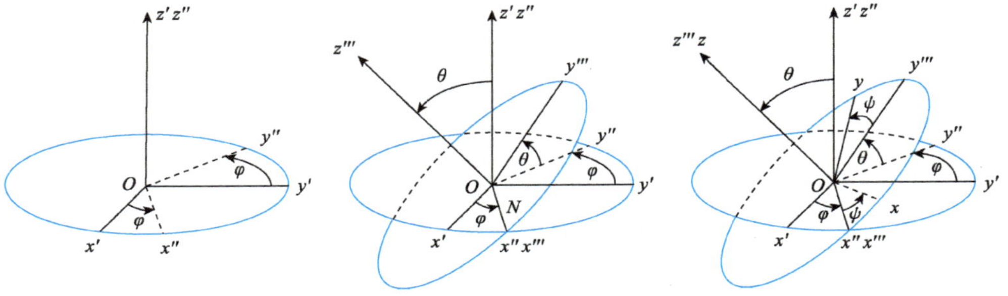

图 4.2.1　欧拉角

于是从 $\boldsymbol{x}'$系到 $\boldsymbol{x}$ 系的总变换矩阵 $\boldsymbol{A}=\boldsymbol{A}_\psi\boldsymbol{A}_\theta\boldsymbol{A}_\varphi$ 为

$$\begin{pmatrix} \cos\varphi\cos\psi-\cos\theta\sin\varphi\sin\psi & \sin\varphi\cos\psi+\cos\theta\cos\varphi\sin\psi & \sin\theta\sin\psi \\ -\cos\varphi\sin\psi-\cos\theta\sin\varphi\cos\psi & -\sin\varphi\sin\psi+\cos\theta\cos\varphi\cos\psi & \sin\theta\cos\psi \\ \sin\theta\sin\varphi & -\sin\theta\cos\varphi & \cos\theta \end{pmatrix} \tag{4.2.5}$$

式(4.2.1)的逆变换为

$$\boldsymbol{x}' = \boldsymbol{A}^{-1}\boldsymbol{x} = \boldsymbol{A}^{\mathrm{T}}\boldsymbol{x} \tag{4.2.6}$$

上式的第二步结果利用了 $\boldsymbol{A}$ 是正交矩阵，其逆矩阵等于其转置矩阵的性质.

三个欧拉角 φ、θ 和 ψ 依次叫做**进动角**、**章动角**和**自转角**，取值范围分别是

$$0\leqslant\varphi<2\pi,\quad 0\leqslant\theta\leqslant\pi,\quad 0\leqslant\psi<2\pi \tag{4.2.7}$$

2. 欧拉角的其他形式

不同领域、不同教科书对欧拉角的定义不尽相同. 原则上，从空间坐标系到本体坐标系的三次转动有若干不同的选择. 第一次转动可以绕三个笛卡儿坐标轴中的任何一个，第二次转动可以绕其余两轴之一进行，第三次转动方向只要不同于第二次就可以，所以也存在两种选择. 这样欧拉角总共有 3×2×2=12 种定义方式.

不妨略加讨论这样定义的一种欧拉角：第一次和第三次转动同前文中的情

况，但第二次转动改为绕 y''轴进行．这里我们直接给出相应的总变换矩阵为

$$\begin{pmatrix} -\sin\varphi\sin\psi+\cos\theta\cos\varphi\cos\psi & \cos\varphi\sin\psi+\cos\theta\sin\varphi\cos\psi & -\sin\theta\cos\psi \\ -\sin\varphi\cos\psi-\cos\theta\cos\varphi\sin\psi & \cos\varphi\cos\psi-\cos\theta\sin\varphi\sin\psi & \sin\theta\sin\psi \\ \sin\theta\cos\varphi & \sin\theta\sin\varphi & \cos\theta \end{pmatrix} \tag{4.2.8}$$

上式的导出作为课后练习．

4.2.2 本体系和惯性系中的欧拉刚体运动学方程

由图 4.2.1 可知，三个欧拉角的角速度方向分别为：$\dot{\varphi}$ 沿惯性系 z'轴，$\dot{\theta}$ 沿节线 ON，$\dot{\psi}$ 沿本体系 z 轴．它们沿本体坐标轴的分量分别为

$$\begin{cases}\dot{\varphi}_x=\dot{\varphi}\sin\theta\sin\psi,\\ \dot{\theta}_x=\dot{\theta}\cos\psi,\\ \dot{\psi}_x=0,\end{cases}\quad \begin{cases}\dot{\varphi}_y=\dot{\varphi}\sin\theta\cos\psi,\\ \dot{\theta}_y=-\dot{\theta}\sin\psi,\\ \dot{\psi}_y=0,\end{cases}\quad \begin{cases}\dot{\varphi}_z=\dot{\varphi}\cos\theta\\ \dot{\theta}_z=0\\ \dot{\psi}_z=\dot{\psi}\end{cases} \tag{4.2.9}$$

最后得到总角速度在本体坐标轴上的分量为

$$\begin{cases}\omega_x=\dot{\varphi}_x+\dot{\theta}_x+\dot{\psi}_x=\dot{\varphi}\sin\theta\sin\psi+\dot{\theta}\cos\psi\\ \omega_y=\dot{\varphi}_y+\dot{\theta}_y+\dot{\psi}_y=\dot{\varphi}\sin\theta\cos\psi-\dot{\theta}\sin\psi\\ \omega_z=\dot{\varphi}_z+\dot{\theta}_z+\dot{\psi}_z=\dot{\varphi}\cos\theta+\dot{\psi}\end{cases} \tag{4.2.10}$$

我们也可以用类似的方法求出在惯性坐标轴上的分量

$$\begin{cases}\omega_{x'}=\dot{\varphi}_{x'}+\dot{\theta}_{x'}+\dot{\psi}_{x'}=\dot{\psi}\sin\theta\sin\varphi+\dot{\theta}\cos\varphi\\ \omega_{y'}=\dot{\varphi}_{y'}+\dot{\theta}_{y'}+\dot{\psi}_{y'}=-\dot{\psi}\sin\theta\cos\varphi+\dot{\theta}\sin\varphi\\ \omega_{z'}=\dot{\varphi}_{z'}+\dot{\theta}_{z'}+\dot{\psi}_{z'}=\dot{\psi}\cos\theta+\dot{\varphi}\end{cases} \tag{4.2.11}$$

式(4.2.10)和(4.2.11)分别是本体坐标系中和惯性坐标系中角速度的直角分量与欧拉角的角速度之间的关系，是求解定点转动问题时的基本方程之一，通常称为**欧拉刚体运动学方程**.

有一个简便方法得到式(4.2.11)：将惯性坐标系和本体坐标系“角色互换”，则求在原来惯性系中的角速度分量问题现在变成求在新的本体系上的角速度分量问题．而新的本体系是由原来的本体系即新的惯性坐标系顺时针依次旋转 ψ、θ 和 φ 而来，因此将欧拉角作对应

$$\varphi\rightarrow-\psi,\quad \theta\rightarrow-\theta,\quad \psi\rightarrow-\varphi \tag{4.2.12}$$

式(4.2.10)就变成式(4.2.11).

4.3 转动惯量张量和惯量主轴

4.3.1 转动惯量张量

1. 转动惯量张量的引入——刚体的动能

考虑一个由 N 个质点组成的刚体做定点转动，设定点为 O 点，刚体中第 α 个质点质量为 m_α，相对于 O 点的位矢为 r_α．设刚体的瞬时角速度为 $\boldsymbol{\omega}$，则第 α 个质

点在惯性坐标系中的瞬时速度

$$\boldsymbol{v}_\alpha = \boldsymbol{\omega} \times \boldsymbol{r}_\alpha \tag{4.3.1}$$

刚体的转动动能

$$T_r = \frac{1}{2}\sum_\alpha m_\alpha (\boldsymbol{\omega} \times \boldsymbol{r}_\alpha)^2 \tag{4.3.2}$$

根据矢量运算法则 $(\boldsymbol{A}\times\boldsymbol{B})^2 = A^2B^2 - (\boldsymbol{A}\cdot\boldsymbol{B})^2$，上式可改写为

$$T_r = \frac{1}{2}\sum_\alpha m_\alpha [\omega^2 r_\alpha^2 - (\boldsymbol{\omega}\cdot\boldsymbol{r}_\alpha)^2] \tag{4.3.3}$$

记刚体角速度和本体位矢的直角分量分别为 ω_i 和 r_i，$i=1, 2, 3$，则上式可改写为

$$\begin{aligned} T_r &= \frac{1}{2}\sum_\alpha m_\alpha \Big(\sum_i \omega_i^2 \sum_k r_{\alpha,k}^2 - \sum_i \omega_i r_{\alpha,i} \sum_j \omega_j r_{\alpha,j}\Big) \\ &= \frac{1}{2}\sum_{ij} \omega_i\omega_j \sum_\alpha m_\alpha \Big(\delta_{ij}\sum_k r_{\alpha,k}^2 - r_{\alpha,i} r_{\alpha,j}\Big) \end{aligned} \tag{4.3.4}$$

定义

$$I_{ij} = \sum_\alpha m_\alpha \Big(\delta_{ij}\sum_k r_{\alpha,k}^2 - r_{\alpha,i} r_{\alpha,j}\Big) \tag{4.3.5}$$

构成的二阶张量为**转动惯量张量**，简称**惯量张量**. 于是

$$T_r = \frac{1}{2}\sum_{ij} I_{ij}\omega_i\omega_j \tag{4.3.6}$$

当刚体可以看作以质量密度 $\rho=\rho(\boldsymbol{r})$ 连续分布时，其转动惯量可表示为

$$I_{ij} = \int_V \rho(r)\Big(\delta_{ij}\sum_k r_k^2 - r_i r_j\Big)\mathrm{d}V \tag{4.3.7}$$

其中 $\mathrm{d}V=\mathrm{d}x\mathrm{d}y\mathrm{d}z$ 是矢量 $\boldsymbol{r}$ 处的体积元，而 V 是刚体所在的区域.

2. 转动惯量张量的性质

（1）对称性. 根据定义式(4.3.5)，惯量张量的矩阵形式为

$$\begin{pmatrix} \sum_\alpha m_\alpha(y_\alpha^2+z_\alpha^2) & -\sum_\alpha m_\alpha x_\alpha y_\alpha & -\sum_\alpha m_\alpha z_\alpha x_\alpha \\ -\sum_\alpha m_\alpha x_\alpha y_\alpha & \sum_\alpha m_\alpha(z_\alpha^2+x_\alpha^2) & -\sum_\alpha m_\alpha y_\alpha z_\alpha \\ -\sum_\alpha m_\alpha z_\alpha x_\alpha & -\sum_\alpha m_\alpha y_\alpha z_\alpha & \sum_\alpha m_\alpha(x_\alpha^2+y_\alpha^2) \end{pmatrix} \tag{4.3.8}$$

其中对角元 I_{11}、I_{22} 和 I_{33} 分别是 x、y 和 z 轴的**转动惯量**，而非对角元称为**惯量积**. 上式表明惯量张量的分量具有对称性

$$I_{ij} = I_{ji} \tag{4.3.9}$$

所以惯量张量的 9 个分量中仅 6 个独立.

（2）广延性. 惯量张量是广延量，即一刚体的惯量张量等于该刚体各部分惯量张量之和.

（3）一般形式的平行轴定理.

设刚体质心 C 位于原点，它相对于另一参考点 Q 的位矢为 $\boldsymbol{a}$，则刚体对于这

两个点的转动惯量张量有如下关系：

$$I_{ij}^{C} = I_{ij}^{Q} - M\left(\delta_{ij}\sum_{k} a_k^2 - a_i a_j\right) \tag{4.3.10}$$

其中 M 是刚体总质量.

证明 如图 4.3.1 所示，设刚体上任一质点 P 相对于点 C 和点 Q 的位矢分别为 $\boldsymbol{r}_\alpha$ 和 $\boldsymbol{R}_\alpha$，则二者之间有关系

$$\boldsymbol{R}_\alpha = \boldsymbol{r}_\alpha + \boldsymbol{a}$$

刚体关于点 Q 的惯量张量为

$$\begin{aligned} I_{ij}^{Q} &= \sum_{\alpha} m_\alpha \left(\delta_{ij}\sum_{k} R_{\alpha,k}^2 - R_{\alpha,i}R_{\alpha,j}\right) \\ &= \sum_{\alpha} m_\alpha \left[\delta_{ij}\sum_{k}(r_{\alpha,k}+a_k)^2 - (r_{\alpha,i}+a_i)(r_{\alpha,j}+a_j)\right] \\ &= \sum_{\alpha} m_\alpha \left[\left(\delta_{ij}\sum_{k} r_{\alpha,k}^2 - r_{\alpha,i}r_{\alpha,j}\right) + \left(\delta_{ij}\sum_{k} a_k^2 - a_i a_j\right)\right. \\ &\quad \left. + \left(\delta_{ij}\sum_{k} 2r_{\alpha,k}a_k - a_i r_{\alpha,j} - r_{\alpha,i}a_j\right)\right] \end{aligned}$$

上式最后表达式的第一项就是刚体对于质心的转动惯量. 第二项圆括号中的量与 α 无关，所以对 α 的求和只需对 m_α 进行，得到总质量 M. 第三项中的每一个子项都含有质量与坐标乘积的求和，由于质心在原点

$$\sum_{\alpha} m_\alpha r_{\alpha,k} = 0$$

所以第三项为零. 最后我们得到

$$I_{ij}^{Q} = I_{ij}^{C} + M\left(\delta_{ij}\sum_{k} a_k^2 - a_i a_j\right)$$

上式适当移项后就是式(4.3.10).

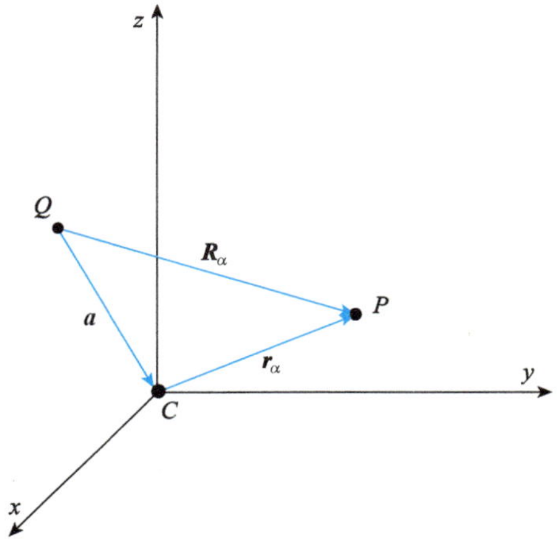

图 4.3.1 质点 P 与 C、Q 两点的位置关系

推论

由式(4.3.10)，对于轴转动惯量，如 I_{33}，有

$$I_{33}^{C}=I_{33}^{Q}-M(a_1^2+a_2^2) \tag{4.3.11}$$

这个关系适用于一般定点转动，而定轴转动的平行轴定理也可由此推得.

(4) 空间转动下的变换. 为了不与单位矩阵的符号混淆，我们用 $\boldsymbol{I}$ 加上“ˆ”来表示惯量张量符号. 式(4.3.6)的矩阵形式为

$$T_r=\frac{1}{2}\boldsymbol{\omega}^{\mathrm{T}}\hat{\boldsymbol{I}}\boldsymbol{\omega} \tag{4.3.12}$$

如果坐标系有空间转动，使得

$$\boldsymbol{\omega}=\boldsymbol{A}\boldsymbol{\omega}' \tag{4.3.13}$$

注意，这里的转动矩阵 $\boldsymbol{A}$ 作用于新矢量得到旧矢量，而转动欧拉角的矩阵(如 $\boldsymbol{A}_\varphi$)作用于旧矢量得到新矢量. 将上式代入式(4.3.12)，则

$$T_r=\frac{1}{2}(\boldsymbol{A}\boldsymbol{\omega}')^{\mathrm{T}}\hat{\boldsymbol{I}}\boldsymbol{A}\boldsymbol{\omega}'=\frac{1}{2}\boldsymbol{\omega}'^{\mathrm{T}}(\boldsymbol{A}^{\mathrm{T}}\hat{\boldsymbol{I}}\boldsymbol{A})\boldsymbol{\omega}' \tag{4.3.14}$$

考虑到 T_r 是标量，在空间转动下不变，即

$$T_r'=\frac{1}{2}\boldsymbol{\omega}'^{\mathrm{T}}\hat{\boldsymbol{I}}'\boldsymbol{\omega}'=T_r \tag{4.3.15}$$

上式与式(4.3.14)对比，可得新、旧惯量张量有关系

$$\hat{\boldsymbol{I}}'=\boldsymbol{A}^{\mathrm{T}}\hat{\boldsymbol{I}}\boldsymbol{A} \tag{4.3.16}$$

上式为惯量张量在空间转动下的变换性质①.

例 4.1

求半径为 R，质量为 m 的均质球的转动惯量张量，原点取在球心 O.

解 由对称性，转动惯量张量的所有对角元相同，所有惯量积也相同. 根据式(4.3.7)，有

$$\begin{aligned}I_{33}&=\int_0^R\int_0^\pi\int_0^{2\pi}\rho(r^2-z^2)\mathrm{d}\varphi\sin\theta\mathrm{d}\theta r^2\mathrm{d}r\\&=2\pi\int_0^R\int_0^\pi\rho r^4\sin^3\theta\mathrm{d}\theta\mathrm{d}r=\frac{2}{5}mR^2\end{aligned} \tag{1}$$

$$\begin{aligned}I_{12}&=-\int_0^R\int_0^\pi\int_0^{2\pi}\rho xy\,\mathrm{d}\varphi\sin\theta\mathrm{d}\theta r^2\mathrm{d}r\\&=-\int_0^R\int_0^\pi\int_0^{2\pi}\rho\sin\varphi\cos\varphi\mathrm{d}\varphi\sin^3\theta\mathrm{d}\theta r^4\mathrm{d}r=0\end{aligned} \tag{2}$$

① 此性质并非转动惯量张量所特有，而是二阶张量(如应力张量、电极化率张量和磁化率张量等)的普遍性质.

所以转动惯量张量

$$\hat{\boldsymbol{I}}=\begin{pmatrix}\frac{2}{5}mR^2 & 0 & 0\\ 0 & \frac{2}{5}mR^2 & 0\\ 0 & 0 & \frac{2}{5}mR^2\end{pmatrix} \tag{3}$$

此转动惯量张量正比于单位矩阵，反映了均质球具有最高对称性.

例 4.2

一均质立方体边长为 a，质量为 m，坐标系的原点取在一顶点 A，求此立方体关于顶点 A 的转动惯量张量.

解 如图 4.3.2 所示，以 A 点为原点，以 A 点的三条棱为轴建立本体坐标系. 由立方体的对称性，转动惯量的对角元相同，所有的惯量积也相同. 根据式(4.3.7)，有

$$I_{11}=\int_0^a\int_0^a\int_0^a\rho(y^2+z^2)\mathrm{d}x\mathrm{d}y\mathrm{d}z=\frac{2}{3}\rho a^5=\frac{2}{3}ma^2 \tag{1}$$

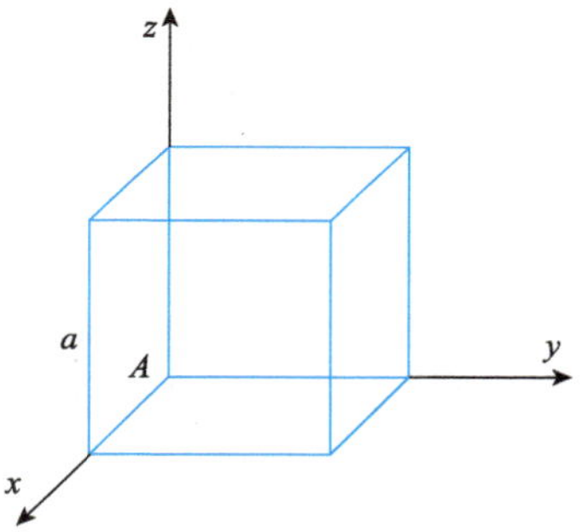

图 4.3.2 例 4.2 图

$$I_{12}=-\int_0^a\int_0^a\int_0^a\rho xy\mathrm{d}x\mathrm{d}y\mathrm{d}z=-\frac{1}{4}\rho a^5=-\frac{1}{4}ma^2 \tag{2}$$

所以转动惯量张量

$$\hat{\boldsymbol{I}}=\begin{pmatrix}\frac{2}{3}ma^2 & -\frac{1}{4}ma^2 & -\frac{1}{4}ma^2\\ -\frac{1}{4}ma^2 & \frac{2}{3}ma^2 & -\frac{1}{4}ma^2\\ -\frac{1}{4}ma^2 & -\frac{1}{4}ma^2 & \frac{2}{3}ma^2\end{pmatrix} \tag{3}$$

例 4.3

将上题中的坐标原点平移到立方体的质心，利用一般形式的平行轴定理求关于质心的转动惯量张量.

解 根据式(4.3.10)可得

$$I_{ij}^{C}=I_{ij}-m\left(\delta_{ij}\frac{3a^2}{4}-\frac{a^2}{4}\right)=\begin{cases}I_{ij}-\dfrac{ma^2}{2}, & i=j\\ I_{ij}+\dfrac{ma^2}{4}, & i\neq j\end{cases} \tag{1}$$

所以关于质心的转动惯量张量

$$\hat{\mathbf{I}}=\begin{pmatrix}\frac{1}{6}ma^2 & 0 & 0\\ 0 & \frac{1}{6}ma^2 & 0\\ 0 & 0 & \frac{1}{6}ma^2\end{pmatrix} \tag{2}$$

当然，此结果也可以直接从惯量张量的定义式(4.3.7)得到．尽管均质立方体的对称性显然低于均质球体，但本例所得惯量张量与例 4.1 的结果一样，也正比于单位矩阵，表明从转动惯量的角度来看，二者的对称性并没有区别．在 4.3.4 小节我们会进一步对这种现象进行分析．

例 4.4

将例 4.2 中的坐标系做一个旋转，使 z 轴在过 A 点体对角线的方向，求新坐标系中的转动惯量张量．

解 当 z 轴转到体对角线方向，如图 4.3.3 所示，即 (1,1,1) 方向时，x 轴和 y 轴的选取仍有一个自由度，不妨分别选为 (1，1，−2) 和 (−1，1，0) 方向，则相应的旋转矩阵为

$$\mathbf{A}=\begin{pmatrix}\frac{1}{\sqrt{6}} & -\frac{1}{\sqrt{2}} & \frac{1}{\sqrt{3}}\\ \frac{1}{\sqrt{6}} & \frac{1}{\sqrt{2}} & \frac{1}{\sqrt{3}}\\ -\frac{2}{\sqrt{6}} & 0 & \frac{1}{\sqrt{3}}\end{pmatrix} \tag{1}$$

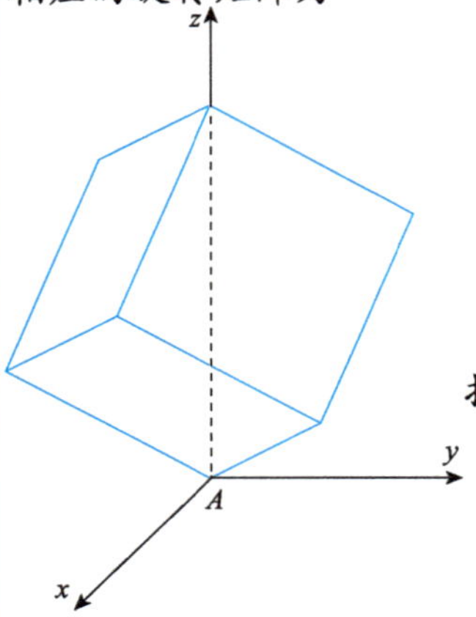

图 4.3.3　例 4.4 图

把它代入式(4.3.16)，经过计算得

$$\hat{\mathbf{I}}'=\mathbf{A}^{\mathrm{T}}\hat{\mathbf{I}}\mathbf{A}=\begin{pmatrix}\frac{11}{12}ma^2 & 0 & 0\\ 0 & \frac{11}{12}ma^2 & 0\\ 0 & 0 & \frac{1}{6}ma^2\end{pmatrix} \tag{2}$$

其实即使 x 轴和 y 轴选其他方向，只要三个轴彼此垂直，上述结论就不变. 我们在 4.3.4 小节再解释这一点.

4.3.2 角动量与转动动能

相对于本体坐标系的定点 O，刚体的角动量为

$$\boldsymbol{J} = \sum_{\alpha} \boldsymbol{r}_{\alpha} \times \boldsymbol{p}_{\alpha} \tag{4.3.17}$$

相对于 O 点，刚体中一质点的动量为

$$\boldsymbol{p}_{\alpha} = m_{\alpha}\boldsymbol{v}_{\alpha} = m_{\alpha}\boldsymbol{\omega} \times \boldsymbol{r}_{\alpha} \tag{4.3.18}$$

所以刚体的角动量为

$$\boldsymbol{J} = \sum_{\alpha} m_{\alpha}\boldsymbol{r}_{\alpha} \times (\boldsymbol{\omega} \times \boldsymbol{r}_{\alpha}) = \sum_{\alpha} m_{\alpha}[r_{\alpha}^2\boldsymbol{\omega} - \boldsymbol{r}_{\alpha}(\boldsymbol{r}_{\alpha} \cdot \boldsymbol{\omega})] \tag{4.3.19}$$

写成分量形式有

$$\begin{aligned} J_i &= \sum_{\alpha} m_{\alpha}\left(\omega_i \sum_k r_{\alpha,k}^2 - r_{\alpha,i} \sum_j r_{\alpha,j}\omega_j\right) \\ &= \sum_j \omega_j \sum_{\alpha} m_{\alpha}\left(\delta_{ij} \sum_k r_{\alpha,k}^2 - r_{\alpha,i}r_{\alpha,j}\right) \end{aligned} \tag{4.3.20}$$

由式(4.3.5)，上式可以简记为

$$J_i = \sum_j I_{ij}\omega_j \tag{4.3.21}$$

式(4.3.21)两边乘以 $\omega_i/2$，并对指标 i 求和得

$$\frac{1}{2}\sum_i \omega_i J_i = \frac{1}{2}\sum_{i,j} I_{ij}\omega_i\omega_j = T_{\mathrm{r}} \tag{4.3.22}$$

上式的最后一步利用了式(4.3.6). 所以我们得到体系动能与角动量之间的关系

$$T_{\mathrm{r}} = \frac{1}{2}\sum_i \omega_i J_i = \frac{1}{2}\boldsymbol{\omega} \cdot \boldsymbol{J} \tag{4.3.23}$$

4.3.3 惯量主轴

1. 定义

由 4.3.1 小节的知识，我们已知道，在一般情况下，转动惯量是一个二阶张量，可以表示为 3×3 对称矩阵

$$\hat{\boldsymbol{I}} = \begin{pmatrix} I_{11} & I_{12} & I_{13} \\ I_{21} & I_{22} & I_{23} \\ I_{31} & I_{32} & I_{33} \end{pmatrix} \tag{4.3.24}$$

但如果恰当选取本体坐标系的方向，可使所有的惯量积为零，惯量矩阵简化为对角阵. 这是因为，根据线性代数理论，总可以找到一个正交矩阵 $\boldsymbol{A}$，使得对称矩阵

相似于一对角矩阵 $\boldsymbol{D}$，即

$$\boldsymbol{A}^{\mathrm{T}}\hat{\boldsymbol{I}}\boldsymbol{A}=\boldsymbol{D} \tag{4.3.25}$$

其中

$$\boldsymbol{D}=\begin{pmatrix} I_1 & 0 & 0 \\ 0 & I_2 & 0 \\ 0 & 0 & I_3 \end{pmatrix} \tag{4.3.26}$$

的三个对角元都是实数，称为**主转动惯量**.

$\boldsymbol{A}$ 和 $\boldsymbol{D}$ 可以按以下步骤求解：

先解矩阵 $\hat{\boldsymbol{I}}$ 的特征值方程

$$\begin{vmatrix} I_{11}-\lambda & I_{12} & I_{13} \\ I_{21} & I_{22}-\lambda & I_{23} \\ I_{31} & I_{32} & I_{33}-\lambda \end{vmatrix}=0 \tag{4.3.27}$$

λ 的三个根恰为 $\boldsymbol{D}$ 的三个对角元.

再根据特征向量方程对不同 λ 求解归一化特征向量 $\boldsymbol{X}_i$

$$\hat{\boldsymbol{I}}\boldsymbol{X}_i=\lambda_i\boldsymbol{X}_i,\quad i=1,2\text{ 或 }3 \tag{4.3.28}$$

则所求变换矩阵 $\boldsymbol{A}=\{\boldsymbol{X}_1, \boldsymbol{X}_2, \boldsymbol{X}_3\}$，该矩阵将原来的本体坐标系旋转到了一个特殊位置，使得惯量张量大为简化. 新的本体坐标轴称为惯量主轴，它们分别沿着 $\boldsymbol{X}_1$、$\boldsymbol{X}_2$、$\boldsymbol{X}_3$ 的方向. $\boldsymbol{A}$ 所对应的正交变换称为主轴变换.

由于质心在刚体中的特殊地位，定义以质心为坐标原点的惯量主轴为**中心惯量主轴**.

2. 惯量主轴和主转动惯量的性质

性质 1 三个惯量主轴彼此垂直.

证明 由线性代数理论，当 λ 不存在重根，即三个主转动惯量彼此不相等时，$\boldsymbol{X}_i$ 彼此正交，即三个惯量主轴彼此垂直.

当 λ 有二重根时，不妨设 $\lambda_1=\lambda_2$，即 $I_1=I_2$ 时，可以在与特征向量 $\boldsymbol{X}_3$ 垂直的平面内人为设定两个垂直的向量 $\boldsymbol{X}_1$ 和 $\boldsymbol{X}_2$ 为两个主轴.

当 λ 有三重根，即三个主转动惯量均相等时，可以任意规定三个两两垂直的向量 $\boldsymbol{X}_1$、$\boldsymbol{X}_2$ 和 $\boldsymbol{X}_3$ 为主轴.

性质 2 惯量主轴的非唯一性：在中心惯量主轴延长线上取平行坐标系，则新的坐标系仍是惯量主轴. 请读者自证这一性质.

性质 3 刚体的对称轴、旋转对称轴都一定是惯量主轴，刚体对称面的法线一定是惯量主轴.

证明 不妨设 z 轴为刚体的对称轴，那么如果刚体中有一个质点处于(x, y, z)，则必有一个同样质量的质点位于$(-x, -y, z)$. 这将导致惯量积

$$\sum mxz=0,\quad \sum myz=0$$

所以 z 轴为刚体的一个惯量主轴.

如果 z 轴为刚体的 n 次旋转对称轴，假设刚体中有一个质点处于柱坐标 (r,θ,z)，则必有 $n-1$ 个同样质量的质点分别位于 $(r,\theta+2m\pi/n,z)$，$m=1,2,\cdots,n-1$. 这将导致惯量积

$$\sum mxz=0,\quad \sum myz=0$$

所以 z 轴为刚体的一个惯量主轴. 图 4.3.4 给出了 $n=6$ 时刚体中一组旋转对称的质点，它们的 x 和 y 分量之和均为零.

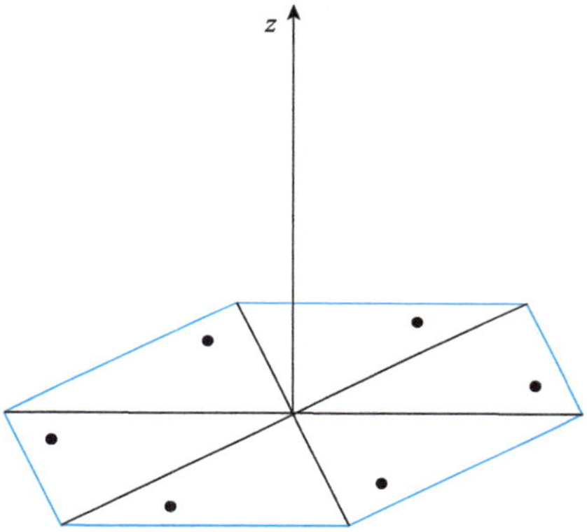

图 4.3.4　六次旋转对称轴

如果 xy 平面为刚体的对称面，假设刚体中有一个质点处于 (x,y,z)，则必有一个同样质量的质点位于 $(x,y,-z)$. 这也导致上式中的两个惯量积为零.

性质 4　主转动惯量中的任一个都不大于其余二者之和.

证明　不失一般性，只需判断 $I_1+I_2-I_3$ 的正负性即可.

$$\begin{aligned}I_1+I_2-I_3&=\int_V\rho(\boldsymbol{r})(y^2+z^2)\mathrm{d}V+\int_V\rho(\boldsymbol{r})(z^2+x^2)\mathrm{d}V-\int_V\rho(\boldsymbol{r})(x^2+y^2)\mathrm{d}V\\&=\int_V\rho(\boldsymbol{r})2z^2\mathrm{d}V\geqslant 0\end{aligned}\tag{4.3.29}$$

推论　对于 xOy 平面内的二维刚体，$I_3=I_1+I_2$.

证明　只要注意在本情形下式(4.3.29)中的 $z=0$ 就明白了.

3. 惯量主轴的选取

除了前述线性代数求特征向量和特征值的方法外，在处理实际问题时，经常遇到具有一定对称性的刚体，我们可以利用性质 3 选取部分惯量主轴. 如果已经选定了两个方向的惯量主轴，则根据性质 1，第三个惯量主轴必然在与前两个主轴都垂直的方向.

但要注意，惯量主轴不必是对称轴或对称面的法线. 事实上，一般形状的刚体根本没有对称轴，然而惯量主轴却总是存在的.

例 4.5

边长为 a 的正四面体的三个顶点上各有一个质量为 m 的质点，另一个顶点上有一个质量为 $3m$ 的质点．求中心惯量主轴，并求相应的主转动惯量．

解 如图 4.3.5 所示，质心 C 在 3 个 m 所在平面的高上，且位于这条高的中点．以质心 C 为原点建立坐标系，则四个顶点的坐标分别是

$$\boldsymbol{r}_1=(-\sqrt{3}/6,-1/2,-\sqrt{1/6})a,\quad \boldsymbol{r}_2=(-\sqrt{3}/6,1/2,-\sqrt{1/6})a$$

$$\boldsymbol{r}_3=(\sqrt{3}/3,0,-\sqrt{1/6})a,\quad \boldsymbol{r}_4=(0,0,\sqrt{1/6})a$$

所以

$$\begin{aligned}I_{11}&=m\sum_{\alpha=1}^{3}(r_{\alpha,2}^2+r_{\alpha,3}^2)+3m(r_{4,2}^2+r_{4,3}^2)=\frac{3}{2}ma^2\\ I_{22}&=m\sum_{\alpha=1}^{3}(r_{\alpha,3}^2+r_{\alpha,1}^2)+3m(r_{4,3}^2+r_{4,1}^2)=\frac{3}{2}ma^2\\ I_{33}&=m\sum_{\alpha=1}^{3}(r_{\alpha,1}^2+r_{\alpha,2}^2)+3m(r_{4,1}^2+r_{4,2}^2)=ma^2\end{aligned}\tag{1}$$

$$\begin{aligned}I_{12}&=-m\sum_{\alpha=1}^{3}r_{\alpha,1}r_{\alpha,2}-3mr_{4,1}r_{4,2}=0\\ I_{23}&=-m\sum_{\alpha=1}^{3}r_{\alpha,2}r_{\alpha,3}-3mr_{4,2}r_{4,3}=0\\ I_{31}&=-m\sum_{\alpha=1}^{3}r_{\alpha,3}r_{\alpha,1}-3mr_{4,3}r_{4,1}=0\end{aligned}\tag{2}$$

可见所设坐标轴恰为中心惯量主轴，三个主转动惯量分别为 $\frac{3}{2}ma^2$、$\frac{3}{2}ma^2$ 和 ma^2．

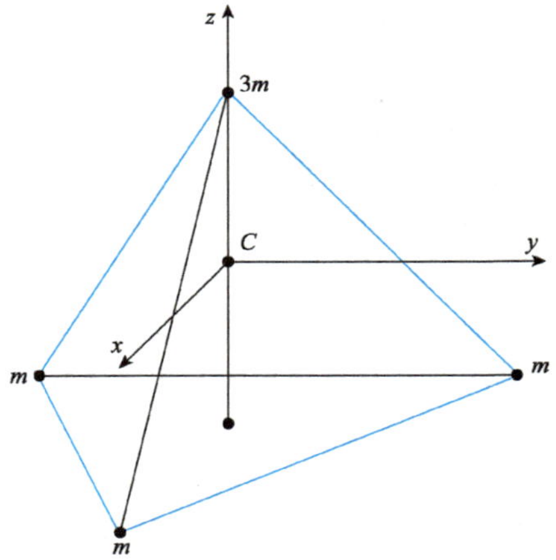

图 4.3.5　例 4.5 图

例 4.6

其他条件同 4.3.1 小节中的例 4.3，但 x 和 y 坐标轴取在如图 4.3.6 所示的面对角线方向，求主转动惯量.

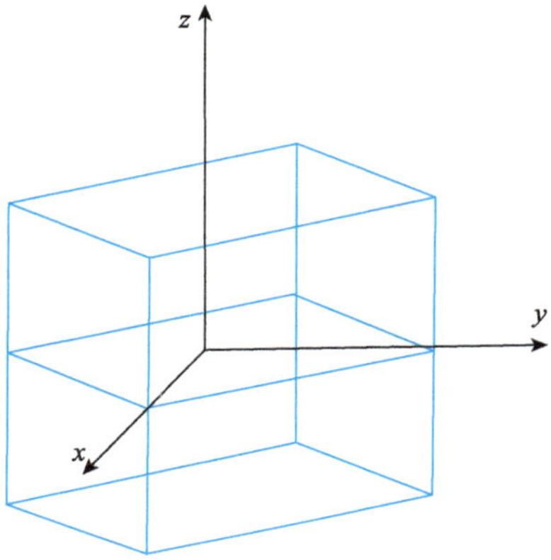

图 4.3.6 例 4.6 图

解 由于 x 和 y 坐标轴取在面对角线方向时，仍然是对称轴，所以它们是惯量主轴，而 z 轴显然是惯量主轴

$$I_1 = 2\int_0^{a/\sqrt{2}} \mathrm{d}x \int_{x-a/\sqrt{2}}^{a/\sqrt{2}-x} \mathrm{d}y \int_{-a/2}^{a/2} \mathrm{d}z \rho (y^2 + z^2) = \frac{1}{6} m a^2 \tag{1}$$

$$I_3 = 2\int_0^{a/\sqrt{2}} \mathrm{d}x \int_{x-a/\sqrt{2}}^{a/\sqrt{2}-x} \mathrm{d}y \int_{-a/2}^{a/2} \mathrm{d}z \rho (x^2 + y^2) = \frac{1}{6} m a^2 \tag{2}$$

再由对称性，$I_2 = I_1 = ma^2/6$. 可见，与例 4.3 相比，尽管 x 和 y 坐标轴转动了一个角度，但主转动惯量不变. 事实上，对于均匀立方体，只要质心在原点，无论坐标系如何取向，都是惯量主轴，而主转动惯量都是 $ma^2/6$. 这一点，既可以根据线性代数的知识严格证明，也能由 4.3.4 小节的惯量椭球形象地说明.

4.3.4 惯量椭球

1. 刚体对任意轴的转动惯量

设一转轴 OX 的方向余弦为 (α, β, γ)，我们来求解刚体绕此轴的转动惯量. 如图 4.3.7 所示，将刚体中任一质点 P 的位矢记为 $\boldsymbol{r} = (x, y, z)$，它与转轴的距离

$$R = r\sin\theta \tag{4.3.30}$$

其中 θ 是 $\boldsymbol{r}$ 与转轴的夹角，其余弦

$$\cos\theta = (\alpha, \beta, \gamma) \cdot \frac{\boldsymbol{r}}{r} = \frac{\alpha x + \beta y + \gamma z}{r} \tag{4.3.31}$$

由上式和式(4. 3. 30)可得

$$R^2 = r^2 - (\alpha x + \beta y + \gamma z)^2 \tag{4.3.32}$$

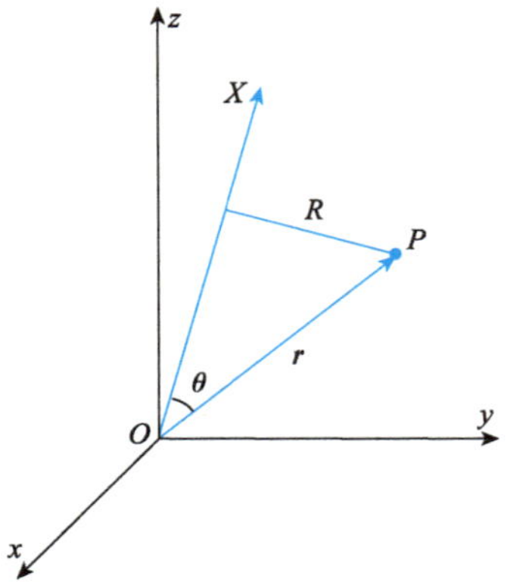

图 4.3.7　刚体对任意轴的转动惯量

刚体绕此转轴的转动惯量

$$\begin{aligned} I &= \sum mR^2 \\ &= \sum m[(x^2 + y^2 + z^2) - (\alpha x + \beta y + \gamma z)^2] \end{aligned} \tag{4.3.33}$$

利用方向余弦的性质

$$\alpha^2 + \beta^2 + \gamma^2 = 1 \tag{4.3.34}$$

以及转动惯量张量的定义式(4. 3. 8)，式(4. 3. 33)可变成

$$I = \alpha^2 I_{11} + \beta^2 I_{22} + \gamma^2 I_{33} + 2\alpha\beta I_{12} + 2\beta\gamma I_{23} + 2\gamma\alpha I_{31} \tag{4.3.35}$$

当坐标轴为惯量主轴时，所有惯量积为零，上式简化为

$$I = \alpha^2 I_{11} + \beta^2 I_{22} + \gamma^2 I_{33} \tag{4.3.36}$$

2. 惯量椭球

如果在转轴上取一线段 OQ 满足

$$\overline{OQ} = \frac{1}{\sqrt{I}} \tag{4.3.37}$$

则 Q 点的坐标为

$$x = \frac{\alpha}{\sqrt{I}}, \quad y = \frac{\beta}{\sqrt{I}}, \quad z = \frac{\gamma}{\sqrt{I}} \tag{4.3.38}$$

将式(4. 3. 35)除以 I，并代入上式，可得

$$I_{11}x^2 + I_{22}y^2 + I_{33}z^2 + 2I_{12}xy + 2I_{23}yz + 2I_{31}zx = 1 \tag{4.3.39}$$

这是一个中心在 O 点的椭球方程，称为**惯量椭球**.

惯量椭球可以形象地描述转动惯量张量. 由构建惯量椭球的过程可知，在任意方向选择一转轴，它在椭球上截得线段 OQ，则绕此轴的转动惯量为

$$I = \frac{1}{\overline{OQ}^2} \tag{4.3.40}$$

惯量椭球除了能反映对任意转动轴的转动惯量外，还能指示角动量的方向为该转动轴与椭球面交点处的法线方向. 证明如下：

证明　设转动轴与椭球面的交点 Q 的坐标为(x, y, z)，考虑到 $\boldsymbol{\omega} /\!/ \overrightarrow{OQ}$，它们的三个分量对应成比例

$$\frac{\omega_x}{x} = \frac{\omega_y}{y} = \frac{\omega_z}{z} = \frac{\omega}{\overline{OQ}} = C \tag{4.3.41}$$

其中 C 为一比例常数. 由 $T_r = I\omega^2/2$ 和式(4.3.37)可得

$$C = \sqrt{2T_r} \tag{4.3.42}$$

所以刚体的角动量分量

$$\begin{cases} L_x = I_{11}\omega_x + I_{12}\omega_y + I_{13}\omega_z = C(I_{11}x + I_{12}y + I_{13}z) \\ L_y = I_{21}\omega_x + I_{22}\omega_y + I_{23}\omega_z = C(I_{21}x + I_{22}y + I_{23}z) \\ L_z = I_{31}\omega_x + I_{32}\omega_y + I_{33}\omega_z = C(I_{31}x + I_{32}y + I_{33}z) \end{cases} \tag{4.3.43}$$

由式(4.3.39)，令

$$F = I_{11}x^2 + I_{22}y^2 + I_{33}z^2 + 2I_{12}xy + 2I_{23}yz + 2I_{31}zx - 1 \tag{4.3.44}$$

根据空间解析几何知识，椭球面上 Q 点法线方向的三个分量分别正比于

$$\begin{cases} \partial_x F = 2I_{11}x + 2I_{12}y + 2I_{13}z \\ \partial_y F = 2I_{21}x + 2I_{22}y + 2I_{23}z \\ \partial_z F = 2I_{31}x + 2I_{32}y + 2I_{33}z \end{cases} \tag{4.3.45}$$

将上面两组式子的各分量式对比，有

$$\frac{L_x}{\partial_x F} = \frac{L_y}{\partial_y F} = \frac{L_z}{\partial_z F} \tag{4.3.46}$$

可见结论成立.

每个椭球都有三个互相垂直的主轴，以它们为坐标轴，则惯量椭球方程简化为

$$\frac{x'^2}{a^2} + \frac{y'^2}{b^2} + \frac{z'^2}{c^2} = 1 \tag{4.3.47}$$

将上式与一般形式的方程(4.3.39)比较，可知在新的坐标系中，刚体的三个惯量积都为零. 因此新坐标轴就是前面讨论的惯量主轴. 比较式(4.3.39)和(4.3.24)，很容易看出惯量椭球与对称矩阵的描述方法是可以一一对应的. 所以可以通过惯量矩阵的对角化来寻找惯量椭球的主轴.

借助于惯量椭球的概念，可以证明惯量主轴的一个性质：如果刚体绕某轴转动一个异于 180°的角度，其质量分布不变，则不但该转动轴是惯量主轴（4.3.3 小节的性质 3 已经指出这一点），而且与它垂直的任何轴也是惯量主轴. 证明如下：

证明 不妨设该转动轴为 z 轴. 当刚体转动了一个这样的角度时，惯量椭球也转了同样的角度. 由于转动后质量分布不变，转动后的惯量椭球必然与转动前的重合，但该角度不是 180°，椭球不得不退化为关于 z 轴的旋转椭球，即在任意平行于 xy 平面上的截面为圆. 于是任意的一对 x 轴和 y 轴都是刚体的对称轴，因而都是惯量主轴.

在 4.3.1 小节的例 4.4 中，立方体的体对角线是一个 3 度旋转对称轴，根据这里的论述，与该体对角线垂直平面内任意两个垂直方向都可作为惯量主轴，主转动惯量不变. 而例 4.3 和例 4.6 中的 z 轴是一个 4 度旋转对称轴，所以与之垂直的平面内任意两个垂直方向都可作为惯量主轴.

至于例 4.3 中的惯量张量与均质球对球心的惯量张量都正比于单位矩阵，体现不出这两种刚体对称性的差别，是因为均质刚体的惯量张量只是反映了其空间位置的二阶矩信息，不能刻画其全部几何特性.

例 4.7

设某刚体角动量与角速度的夹角为 θ,

(1) 证明 $\theta < 90°$;

(2) 若刚体的主转动惯量 $I_1 = I_2 \neq I_3$,求 θ 的最大值.

解 (1) 转动动能

$$T_r = \frac{1}{2}\boldsymbol{\omega} \cdot \boldsymbol{J} = \frac{1}{2}\omega J\cos\theta \tag{1}$$

因为转动动能恒为正,所以

$$\theta < 90° \tag{2}$$

(2) 记 $\omega_x^2 = a$, $\omega_y^2 = b$, $\omega_z^2 = c$, 则

$$\begin{aligned}\sec^2\theta &= \frac{\omega^2 J^2}{(\boldsymbol{\omega} \cdot \boldsymbol{J})^2} = \frac{(\omega_x^2 + \omega_y^2 + \omega_z^2)(I_1^2\omega_x^2 + I_1^2\omega_y^2 + I_3^2\omega_z^2)}{(I_1\omega_x^2 + I_1\omega_y^2 + I_3\omega_z^2)^2} \\ &= \frac{(a+b+c)(I_1^2 a + I_1^2 b + I_3^2 c)}{(I_1 a + I_1 b + I_3 c)^2}\end{aligned} \tag{3}$$

令 $(a+b)/c = x$, $I_3/I_1 = \alpha$, $f = \sec^2\theta$, 则

$$f = \frac{(x+1)(x+\alpha^2)}{(x+\alpha)^2} \tag{4}$$

θ 取最大值,则 f 取最小值,要求上式对 x 的导数为零,即

$$\frac{\mathrm{d}f}{\mathrm{d}x} = \frac{(x+1+x+\alpha^2)}{(x+\alpha)^2} - \frac{2(x+1)(x+\alpha^2)}{(x+\alpha)^3} = 0 \tag{5}$$

所以

$$(2x+1+\alpha^2)(x+\alpha) - 2(x+1)(x+\alpha^2) = 0 \tag{6}$$

解得

$$x = \alpha \tag{7}$$

所以

$$f = \frac{(\alpha+1)(\alpha+\alpha^2)}{(\alpha+\alpha)^2} = \frac{(\alpha+1)^2}{4\alpha} = \frac{(I_1+I_3)^2}{4I_1 I_3} \tag{8}$$

故

$$\cos\theta = \frac{2\sqrt{I_1 I_3}}{I_1 + I_3} \tag{9}$$

式(7)用原来参量表示为

$$\frac{I_3}{I_1} = \frac{a+b}{c} = \frac{\omega_x^2 + \omega_y^2}{\omega_z^2} = \frac{\omega_\perp^2}{\omega_z^2} \tag{10}$$

所以

$$\frac{\omega_\perp}{\omega_z}=\sqrt{\frac{I_3}{I_1}} \tag{11}$$

式(9)和式(11)分别表达了θ的最大取值和此时转动瞬轴的取向. 此结果只要求$(\omega_x^2+\omega_y^2)/\omega_z^2$取特定值，对$\omega_x$和$\omega_y$的相对比例没有要求，该性质与旋转椭球的对称性一致.

设S为惯量椭球过旋转轴的任一椭圆剖面，可证，θ取最大值时，转动瞬轴恰好沿S外接矩形的对角线方向，如图4.3.8所示.

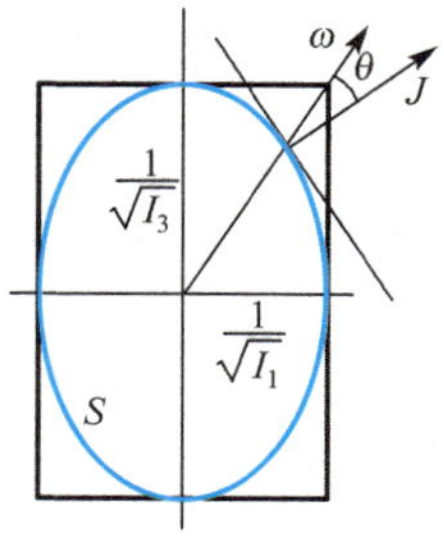

图 4.3.8 θ取最大值时转动瞬轴取向示意图

4.4 欧拉动力学方程和应用

我们完全可以在分析力学的框架内，建立起刚体运动的动力学方程. 由于主轴坐标系使得惯量张量的形式大为简化，今后我们对刚体的讨论都在这个特殊的本体坐标系中进行.

4.4.1 欧拉动力学方程的建立

1. 完整保守刚体的拉格朗日函数

当本体坐标轴取惯量主轴时，由式(4.3.21)和(4.3.26)，刚体的角动量

$$\boldsymbol{J}=I_1\omega_x\boldsymbol{e}_x+I_2\omega_y\boldsymbol{e}_y+I_3\omega_z\boldsymbol{e}_z \tag{4.4.1}$$

由上式和式(4.3.23)，刚体的转动动能为

$$T_{\mathrm{r}}=\frac{1}{2}(I_1\omega_x^2+I_2\omega_y^2+I_3\omega_z^2) \tag{4.4.2}$$

选取欧拉角为广义坐标，对于保守力，拉格朗日函数为

$$L=\frac{1}{2}(I_1\omega_x^2+I_2\omega_y^2+I_3\omega_z^2)-V(\varphi,\theta,\psi) \tag{4.4.3}$$

其中的ω_x、ω_y和ω_z按欧拉运动学方程式(4.2.10)与欧拉角及其角速度相联系.

2. 欧拉动力学方程

只要给出具体的势能表达式，运用拉格朗日方程就可以建立刚体的三个与转动相关的运动方程. 我们将在4.4.4小节的实例中介绍这种方法.

经常的情况是，很多力或力矩不具有保守性，此时应该采用一般形式的含有广义力的拉格朗日方程求解. 在采用欧拉角为广义坐标时，与它们对应的广义力就是沿各欧拉角转轴方向上的外加力矩分量. 在三个欧拉角对应的广义力中，只有与ψ对应的广义力是沿着一个主轴方向即z轴方向，广义力就是刚体所受力矩

的 z 分量. 于是关于 ψ 的拉格朗日方程为

$$\frac{\mathrm{d}}{\mathrm{d}t}\frac{\partial T}{\partial \dot{\psi}}-\frac{\partial T}{\partial \psi}=N_z \tag{4.4.4}$$

为便于计算，上式可进一步写成

$$\frac{\mathrm{d}}{\mathrm{d}t}\sum_i\frac{\partial T}{\partial \omega_i}\frac{\partial \omega_i}{\partial \dot{\psi}}-\sum_i\frac{\partial T}{\partial \omega_i}\frac{\partial \omega_i}{\partial \psi}=N_z \tag{4.4.5}$$

由式(4.4.2)，有

$$\frac{\partial T}{\partial \omega_i}=I_i\omega_i \tag{4.4.6}$$

而根据式(4.2.10)，有

$$\frac{\partial \omega_x}{\partial \dot{\psi}}=0,\quad \frac{\partial \omega_y}{\partial \dot{\psi}}=0,\quad \frac{\partial \omega_z}{\partial \dot{\psi}}=1 \tag{4.4.7}$$

$$\begin{cases}\dfrac{\partial \omega_x}{\partial \psi}=\dot{\varphi}\sin\theta\cos\psi-\dot{\theta}\sin\psi=\omega_y\\[2mm] \dfrac{\partial \omega_y}{\partial \psi}=-\dot{\varphi}\sin\theta\sin\psi-\dot{\theta}\cos\psi=-\omega_x\\[2mm] \dfrac{\partial \omega_z}{\partial \psi}=0\end{cases} \tag{4.4.8}$$

将式(4.4.6)～(4.4.8)代入式(4.4.5)并整理得

$$I_3\dot{\omega}_z-(I_1-I_2)\omega_x\omega_y=N_z \tag{4.4.9}$$

原则上当然可以写出关于另外两个欧拉角的拉格朗日方程. 但由于这两个欧拉角的转轴并不恰好沿着本体坐标系的坐标轴方向，所以广义力不是力矩的某个分量，而是这些分量的复杂组合，推导很不方便. 我们可以换一种思路，尽管在得到式(4.4.9)的过程中借助了 ψ 的性质，但该式的最终形式与欧拉角无关，它只是在 z 轴方向的动力学方程. 我们可以对坐标轴名称分别做两次轮换，再重新定义相应的欧拉角，按上述推导方法就能分别得到关于 x 轴和 y 轴的另外两个方程. 我们将这三个方程一并列出如下：

$$\begin{cases}I_1\dot{\omega}_x-(I_2-I_3)\omega_y\omega_z=N_x\\ I_2\dot{\omega}_y-(I_3-I_1)\omega_z\omega_x=N_y\\ I_3\dot{\omega}_z-(I_1-I_2)\omega_x\omega_y=N_z\end{cases} \tag{4.4.10}$$

这就是**刚体的欧拉动力学方程**. 理论上，把上式与欧拉运动学方程(4.2.10)联立起来，从中消去 ω_x、ω_y 和 ω_z，就可以得到 3 个关于欧拉角 φ、θ 和 ψ 的二阶非线性微分方程. 在实际求解问题时，常常分两步走：先根据欧拉动力学方程(4.4.10)解出角速度，再由欧拉运动学方程(4.2.10)求得欧拉角.

从上式可以看出，刚体的运动仅仅通过三个主转动惯量而与物体的结构相联系，因此，任意两个具有相同主转动惯量的物体，无论它们具有多么不同的形状或质量分布，只要所受外力矩相同，必将以完全相同的方式运动. 所以在研究转动时，任何一个刚体都可以等效为有着相同主转动惯量的均质椭球刚体.

3. 牛顿力学框架下的推导

作为比较，这里我们也给出传统的牛顿力学框架下的推导. 考虑到

$$\begin{cases}\dfrac{\mathrm{d}\boldsymbol{e}_x}{\mathrm{d}t}=\boldsymbol{\omega}\times\boldsymbol{e}_x=\omega_z\boldsymbol{e}_y-\omega_y\boldsymbol{e}_z\\ \dfrac{\mathrm{d}\boldsymbol{e}_y}{\mathrm{d}t}=\boldsymbol{\omega}\times\boldsymbol{e}_y=\omega_x\boldsymbol{e}_z-\omega_z\boldsymbol{e}_x\\ \dfrac{\mathrm{d}\boldsymbol{e}_z}{\mathrm{d}t}=\boldsymbol{\omega}\times\boldsymbol{e}_z=\omega_y\boldsymbol{e}_x-\omega_x\boldsymbol{e}_y\end{cases}\tag{4.4.11}$$

将式(4.4.1)对时间微商得

$$\begin{aligned}\frac{\mathrm{d}\boldsymbol{J}}{\mathrm{d}t}&=I_1\dot{\omega}_x\boldsymbol{e}_x+I_1\omega_x(\omega_z\boldsymbol{e}_y-\omega_y\boldsymbol{e}_z)\\&\quad+I_2\dot{\omega}_y\boldsymbol{e}_y+I_2\omega_y(\omega_x\boldsymbol{e}_z-\omega_z\boldsymbol{e}_x)+I_3\dot{\omega}_z\boldsymbol{e}_z+I_3\omega_z(\omega_y\boldsymbol{e}_x-\omega_x\boldsymbol{e}_y)\\&=[I_1\dot{\omega}_x-(I_2-I_3)\omega_y\omega_z]\boldsymbol{e}_x\\&\quad+[I_2\dot{\omega}_y-(I_3-I_1)\omega_z\omega_x]\boldsymbol{e}_y+[I_3\dot{\omega}_z-(I_1-I_2)\omega_x\omega_y]\boldsymbol{e}_z\end{aligned}\tag{4.4.12}$$

又因为刚体的力矩方程为

$$\frac{\mathrm{d}\boldsymbol{J}}{\mathrm{d}t}=\boldsymbol{N}=N_x\boldsymbol{e}_x+N_y\boldsymbol{e}_y+N_z\boldsymbol{e}_z\tag{4.4.13}$$

比较上两式的各直角分量，就得到欧拉动力学方程(4.4.10).

4.4.2 自由刚体——欧拉陀螺的一般解

1. 自由刚体的动力学方程

不受外力矩而自由转动的刚体称为欧拉陀螺，由于外力矩为零，欧拉动力学方程(4.4.10)可简化为

$$\begin{cases}I_1\dot{\omega}_x-(I_2-I_3)\omega_y\omega_z=0\\ I_2\dot{\omega}_y-(I_3-I_1)\omega_z\omega_x=0\\ I_3\dot{\omega}_z-(I_1-I_2)\omega_x\omega_y=0\end{cases}\tag{4.4.14}$$

由于是自由刚体，刚体的质心在惯性坐标系中静止，所以可以选取质心为惯性坐标系和本体坐标系的共同原点.

2. 运动积分

欧拉陀螺有两个运动积分，将它们与欧拉动力学方程结合使用可以降低求解问题的难度. 有两个途径可以得到运动积分.

首先我们从循环坐标的角度来分析. 根据式(4.4.3)，欧拉陀螺的拉格朗日函数为

$$L=\frac{1}{2}(I_1\omega_x^2+I_2\omega_y^2+I_3\omega_z^2)\tag{4.4.15}$$

由于上式中角速度的直角分量以欧拉运动学方程(4.2.10)与欧拉角相联系，不显含进动角 φ. 因此 φ 是循环坐标，相应的广义动量

$$
\begin{aligned}
p_\varphi &= \frac{\partial L}{\partial \dot{\varphi}} = \sum_i \frac{\partial L}{\partial \omega_i}\frac{\partial \omega_i}{\partial \dot{\varphi}} \\
&= I_1\omega_x \sin\theta\sin\psi + I_2\omega_y \sin\theta\cos\psi + I_3\omega_z\cos\theta \\
&= \boldsymbol{J}\cdot \boldsymbol{e}_{z'} = J_{z'}
\end{aligned} \tag{4.4.16}
$$

也即角动量的 z' 分量，是一个运动积分. 上式的倒数第二步推导利用了主轴坐标系中刚体角动量 $\boldsymbol{J}$ 的表达式(4.4.1)及惯性系的 z' 轴在本体坐标系中的方向为

$$
\boldsymbol{e}_{z'} = \sin\theta\sin\psi\, \boldsymbol{e}_x + \sin\theta\cos\psi\, \boldsymbol{e}_y + \cos\theta\, \boldsymbol{e}_z \tag{4.4.17}
$$

重新定义惯性坐标轴的名称，我们还可以得到刚体角动量的 x' 分量和 y' 分量都是运动积分. 于是自由刚体的角动量守恒

$$
\boldsymbol{J} = \text{const} \triangleq \boldsymbol{J}_0 \tag{4.4.18}
$$

尽管在惯性坐标系中角动量的三个分量都守恒，但由于本体坐标系随刚体运动，所以在本体坐标系中，角动量的分量一般不守恒，只有角动量总的大小守恒. 可见在本体系中能方便利用的关于角动量的运动积分只有下面这一个：

$$
J^2 = I_1^2\omega_x^2 + I_2^2\omega_y^2 + I_3^2\omega_z^2 = J_0^2 \tag{4.4.19}
$$

此外，由于拉格朗日函数不显含时间，所以自由刚体的能量即动能是守恒的

$$
\frac{1}{2}(I_1\omega_x^2 + I_2\omega_y^2 + I_3\omega_z^2) = E_0 \tag{4.4.20}
$$

以上是严格地从分析力学的角度来讨论的，其实也可以从纯粹数学的角度得到运动积分. 将式(4.4.14)中的三个方程分别乘以 $I_1\omega_x$、$I_2\omega_y$ 和 $I_3\omega_z$，得到三个关系式，再将这三个式子相加起来，并对时间积分，就可以得到式(4.4.19). 将式(4.4.14)中的三个方程分别乘以 ω_x、ω_y 和 ω_z，将所得三个关系式相加起来，并对时间积分，就可以得到式(4.4.20).

3. 进一步求解

欧拉陀螺做质心固定的定点转动，自由度为 3，上面我们只得到两个运动积分，所以还需要欧拉动力学方程的帮助才能求解该体系. 联合求解式(4.4.19)和(4.4.20)，我们可以把角速度的 x 和 y 分量用其 z 分量表示为

$$
\begin{cases}
\omega_x = \pm\sqrt{\dfrac{J_0^2 - 2E_0I_2 - I_3(I_3 - I_2)\omega_z^2}{I_1(I_1 - I_2)}} \triangleq f_1(\omega_z) \\
\omega_y = \pm\sqrt{\dfrac{J_0^2 - 2E_0I_1 - I_3(I_3 - I_1)\omega_z^2}{I_2(I_2 - I_1)}} \triangleq f_2(\omega_z)
\end{cases} \tag{4.4.21}
$$

将上式代入动力学方程(4.4.14)的第三式，得

$$
I_3\dot{\omega}_z - (I_1 - I_2)f_1(\omega_z)f_2(\omega_z) = 0 \tag{4.4.22}
$$

这是一个关于 ω_z 的一阶微分方程，原则上可由此式求得

$$\omega_z = \omega_z(t) \tag{4.4.23}$$

再把上式代入式(4.4.21)求出 ω_x 和 ω_y. 将这些角速度直角分量的结果代入式(4.2.10)，得到关于三个欧拉角的一阶微分方程. 只要解出这些方程，自由刚体的运动问题就彻底解决. 但实际求解时，式(4.4.23)要涉及第一类不完全椭圆积分，太烦琐，不便于进行理论分析；更不必说在这之后欧拉角的求解了. 好在下面的方法能给我们提供很直观的图像，定性地了解欧拉陀螺的运动状况.

4. 潘索几何法

设刚体绕一瞬时轴转动时，该轴与惯量椭球的交点为 Q. 根据惯量椭球的性质，Q 点处椭球面的法线方向就是这时的角动量方向. 由于欧拉陀螺角动量守恒，方向自然不变，所以当椭球随刚体转动时，椭球面在 Q 点处的法线方向必须也保持不变. 为保证这一点，椭球面在 Q 点处的切平面一定是平行的，不随刚体的转动而改变方向，尽管 Q 点在不断变动着.

如图 4.4.1 所示，设质心到此切平面的距离为 R，它应该等于 OQ 线段在法线方向，即角动量方向的投影 OA，进一步计算得

$$R = \left|\overrightarrow{OQ} \cdot \frac{\boldsymbol{J}}{J}\right| = \left|\frac{\boldsymbol{\omega}}{\sqrt{2T_{\mathrm{r}}}} \cdot \frac{\boldsymbol{J}}{J}\right| = \frac{\sqrt{2T_{\mathrm{r}}}}{J} \tag{4.4.24}$$

上式第二步推导的依据是式(4.3.41)和(4.3.42)，即 OQ 长度与角速度大小成正比这一性质. 第三步推导的依据是式(4.3.23). 由于欧拉陀螺的动能和角动量大小均为守恒量，故上式中的 R 是一个不变常数.

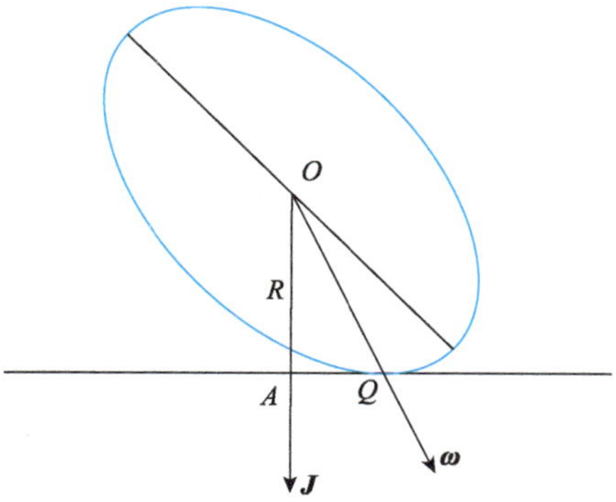

图 4.4.1　欧拉陀螺的惯量椭球

Q 点的切平面既要保持平行，又要到定点 O 的距离不变，所以该平面只能固定不变.

综合以上分析，我们可以看到欧拉陀螺运动的定性图像：当刚体自由转动时，惯量椭球也随着刚体同步转动，切平面始终不变. 刚体转动时 Q 点的位置在不断改变，但由于 OQ 为转动瞬轴，Q 点瞬时速度为零. 所以中心惯量椭球在固

定不变的切平面上纯滚动.

5. 转动的稳定性

现在我们考虑绕某一主轴自由转动的刚体，探究这样的运动是否稳定. 这里稳定的意思是，如果给系统施加一个扰动，则刚体能在原来位置附近运动. 我们选择一个一般性刚体进行讨论，其所有的主转动惯量各不相同. 不失一般性，令

$$I_3 > I_2 > I_1 \tag{4.4.25}$$

选择本体坐标轴与惯量主轴重合，并让刚体绕 x 轴，亦即主转动惯量为 I_1 的主轴转动. 于是

$$\boldsymbol{\omega} = \omega_x \boldsymbol{i} \tag{4.4.26}$$

施加一个小扰动，使角速度矢量呈如下形式：

$$\boldsymbol{\omega} = \omega_x \boldsymbol{i} + \lambda \boldsymbol{j} + \mu \boldsymbol{k} \tag{4.4.27}$$

其中 λ 和 μ 是小量. 此时欧拉动力学方程变成

$$\begin{cases} I_1\dot{\omega}_x - (I_2 - I_3)\lambda\mu = 0 \\ I_2\dot{\lambda} - (I_3 - I_1)\mu\omega_x = 0 \\ I_3\dot{\mu} - (I_1 - I_2)\omega_x\lambda = 0 \end{cases} \tag{4.4.28}$$

由于 $\lambda\mu$ 是二阶小量，可以忽略不计，所以方程的第一式近似为 $\dot{\omega}_x = 0$，亦即 ω_x =常量. 再由方程的后两式可得

$$\dot{\lambda} = \frac{I_3 - I_1}{I_2}\omega_x\mu \tag{4.4.29}$$

$$\dot{\mu} = -\frac{I_2 - I_1}{I_3}\omega_x\lambda \tag{4.4.30}$$

从上两式可得 λ 满足

$$\ddot{\lambda} + \frac{(I_3 - I_1)(I_2 - I_1)}{I_2 I_3}\omega_x^2\lambda = 0 \tag{4.4.31}$$

解得

$$\lambda(t) = A\mathrm{e}^{\mathrm{i}\Omega_1 t} + B\mathrm{e}^{-\mathrm{i}\Omega_1 t} \tag{4.4.32}$$

其中

$$\Omega_1 = \omega_x\sqrt{\frac{(I_3 - I_1)(I_2 - I_1)}{I_2 I_3}} \tag{4.4.33}$$

由假设条件(4.4.25)，Ω_1 必为实数. 于是 $\lambda(t)$表示一个频率为 Ω_1 的振动. 易证 $\mu(t)$也作同频率的振动. 因此在 $\boldsymbol{\omega}$ 上施加的微小扰动并不随时间无限增大，而只是引起以原运动轨迹为中心的微小振动. 所以绕 x 轴的转动是稳定的.

再分别将扰动施加到绕 y 轴的转动 $\boldsymbol{\omega}=\omega_y\boldsymbol{j}$ 和绕 z 轴的转动 $\boldsymbol{\omega}=\omega_z\boldsymbol{k}$ 上，采用与前面类似的分析，得到扰动解的频率分别是

$$\Omega_2 = \omega_y\sqrt{\frac{(I_1 - I_2)(I_3 - I_2)}{I_1 I_3}} \tag{4.4.34}$$

$$\Omega_3 = \omega_z \sqrt{\frac{(I_3 - I_1)(I_3 - I_2)}{I_1 I_2}} \tag{4.4.35}$$

根据假设条件(4.4.25)可知，Ω_2 是虚数，故而体系对扰动产生指数响应；Ω_3 是实数，体系对扰动产生振荡响应.

最终的结论是，刚体绕 x 轴或 z 轴，也即绕主转动惯量为最小或最大的主轴转动时是稳定的，而绕 y 轴，也即绕主转动惯量取中间值的主轴转动时不稳定.

4.4.3 对称欧拉陀螺

1. 对称欧拉陀螺的角速度

$I_1 = I_2 \neq I_3$ 的自由刚体称为**对称欧拉陀螺**，此时的欧拉动力学方程简化为

$$\begin{cases} I_1\dot{\omega}_x - (I_1 - I_3)\omega_y\omega_z = 0 \\ I_1\dot{\omega}_y - (I_3 - I_1)\omega_z\omega_x = 0 \\ I_3\dot{\omega}_z = 0 \end{cases} \tag{4.4.36}$$

由上式的第三式，有

$$\omega_z = \text{const} \overset{\triangle}{=} \omega_{z0} \tag{4.4.37}$$

因而式(4.4.36)的前两个式子可改写为

$$\begin{cases} \dot{\omega}_x = -\left(\dfrac{I_3 - I_1}{I_1}\omega_{z0}\right)\omega_y \\ \dot{\omega}_y = \left(\dfrac{I_3 - I_1}{I_1}\omega_{z0}\right)\omega_x \end{cases} \tag{4.4.38}$$

定义常量

$$\Omega \equiv \frac{I_3 - I_1}{I_1}\omega_{z0} \tag{4.4.39}$$

则式(4.4.38)简记为

$$\begin{cases} \dot{\omega}_x + \Omega\omega_y = 0 \\ \dot{\omega}_y - \Omega\omega_x = 0 \end{cases} \tag{4.4.40}$$

该微分方程组的解为

$$\begin{cases} \omega_x = A\cos(\Omega t + \phi_0) \\ \omega_y = A\sin(\Omega t + \phi_0) \end{cases} \tag{4.4.41}$$

其中 A 和 ϕ_0 为待定常量，由初始条件决定.

总角速度

$$\omega = \sqrt{\omega_x^2 + \omega_y^2 + \omega_z^2} = \sqrt{A^2 + \omega_{z0}^2} = \text{const} \tag{4.4.42}$$

2. 欧拉角的求解

将上面求得的角速度直角分量与欧拉运动学方程(4.2.10)结合，可以求解欧拉角随时间的变化规律.

由于外力矩为零，所以刚体的角动量 $\boldsymbol{J}$ 守恒，以此方向建立惯性坐标系的 z' 轴. $\boldsymbol{J}$ 在本体坐标系各轴上的分量分别为

$$\begin{cases} J_x = J\sin\theta\sin\psi \\ J_y = J\sin\theta\cos\psi \\ J_z = J\cos\theta \end{cases} \tag{4.4.43}$$

根据角动量与角速度的关系式(4.4.1)及式(4.4.41)，又得

$$\begin{cases} J_x = I_1\omega_x = I_1 A\cos(\Omega t + \phi_0) \\ J_y = I_1\omega_y = I_1 A\sin(\Omega t + \phi_0) \\ J_z = I_3\omega_{z0} \end{cases} \tag{4.4.44}$$

比较式(4.4.43)和(4.4.44)中的第三式，有

$$\cos\theta = \frac{I_3\omega_{z0}}{J} = \text{const} \triangleq \cos\theta_0 \tag{4.4.45}$$

于是可以将式(4.4.43)和(4.4.44)中的第一和第二式进一步写成

$$\begin{cases} J\sin\theta_0\sin\psi = I_1 A\cos(\Omega t + \phi_0) \\ J\sin\theta_0\cos\psi = I_1 A\sin(\Omega t + \phi_0) \end{cases} \tag{4.4.46}$$

为保证此式对任意时间恒成立，必须有

$$J\sin\theta_0 = I_1 A, \quad \sin\psi = \cos(\Omega t + \phi_0), \quad \cos\psi = \sin(\Omega t + \phi_0) \tag{4.4.47}$$

由此解得

$$A = \frac{J\sin\theta_0}{I_1}, \quad \psi = \frac{\pi}{2} - \Omega t - \phi_0 \tag{4.4.48}$$

将式(4.4.37)、(4.4.45)和上式代入式(4.2.10)的第三式，解出

$$\dot{\varphi} = (\omega_{z0} + \Omega)\sec\theta_0 \tag{4.4.49}$$

式(4.4.45)、(4.4.48)和(4.4.49)给出了三个欧拉角的运动情况. 由于章动角 $\theta = \theta_0$ 是常量，所以欧拉对称陀螺没有章动，只有自转和进动，这样的运动称为**规则进动**.

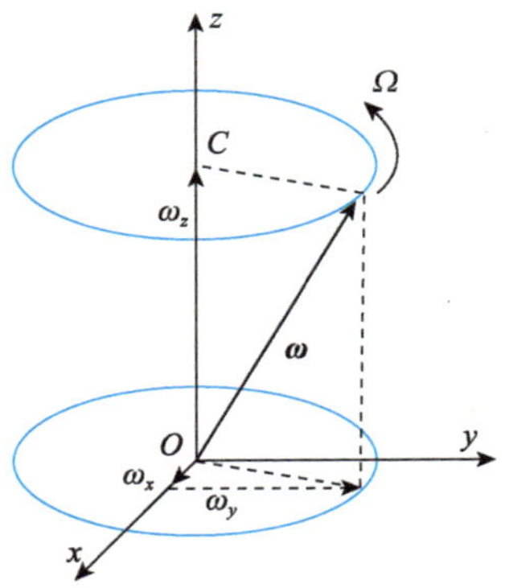

图 4.4.2　对称欧拉陀螺的本体圆锥

3. 本体圆锥和空间圆锥

式(4.4.41)和(4.4.42)表明，对称欧拉陀螺的角速度为常模矢量，绕本体系的 z 轴以恒定角频率 Ω 旋转. 因此对于本体系中的观察者，转动瞬轴绕刚体的对称轴描出一个圆锥，称为本体圆锥，对于 $I_3 > I_1$ 情形，$\Omega > 0$，$\boldsymbol{\omega}$ 按 z 轴的右手螺旋方向旋转，如图 4.4.2 所示. 当 $I_3 < I_1$ 时，$\Omega < 0$，$\boldsymbol{\omega}$ 按 z 轴的左手螺旋方向旋转.

下面讨论在惯性坐标系中转动瞬轴的转动情况. 定性地看，由于欧拉陀螺的角动量 $\boldsymbol{J}$ 和动能 T 守恒，又由于 ω 的大小恒定，根据角动量与动能和角速度之

间的关系式(4.3.23)，对称欧拉陀螺的角速度与角动量的夹角必须为常数．于是在惯性坐标系中角速度绕角动量方向转动，也描出一个圆锥，称为空间圆锥．z'轴也称为进动轴．

定量分析如下：将欧拉角的表达式(4.4.45)、(4.4.48)和(4.4.49)代入惯性系中的欧拉运动学方程式(4.2.11)，可得

$$\begin{cases}\omega_{x'}=-\Omega\sin\theta_0\sin[(\omega_{z0}+\Omega)\sec\theta_0 t+\phi_0]\\ \omega_{y'}=\Omega\sin\theta_0\cos[(\omega_{z0}+\Omega)\sec\theta_0 t+\phi_0]\\ \omega_{z'}=-\Omega\cos\theta_0+(\omega_{z0}+\Omega)\sec\theta_0\end{cases}\tag{4.4.50}$$

根据式(4.4.39)，有

$$\omega_{z0}+\Omega=\frac{I_3}{I_1}\omega_{z0}>0\tag{4.4.51}$$

所以 ω 总是按右手螺旋绕 z'轴进动．图 4.4.3 是 $I_3<I_1$ 时本体圆锥和空间圆锥的几何关系．

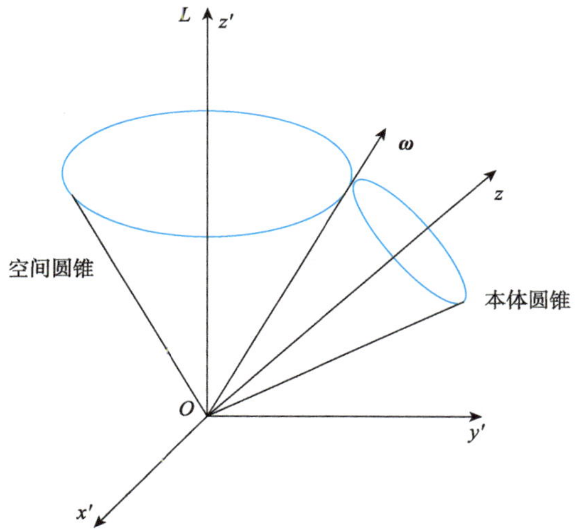

图 4.4.3　对称欧拉陀螺的本体圆锥和空间圆锥

例 4.8

证明，当 $I_3<I_1$ 时，本体圆锥和空间圆锥相外切．

证明　设 ω 与 z 轴的夹角为 α，ω 与 z'轴的夹角为 β，则

$$\tan\alpha=\frac{A}{\omega_{z0}}=\frac{J\sin\theta_0/I_1}{J\cos\theta_0/I_3}=\frac{I_3}{I_1}\tan\theta_0\tag{1}$$

$$\tan\beta = \frac{-\Omega\sin\theta_0}{-\Omega\cos\theta_0 + \dot{\varphi}}$$

$$= \frac{-\dfrac{I_3 - I_1}{I_1}\omega_{z0}\sin\theta_0}{-\dfrac{I_3 - I_1}{I_1}\omega_{z0}\cos\theta_0 + \dfrac{I_3}{I_1}\omega_{z0}\sec\theta_0} = \frac{\left(1 - \dfrac{I_3}{I_1}\right)\tan\theta_0}{1 + \dfrac{I_3}{I_1}\tan^2\theta_0} \tag{2}$$

所以

$$\tan(\theta_0 - \alpha) = \frac{\tan\theta_0 - \tan\alpha}{1 + \tan\theta_0\tan\alpha} = \frac{\tan\theta_0 - \dfrac{I_3}{I_1}\tan\theta_0}{1 + \tan\theta_0\dfrac{I_3}{I_1}\tan\theta_0} = \tan\beta \tag{3}$$

所以

$$\theta_0 - \alpha = \beta \tag{4}$$

故

$$\alpha + \beta = \theta_0 \tag{5}$$

可见本体圆锥与空间圆锥相外切.

类似地，当 $I_3 > I_1$ 时，可证本体圆锥与空间圆锥相内切.

例 4.9

一个自由的均质长方刚体，边长分别为 $2a$、$2a$ 和 $4a$，初始以角速度 ω_0 绕某一体对角线转动.

(1) 求刚体对质心的主转动惯量和角动量；

(2) 求三个欧拉角.

解 (1) 取质心为原点，z 轴平行于长边，则三个主转动惯量分别为

$$I_1 = I_2 = \frac{m}{2a \cdot 2a \cdot 4a}\int_{-a}^{a}\mathrm{d}x\int_{-a}^{a}\int_{-2a}^{2a}(y^2 + z^2)\mathrm{d}y\mathrm{d}z = \frac{5}{3}ma^2 \tag{1}$$

$$I_3 = \frac{m}{2a \cdot 2a \cdot 4a}\int_{-a}^{a}\int_{-a}^{a}(x^2 + y^2)\mathrm{d}x\mathrm{d}y\int_{-2a}^{2a}\mathrm{d}z = \frac{2}{3}ma^2 \tag{2}$$

初始角速度

$$\omega = \frac{(2a, 2a, 4a)}{\sqrt{(2a)^2 + (2a)^2 + (4a)^2}}\omega_0 = \frac{\omega_0}{\sqrt{6}}(1, 1, 2) \tag{3}$$

角动量

$$\boldsymbol{J} = (I_1\omega_x, I_2\omega_y, I_3\omega_z) = \frac{\omega_0 ma^2}{3\sqrt{6}}(5, 5, 4), \quad J = \frac{\sqrt{11}}{3}\omega_0 ma^2 \tag{4}$$

(2) 这是一个对称欧拉陀螺，

$$\cos\theta = \frac{J_z}{J} = \frac{4}{\sqrt{5^2+5^2+4^2}} = \frac{4}{\sqrt{66}} \tag{5}$$

$$\dot{\varphi} = \left(\omega_{z0} + \frac{I_3 - I_1}{I_1}\omega_{z0}\right)\sec\theta = \frac{I_3\omega_{z0}}{I_1\cos\theta}$$
$$= \frac{J}{I_1} = \frac{\sqrt{11}\omega_0 ma^2/3}{5ma^2/3} = \frac{\sqrt{11}}{5}\omega_0 \tag{6}$$

$$\dot{\psi} = -\frac{I_3 - I_1}{I_1}\omega_{z0} = -\frac{2/3 - 5/3}{5/3}\frac{2}{\sqrt{6}}\omega_0 = \frac{\sqrt{6}}{5}\omega_0 \tag{7}$$

4. 地球的纬度变迁问题

由于地球长期的自转效应，所以可近似认为地球是一个略扁的旋转椭球体，$I_1 = I_2 < I_3$. 将地球当作自由运动的刚体，则转动瞬轴（天文地轴）绕对称轴（地理地轴）以 Ω 缓慢转动，导致地球的空间姿态缓慢变化，从而引起纬度变迁.

可计算得 $\Omega \approx \omega_z/300$. 由于地球自转周期 $T = 2\pi/\omega_z \approx 1$ 天，所以旋转轴转动的周期≈300 天. 这一理论值与实际值 420 天有明显偏差，其主要原因是：其一，太阳、月亮等天体的引力对地球中心有力矩，因而地球并非自由运动；其二，地球不是严格的刚体，存在滞后效应.

5. 转动的稳定性

在 4.4.2 小节的最后，我们讨论了一般欧拉陀螺的转动稳定性问题，但所得结论未能涵盖对称欧拉陀螺这一特殊情形. 当 $I_1 = I_2$ 时，由式(4.4.30)，$\mu(t)$ 为常量. 再由式(4.4.29)

$$\lambda(t) = C + Dt \tag{4.4.52}$$

其中 C 和 D 是常数. 可见此时扰动的效应随时间线性增加，即绕 x 轴的转动不稳定. 同样,绕 y 轴的转动也不稳定. 而绕 z 轴转动时，附加扰动的频率由式(4.4.35)简化为

$$\Omega_3 = \omega_z\sqrt{\frac{(I_3 - I_1)^2}{I_1^2}} = \omega_z\frac{|I_3 - I_1|}{I_1} \tag{4.4.53}$$

扰动频率总是实数. 可见对于对称欧拉陀螺，只有绕旋转对称轴的转动才是稳定的，无论此时的转动惯量是最大值还是最小值.

但在实际问题中，处理的对象并非理想刚体，这时绕对称轴的转动未必都是稳定的，具体分析如下.

对称欧拉陀螺的角动量大小和能量均守恒，其表达式分别由式(4.4.19)和(4.4.20)简化为

$$I_1^2(\omega_x^2 + \omega_y^2) + I_3^2\omega_z^2 = J_0^2 \tag{4.4.54}$$

$$I_1(\omega_x^2+\omega_y^2)+I_3\omega_z^2=2E_0 \tag{4.4.55}$$

将上式乘以 I_1，再用式(4.4.54)减之，可得

$$I_3(I_3-I_1)\omega_z^2=J_0^2-2I_1E_0 \tag{4.4.56}$$

取角动量方向为惯性坐标系的 z' 轴，则角动量在本体坐标系 z 轴方向的分量为

$$J_z=I_3\omega_z=J_0\cos\theta \tag{4.4.57}$$

所以

$$\omega_z=\frac{J_0}{I_3}\cos\theta \tag{4.4.58}$$

将上式代入式(4.4.56)并整理得

$$\frac{2I_3E_0}{J_0^2}=\left(\frac{I_3}{I_1}-1\right)\sin^2\theta+1 \tag{4.4.59}$$

假设一开始陀螺的对称轴就在 z' 轴附近. 非理想刚体中内部相互作用的耗散可能使得能量 E_0 下降，但内力不影响角动量，因而角动量 J_0 不变，所以上式的左边是时间的非增函数. 假设陀螺因某种扰动产生进一步偏离，则 θ 必将增大，在 $I_3>I_1$ 的情况下，这将导致上式的右边随时间而增大，破坏了上式的限制，因而偏离不可能增大，绕 z 轴的转动是稳定的. 相反，如果 $I_3<I_1$，θ 的增大导致上式的右边减小，并没有破坏上式的成立，因而是允许的，转动将逐渐偏离 z' 轴.

在设计人造卫星外形时，必须考虑非理想刚体特性对旋转稳定性的要求.

4.4.4 定点转动的对称陀螺——拉格朗日陀螺

1. 一般情形的求解

考虑一个对称陀螺，其尖端固定不动，在重力场中运动，这就是**拉格朗日陀螺**. 如图 4.4.4 所示，取该固定点为本体和惯性坐标系的共同原点，惯性系的 z' 轴对应于铅直线，本体系的 z 轴沿陀螺的对称轴. 设陀螺质量为 m，固定点离质心距离为 l，则陀螺的势能为

$$V=mgl\cos\theta \tag{4.4.60}$$

而根据式(4.2.10)，陀螺的动能为

$$T=\frac{I_1}{2}(\omega_x^2+\omega_y^2)+\frac{I_3}{2}\omega_z^2=\frac{I_1}{2}(\dot\theta^2+\dot\varphi^2\sin^2\theta)+\frac{I_3}{2}(\dot\psi+\dot\varphi\cos\theta)^2 \tag{4.4.61}$$

因此体系的拉格朗日函数为

$$L=\frac{I_1}{2}(\dot\theta^2+\dot\varphi^2\sin^2\theta)+\frac{I_3}{2}(\dot\psi+\dot\varphi\cos\theta)^2-mgl\cos\theta \tag{4.4.62}$$

由于 L 中不显含 φ 和 ψ，这两个欧拉角是循环坐标，因此可以得到两个守恒量

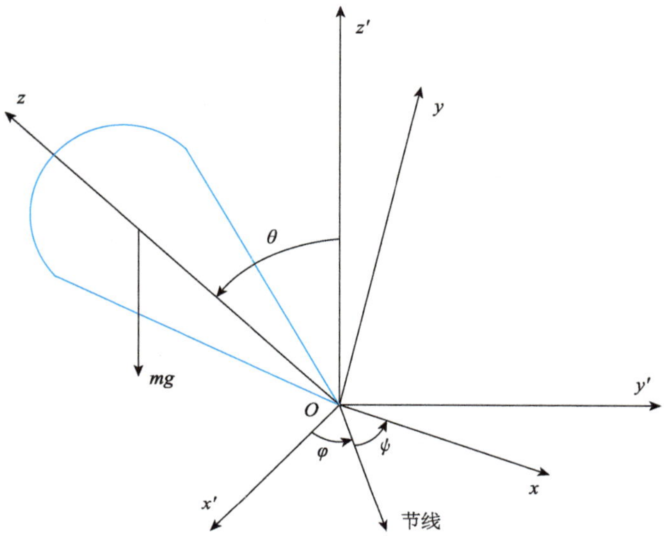

图 4.4.4 拉格朗日陀螺

$$P_\varphi = \frac{\partial L}{\partial \dot{\varphi}} = (I_1\sin^2\theta + I_3\cos^2\theta)\dot{\varphi} + I_3\cos\theta\dot{\psi} = \text{const} = J_{z'} \quad (4.4.63)$$

$$P_\psi = \frac{\partial L}{\partial \dot{\psi}} = I_3(\dot{\psi} + \cos\theta\dot{\varphi}) = \text{const} = J_z = I_3\omega_z \quad (4.4.64)$$

P_φ 和 P_ψ 分别是陀螺角动量 $\boldsymbol{J}$ 在进动方向和自转方向上的分量. 于是 ω_z 也为常量. 此外，陀螺的能量也守恒

$$E = \frac{I_1}{2}(\dot{\theta}^2 + \dot{\varphi}^2\sin^2\theta) + \frac{J_z^2}{2I_3} + mgl\cos\theta = \text{const} \quad (4.4.65)$$

式(4.4.63)～(4.4.65)就是拉格朗日陀螺的三个动力学方程. 由前两式可得

$$\dot{\varphi} = \frac{J_{z'} - J_z\cos\theta}{I_1\sin^2\theta} \quad (4.4.66)$$

$$\dot{\psi} = \frac{J_z}{I_3} - \frac{J_{z'} - J_z\cos\theta}{I_1\sin^2\theta}\cos\theta \quad (4.4.67)$$

将它们代入式(4.4.65)中得

$$E = \frac{I_1}{2}\left[\dot{\theta}^2 + \frac{(J_{z'} - J_z\cos\theta)^2}{I_1^2\sin^2\theta}\right] + \frac{J_z^2}{2I_3} + mgl\cos\theta \quad (4.4.68)$$

令有效势能

$$V_{\text{eff}}(\theta) = \frac{(J_{z'} - J_z\cos\theta)^2}{2I_1\sin^2\theta} - mgl(1 - \cos\theta) \quad (4.4.69)$$

并定义参量

$$E' = E - \frac{J_z^2}{2I_3} - mgl \tag{4.4.70}$$

则式(4.4.68)可改写为

$$\frac{I_1}{2}\dot{\theta}^2 + V_{\text{eff}}(\theta) = E' \tag{4.4.71}$$

由上式可得

$$t = \int \frac{\mathrm{d}\theta}{\sqrt{\frac{2}{I_1}\left[E' - V_{\text{eff}}(\theta)\right]}} \tag{4.4.72}$$

上式积分区间的章动角由小到大，未列出的负号解对应章动角由大变小，与正号解完全对称. 原则上我们可以从上式中解出 $\theta(t)$，将它代入式(4.4.66)和(4.4.67)，就能将 φ 和 ψ 表示为关于 θ 的积分.

完全的解析分析只能对一些特别情形进行. 一般情形过于复杂，但我们可以讨论在陀螺的运动过程中 θ 的变化范围. 由式(4.4.71)可知，$E' \geqslant V_{\text{eff}}(\theta)$. 等号仅当 $\dot{\theta}=0$，即 θ 取极大值或极小值时成立. 又由式(4.4.69)知，当 $\theta=0$ 或 $\theta=\pi$ 时，$V_{\text{eff}}(\theta)\to+\infty$. 因此有效势能随 θ 变化的典型图形大致如图 4.4.5 所示，它和 $E'=$常数的直线有两个交点 θ_1 和 θ_2，其值由

$$E' = V_{\text{eff}}(\theta) \tag{4.4.73}$$

决定. 这两个角度决定了陀螺的 z 轴对铅直方向偏离的章动角的界限.

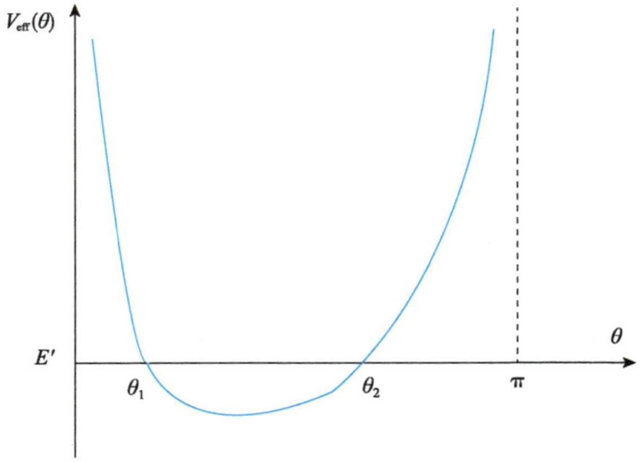

图 4.4.5　拉格朗日陀螺的有效势能

由式(4.4.66)可判断，当章动角从 θ_1 变到 θ_2 时，进动角速度 $\dot{\varphi}$ 是否改变符号取决于 $J_{z'}-J_z\cos\theta$ 是否变号. 图 4.4.6(a)和(c)分别是当 $J_{z'}-J_z\cos\theta$ 在区间

$[\theta_1, \theta_2]$内不变号和变号时陀螺自转轴的轨迹，而图 4.4.6(b)是(a)和(c)之间的临界情形，即在 θ_1 处 $J_{z'}-J_z\cos\theta=0$.

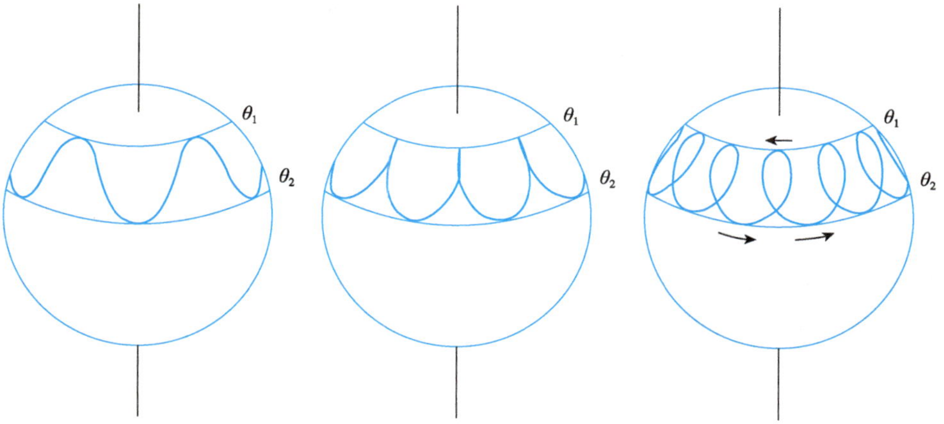

图 4.4.6　拉格朗日陀螺的章动和进动

2. 快速陀螺(回转仪)

一般的拉格朗日陀螺的具体求解很困难，但如果陀螺的自转角速度很大，采用一些合理的近似，就能得到章动角和进动角的近似表达式. 我们把具有很大自转角速度的对称陀螺称为**快速陀螺**或**回转仪**.

为讨论方便，不妨设初始章动角速度和进动角速度均为零，即

$$\dot{\theta}_1 = 0, \quad \dot{\varphi}_1 = 0 \tag{4.4.74}$$

上式的第一式表明，初始时刚体的章动角正处于图 4.4.6 中的边界情形，如果我们能求得另一个边界 θ_2，就能确定章动角的范围.

将上式代入三个运动积分式(4.4.63)～(4.4.65)，分别得

$$J_{z'} = I_3\cos\theta_1\dot{\psi}_1 \tag{4.4.75}$$

$$J_z = I_3\dot{\psi}_1 = I_3\omega_z \tag{4.4.76}$$

$$E = \frac{J_z^2}{2I_3} + mgl\cos\theta_1 \tag{4.4.77}$$

把这些结果再次代入章动角为 θ_2 时的式(4.4.63)～(4.4.65)，并消去 $\dot{\varphi}_2$ 和 $\dot{\psi}_2$ 得

$$\frac{I_3^2\dot{\psi}_1^2}{2I_1 mgl}(\cos\theta_1 - \cos\theta_2) = \sin^2\theta_2 \tag{4.4.78}$$

设

$$\varepsilon = \cos\theta_1 - \cos\theta_2, \quad p = \frac{I_3^2\dot{\psi}_1^2}{2I_1 mgl} \tag{4.4.79}$$

则式(4.4.78)可改写成

$$\varepsilon^2+(p-2\cos\theta_1)\varepsilon-\sin^2\theta_1=0 \tag{4.4.80}$$

由于是快速陀螺，满足 $p\gg1$，而式(4.4.79)的第一式表明$|\varepsilon|$的上限～1，所以上式近似为

$$p\varepsilon-\sin^2\theta_1=0 \tag{4.4.81}$$

其解为

$$\varepsilon=\frac{\sin^2\theta_1}{p}=\frac{2I_1mgl\sin^2\theta_1}{I_3^2\dot{\psi}_1^2}\ll1 \tag{4.4.82}$$

可见，快速陀螺的章动角变化范围 $\Delta\theta$($\Delta\theta$ 与 ε 同量级)与 $\dot{\psi}_1$ 的平方成反比，与初始章动角正弦的平方成正比. 也就是说，初始的转速越快，偏离竖直方向越小，陀螺的章动变化就越小.

当章动角取 θ_2 时，借助于式(4.4.74)和(4.4.78)等，可得进动角的角速度

$$\begin{aligned}\dot{\varphi}_2&=\frac{J_{z'}-J_z\cos\theta_2}{I_1\sin^2\theta_2}=\frac{J_{z'}-J_z\cos\theta_1+J_z(\cos\theta_1-\cos\theta_2)}{I_1\sin^2\theta_2}\\&=\frac{\sin^2\theta_1}{\sin^2\theta_2}\dot{\varphi}_1+\frac{I_3\dot{\psi}_1\varepsilon}{I_1\sin^2\theta_2}=0+\frac{I_3\dot{\psi}_1}{I_1p}=\frac{2mgl}{I_3\dot{\psi}_1}\end{aligned} \tag{4.4.83}$$

所以平均进动角速度

$$\dot{\varphi}=\frac{\dot{\varphi}_1+\dot{\varphi}_2}{2}=\frac{mgl}{I_3\dot{\psi}_1} \tag{4.4.84}$$

可见，初始陀螺的自转越快，进动越缓慢.

这些结论与陀螺游戏的经验完全一致.

3. 快速陀螺实例——拉莫尔进动

经典图像下，电子绕原子核做高速圆周运动，形成环形电流. 该电流在外磁场中受到磁力矩作用，是一个快速的拉格朗日陀螺.

设电子转动的圆频率为 ω，轨道半径为 r，则其等效电流强度和相应磁矩分别为

$$i=e\omega/(2\pi) \tag{4.4.85}$$

$$\boldsymbol{m}=-i\pi r^2\boldsymbol{n}=-\frac{1}{2}e\omega r^2\boldsymbol{n} \tag{4.4.86}$$

其中 $\boldsymbol{n}$ 是磁矩方向的单位矢量. 该磁矩在外磁场中的势能

$$V=-\boldsymbol{m}\cdot\boldsymbol{B}=\frac{1}{2}e\omega r^2B\cos\theta \tag{4.4.87}$$

电子的轨道角动量

$$J_z=I_3\omega=m_er^2\omega \tag{4.4.88}$$

将式(4.4.84)中的重力势能换成上式(4.4.87)中的磁矩势能（两个势能均去掉 $\cos\theta$ 因子），可得电子轨道绕磁场进动的角速度

$$\boldsymbol{\Omega}=\dot{\varphi}\boldsymbol{e}_{z'}=\frac{1}{2}\frac{e\omega r^2}{J_z}\boldsymbol{B}=\frac{1}{2}\frac{e\omega r^2}{m_e r^2\omega}\boldsymbol{B}=\frac{e\boldsymbol{B}}{2m_e} \tag{4.4.89}$$

在一般实验室条件及外磁场条件下，$\Omega\ll\omega$，故而当存在外磁场时，电子在高速绕核转动的同时，其轨道面还绕外磁场缓慢地进动，这就是电子的**拉莫尔进动**(图4.4.7).

电子的拉莫尔进动导致电子产生附加磁矩

$$\Delta\boldsymbol{m}=-\frac{e\Omega}{2\pi}\pi r^2\boldsymbol{n}=-\frac{e^2r^2}{4m_e}\boldsymbol{B} \tag{4.4.90}$$

这些微观的附加磁矩积累起来，使磁介质产生宏观的抗磁效应.

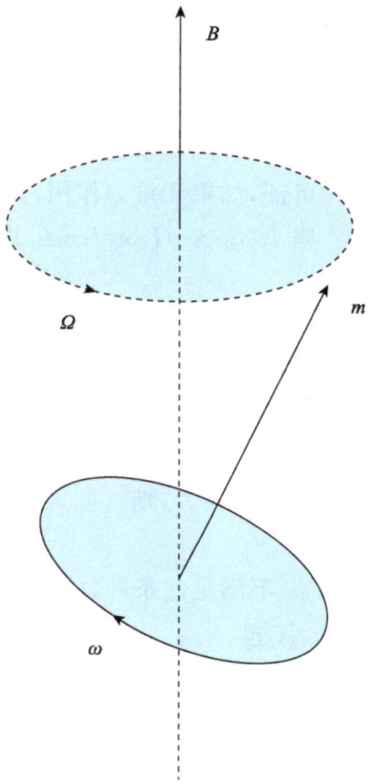

图4.4.7　电子的拉莫尔进动

4. 规则进动

该情形，$\theta=\theta_0$，　$\dot{\theta}=\ddot{\theta}=0$. 有效势能取极小值，即

$$\left.\frac{\mathrm{d}V_{\text{eff}}(\theta)}{\mathrm{d}\theta}\right|_{\theta=\theta_0}=0 \tag{4.4.91}$$

将式(4.4.69)代入上式得

$$-\frac{\cos\theta_0\,(J_{z'}-J_z\cos\theta_0)^2}{I_1\sin^3\theta_0}+\frac{J_z(J_{z'}-J_z\cos\theta_0)}{I_1\sin\theta_0}-mgl\sin\theta_0=0 \tag{4.4.92}$$

由式(4.4.66)，得

$$J_{z'}-J_z\cos\theta_0=I_1\sin^2\theta_0\dot{\varphi} \tag{4.4.93}$$

于是式(4.4.92)简化为

$$I_1\cos\theta_0\dot{\varphi}^2-I_3\omega_{z0}\dot{\varphi}+mgl=0 \tag{4.4.94}$$

上式是关于 $\dot{\varphi}$ 的二次方程. 为保证 $\dot{\varphi}$ 为实数，其判别式

$$I_3^2\omega_{z0}^2-4I_1mgl\cos\theta_0\geqslant 0 \tag{4.4.95}$$

当 $\pi/2\leqslant\theta_0\leqslant\pi$ 时，上述条件总能满足.

当 $0\leqslant\theta_0<\pi/2$ 时，要求

$$\omega_{z0}\geqslant\frac{2}{I_3}\sqrt{I_1mgl\cos\theta_0} \tag{4.4.96}$$

解得

$$\dot{\varphi}=\frac{I_3\omega_{z0}\pm\sqrt{I_3^2\omega_{z0}^2-4I_1mgl\cos\theta_0}}{2I_1\cos\theta_0} \tag{4.4.97}$$

上式中的“+”对应快进动，“-”对应慢进动.

可证，如果无重力作用，则只存在快进动.

当 $I_3^2\omega_{z0}^2\gg 4I_1mgl\cos\theta_0$ 时，式(4.4.97)可近似为

$$\dot{\varphi}_1=\frac{I_3\omega_{z0}}{I_1\cos\theta_0},\quad \dot{\varphi}_2=\frac{mgl}{I_3\omega_{z0}} \tag{4.4.98}$$

因为

$$\dot{\varphi}\cos\theta_0+\dot{\psi}=\omega_{z0} \tag{4.4.99}$$

所以如果 $\dot{\psi}$ 很大，则

$$\omega_{z0}\approx\dot{\psi}\gg\dot{\varphi} \tag{4.4.100}$$

显然 $\dot{\varphi}_1$ 不满足此条件，此时只存在慢进动.

小结

本章主要采用拉格朗日力学方法研究了刚体的运动. 4.1 节是刚体运动的描述，先介绍了刚体的概念以及不同类型刚体运动的自由度；接着证明了刚体运动的欧拉定理，即具有一个固定点的刚体的任一位移等效于绕该定点的某一轴线的转动；随后辨析了有限转动和无限小转动的矢量性，引入加速度矢量；最后给出刚体上任一点的速度和加速度与参考基点的关系. 4.2 节先引入描述刚体转动的广义坐标——欧拉角，然后给出欧拉角随时间的变化率分别与惯性坐标系及本体坐标系中角速度分量之间的关系，即欧拉刚体运动学方程. 4.3 节先通过分析刚体动能引入转动惯量张量；接着给出刚体角动量分别与转动惯量张量及刚体动能之间的关系；为了简化研究难度，可以通过选择坐标轴方向为惯量主轴而使得惯量张量只有对角项；而惯量椭球的引入，能让我们形象地描述转动惯量. 4.4 节介绍欧拉动力学方程及其应用，首先从拉格朗日方程建立刚体的运动微分方程，即欧拉动力学方程；接着讨论了欧拉陀螺的一般解和对称情形的解，并讨论了这两种情形的转动稳定性；最后对拉格朗日陀螺进行了初步的分析，并讨论了快速陀螺的近似求解和应用实例.

学海泛舟 4：灵巧与笨拙的方法

在求解问题时，经常会发现有不同的方法，有的比较灵巧，有的则相对笨拙. 于是便产生一个问题：在灵巧的方法和笨拙的方法之间，一定要取前舍后吗?

采用哪种方法要视使用的目的而定. 比如，本章分别从拉格朗日方程和刚体的角动量定理出发建立欧拉刚体动力学方程，前一方法没有后一方法灵巧，但它能巩固我们运用分析力学解决问题的能力，因而被重点介绍.

采用哪种方法要视使用者自身情况而定. 比如某个问题存在一个非常灵巧的方法和一个比较笨拙的方法，但前者不易想到，或者前者涉及当事人不熟悉的知识，在时间有限的情况下，更大的可能是选择后者.

采用哪种方法要视使用者的辅助工具而定. 比如一些灵巧的速算方法，给人们计算带来方便. 但如果手头有计算器，直接计算反而更快捷. 又如，很多数值计算的技巧，对 20 世纪 80 年代的计算机是必不可少的，否则内存不够或耗时太长；但现代计算机性能大大提高，对于常规的数值计算，过多运用这些技巧并不会带来明显的好处，却加大编程的困难.

当笨拙的方法普适于一类问题，灵巧的方法只局限在其中的个别情形时(常常如此)，它们的名称也应该互换了.

第 5 章　非线性力学简介

牛顿力学(包括分析力学)创立 300 多年以来，取得了辉煌的成就：它建立的动力学方程，描述了物质世界运动的因果联系；它发现的动量守恒定律、机械能守恒定律、角动量守恒定律，首次揭示了运动中守恒量的存在，为进一步研究物理规律的不变性与对称性奠定了基础；它把天体运动和地面物体运动的规律统一起来，为探索物理世界的统一迈出了第一步. 牛顿定律以大自然的终极描述的姿态，占据自然科学的崇高统治地位达两个世纪以上. 但我们知道，牛顿力学存在着严重的缺陷，这就是绝对时空观和机械决定论. 直到 20 世纪初，爱因斯坦狭义相对论的建立打破了绝对时空观，人们才认识到，不仅运动是相对的，而且测量运动的钟的快慢(时间间隔)和尺的长短(空间间隔)也是相对的，传统的时空观发生了根本性的变革. 不久以后量子力学的建立，又使人们了解到诸如位移、速度、加速度等这些经典的力学量，以及牛顿运动方程本身，都已不再适于描述微观粒子体系的状态. 但是人们一直坚信，在宏观低速领域，建立在牛顿定律基础上的运动方程，以及由此得出的物体(粒子)的运动规律，仍然是决定论性的：只要初始条件给定，方程的解就是唯一的，由方程可以解出任意时刻物体(粒子)的运动，力学系统的运动状态因此被完全确定下来.

历史上，牛顿力学在天文学上所取得的巨大成功，其中最具有代表性的是海王星的发现，使人们对决定论性的宇宙观深信不疑. 例如，早在 18 世纪，法国大数学家拉普拉斯就曾经写过一段名言：

> 设想有位智者在每一瞬间得知激励大自然的所有的力，以及组成它的所有物体的相互位置，如果这位智者如此博大精深，他能对这样众多的数据进行分析，把宇宙间最庞大物体和最轻微原子的运动凝聚到一个公式之中，那么对他来说没有什么事情是不确定的，将来就像过去一样展现在他的眼前.

这就是说，宇宙就像一个巨大的时钟，只要把它的初始时刻拨正了，它就会永远精确地一直走下去. 实际上，到目前为止，人类为考察宇宙所发射的一系列空间飞船的运动轨道，都还是基于牛顿力学定律计算出来的，这些计算出来的轨道与飞船的实际空间飞行轨道完全相符. 天文台每年颁布的历书上所预示的日、月、行星位置，也主要是根据牛顿力学来计算，只需要很微小的广义相对论修正，而广义相对论本身也是决定论性的. 后来人们又进一步认识到，量子力学也依然是决定论性的，只不过量子力学关于状态的定义与牛顿经典力学有所不同. 虽然量子力学的决定论不再是经典力学那样的机械决定论，但由系统现在的状态仍然可以唯一地确定过去和未来的状态. 正因为如此，决定论的观念至今仍深入人心，人们自然而然地把它作为分析一切动力学问题的出发点.

但是，也有人很早就注意到，即使方程是决定论性的，方程的解也可能并不能完全确定. 例如，著名的三体问题，即牛顿万有引力作用下的三体运动，尽管方程可以严格给出，但解析解却完全得不到. 19 世纪末法国著名数学家庞加莱曾采用一个简化的模型，即假设有两个大天体，它们围绕公共质心相互绕转，另有一个质量极小的物体(如一颗砂粒)，在它们的引力场中运动. 庞加莱发现，两个大天体的运动可以完全不受砂粒的影响，各自沿确定的周期轨道运行. 但砂粒的运动却是错综复杂的，它没有确定性的周期轨道. 在相空间的截面上，砂粒的运动轨迹是无穷尽的自我缠结，如乱麻一般搅在一起. 而且，它的运动是极不稳定的，任何微小的扰动都会使轨道在一段时间后产生显著偏离. 因此庞加莱得出结论说，砂粒的运动是不可预测的，因为初始条件或计算过程中的任何微小误差，都会导致截然不同的计算结果. 这样，庞加莱的研究就表明了，决定论性的方程可以得出无法预测的结果. 这种决定论性的方程给出看似随机运动的现象现在称为混沌(chaos).

需要注意的是，这里的“混沌”一词，是和 100 多年前玻尔兹曼在研究分子运动时所使用的“分子混沌性假设”中混沌的意义完全不同. 对于由大量分子构成的热力学系统，我们完全无法确定每个分子在某个时刻的位置和速度，也就是说，系统的初始条件是完全无法确定的. 此时只能用温度、体积、压力等宏观量来描述系统整体的统计性质，单个分子的运动完全看成是一种随机行为，对它们运动状态的描述采用的是概率性描述. 而在现在所讨论的情况下，无须采用概率假设，决定论性方程的解却显出混沌行为，表现出很大的随机性，使得系统的长期行为变得不可预测. 还要特别强调的是，这种随机性与有外界随机力作用下的随机运动(如布朗运动)完全不同，是系统本身所固有的，故称为内禀随机性(或内在随机性). 现在知道，就起源来说，这种随机性及系统所表现出的混沌行为，本质上源于方程自身的非线性.

5.1 非线性与混沌

牛顿力学建立以来，人们应用线性微分方程研究物体运动，取得了许多重要的成果. 实际上，不仅是力学，还包括其他物理学领域，人们长期以来研究的主要是线性理论. 这其中的原因大致归于两个方面：一方面是受实验仪器的精度所限，在当时的仪器精度下归纳出来的线性理论，已经足以解释有关的物理现象；另一方面是由于非线性方程在数学处理上的难度往往很大，有许多非线性方程甚至根本就没有解析解.这样,人们在遇到非线性方程时,往往通过线性近似,把非线性方程化为线性方程求解.这种做法已经成了传统习惯,以至于许多人误认为,物质的运动总是遵从线性规律,我们的周围是一个由各种线性规律所支配的世界.

但自20世纪60年代以来,人们在实验研究中发现,在自然科学的许多领域都存在一些线性理论无法解释的现象.以物理学为例,开始是机械振动,后来又在流体力学和声学领域,接着是伴随激光而诞生的非线性光学,以耗散理论为核心的现代热力学及多粒子体系的宏观量子效应等,非线性向人们展示了一幅幅令人惊奇,甚至是不可思议的图景.在化学、生物学、医学、气象学和天文学等领域,甚至在经济学、金融学及社会学等人文科学领域,非线性现象也到处可见,因而开始受到人们密切关注,非线性科学也随之获得了迅速的发展.随着对非线性问题研究的深入,人们对周围世界及物质运动规律的认识有了深刻的变化.现在人们知道,非线性现象是普遍存在的,世界的本质可以说就是非线性的,而真正线性的问题反而只是一些特殊或局部的情况.

从数学的角度看,线性系统有两个显著的特点.一个特点是,因为自变量与函数之间的关系是线性的,因而自变量的变化率与函数的变化率之间为确定的比例.例如,函数 $y=ax+b$,它对自变量 x 是线性的,则由 $\delta y=a\delta x$ 可见,在函数的整个定义域内,函数的变化 δy 总是正比于自变量的变化 δx,比例常数 a 即函数曲线的斜率对不同的 x 是一样的.这就给出一个重要的结果:当 $\delta x\to 0$ 时,也有 $\delta y\to 0$.这意味着函数值对自变量的取值精确度不敏感,亦即相应于自变量的微小变化,函数值也只会产生微小的变化.

线性系统的另一个特点是,系统的整体性质可以由组成它的各个子系的代数叠加得出,这就是所谓的**线性叠加原理**.我们熟知的傅里叶变换,就是基于线性叠加原理,此时系统的整体解,可以用各个谐波单独作用时解的线性叠加得到.换句话说,如果一个系统可以分解为若干相互独立的子系,则线性关系表明的是,只要各个子系的行为都已知,则系统的整体行为就是所有子系行为的简单代数叠加.从这里可以看出,线性系统是由互不相干的独立子系组成的,线性关系就是来源于各子系的独立贡献.与此对照,非线性系统的各子系之间有着不可忽略的相互作用,因而在非线性的情况下,事情就变得复杂多了.我们先来看两个著名的例子.

5.1.1 单摆的运动

在无阻尼和无外力的情况下,我们熟悉的小振幅单摆的运动方程是

$$\ddot{\theta}+\omega^2\theta=0 \tag{5.1.1}$$

其解的一般形式为

$$\theta=A\cos(\omega t+\varphi) \tag{5.1.2}$$

$$\dot{\theta}=-A\omega\sin(\omega t+\varphi)=A\omega\cos\left(\omega t+\varphi+\frac{\pi}{2}\right) \tag{5.1.3}$$

为简单起见，这里我们取 $A=\omega=1,\varphi=0$，则上面的解化为

$$\theta=\cos(\omega t) \tag{5.1.4}$$

$$\dot{\theta}=\cos\left(\omega t+\frac{\pi}{2}\right) \tag{5.1.5}$$

以 θ 为横坐标，以 $\dot{\theta}$ 为纵坐标，画出来的图称为**相图**，即相空间（此时为平面）图. 式(5.1.4)和(5.1.5)的结果在相图上的轨迹线为一个圆，如图 5.1.1(a)所示. 如果考虑的是阻尼振动，则方程(5.1.1)变为

$$\ddot{\theta}+2\beta\dot{\theta}+\omega^2\theta=0 \tag{5.1.6}$$

式中 β 为阻尼因子. 仍取 $\omega=1$，方程(5.1.6)的解是衰减解，即由于能量耗散，无论从相平面上的哪一点出发，经过一段时间后，最终都会趋向于坐标原点 $\dot{\theta}=\theta=0$，如图 5.1.1(b)所示. 人们形象地把这种情况下的原点称为**吸引子**，因为它把相空间中的点(**相点**)吸引了过来. 这是最简单的一类吸引子，即零维吸引子，由于几何上的一个点的维数是零，当相点运动到原点时，就相应于单摆停止摆动，所以这时原点又称为**不动点**. 在既有阻尼又有驱动力存在的情况下，方程(5.1.1)变为

$$\ddot{\theta}+2\beta\dot{\theta}+\omega_0^2\theta=f\cos\omega t \tag{5.1.7}$$

其中 ω_0 和 ω 分别为系统的固有圆频率和驱动力的频率，f 为驱动力的振幅. 众所周知，经过足够长的时间后，式(5.1.7)的解(稳态解)就变为频率等于驱动力频率的简谐振动，因而在相图上应当如图 5.1.1(a)所示.

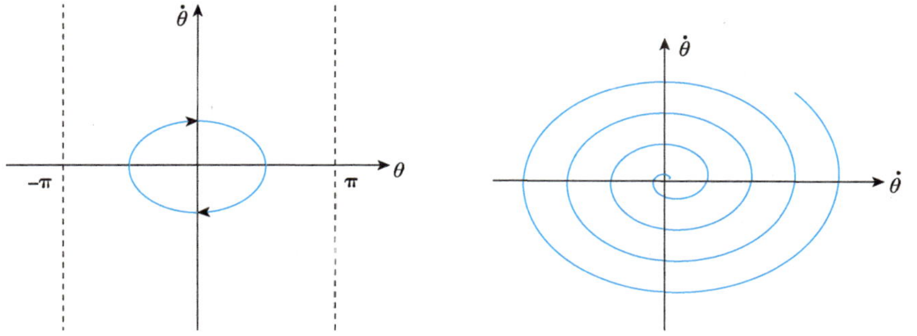

(a) (b)

图 5.1.1 (a)简谐振动的相图；(b)阻尼振动的相图

上面是小振幅的情况，此时 $\ddot{\theta}$,$\dot{\theta}$ 和 θ 之间的关系是线性的. 但我们知道，一般情况下的振动方程应当写为

$$\ddot{\theta}+2\beta\dot{\theta}+\omega_0^2\sin\theta=f\cos\omega t \tag{5.1.8}$$

显然，这时 $\ddot{\theta}$、$\dot{\theta}$ 和 θ 之间的关系不再是线性的了，方程已变为非线性振动方程，方程的解也随着参数 ω_0、ω、β 和 f 的不同取值而呈现复杂的结果，如图 5.1.2 所示.

图中 5.1.2(a)相应于倍周期(2ω)的极限环，而图 5.1.2(b)和(c)则相应于混沌的结果. 值得注意的是，这里的混沌并不意味着杂乱无章、一片混乱，而是看似随机却仍然具有丰富的内部结构层次.

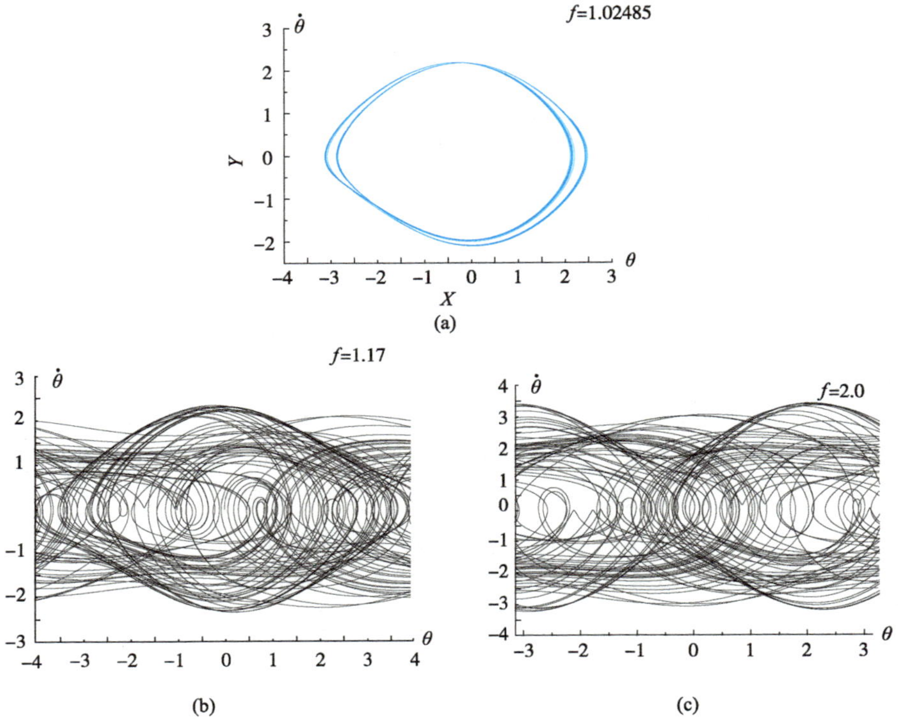

图 5.1.2　方程(5.1.8)当 $\omega_0=1,\omega=2/3,\beta=1/4$ 时的一些典型解的相图

(a) $f=1.025$; (b) $f=1.17$; (c) $f=2.0$

5.1.2　洛伦茨方程和奇怪吸引子

1963 年美国麻省理工学院的气象学家洛伦茨在研究长期天气预报问题时，将异常复杂的大气对流偏微分方程化简后，得到一组常微分方程

$$\begin{cases}\dot{x}=-10x+10y\\ \dot{y}=28x-y-xz\\ \dot{z}=-\dfrac{8}{3}z+xy\end{cases}\tag{5.1.9}$$

这一方程现已成为混沌理论的经典方程，即著名的**洛伦茨方程**. 洛伦茨用当时的真空管式电子计算机，通过数值计算求解这一方程. 因为计算费时太多，为避免每次要从头算起，他把每次计算的中间结果打印下来，作为下次计算的初始数据输入，以期先重复上次后面的计算结果，再开始新的计算. 使他惊异的是，在重复上次计算的过程中，只是开头一小段与上次的结果一致，但很快就越来越偏离上次的结

果. 经过检验，计算机本身没有问题. 洛伦茨很快意识到，问题出在每次记录的数据上. 因为计算机的存储是 6 位小数，如 0.235268，而打印出来的只有 3 位小数，即 0.235. 此前他一直认为，只有千分之几的误差，对后面的计算影响不大. 按照传统的线性理论，这样做的确不会有很大出入. 但这时洛伦茨意识到，他的这一组方程并不是线性的，故不遵从传统线性理论下的规律，而是对初始值具有高度的敏感性. 他给上述现象起了个生动的名字，即**蝴蝶效应**，意思是说，今天在巴西的热带雨林里有一只蝴蝶偶尔拍打了一下翅膀，可能两个星期以后，就在美国得克萨斯州引起一场龙卷风. 天气的演化对初始值如此敏感，因而洛伦茨认为，长期的天气预报是不可能的. 至于“长期”究竟意味着有多长，他当时认为是在几天到几十天之间. 现在看来，准确的预报大概只有几天，而几十天的预报是不可能的.

除了对初值极为敏感这一点外，洛伦茨方程的解(图 5.1.3)也显出很奇异的特性. 从图 5.1.3 可以看到，方程的解总体由两个环套组成，像三维空间中的某种双螺旋，又像蝴蝶的两个翅膀. 这种结构称为**奇怪吸引子**，因为它们吸引相平面上的相点，但所有的相点又都永远到达不了环套的中心. 从图中看到，每一个环套上都分布着细密的轨线，轨线一层层缠绕，在一个环套上转几圈，又跑到另一个环套上转几圈，完全无法预料什么时候会从一个环套跑到另一个环套. 而且，这些轨线尽管紧密缠绕，但从不会相交. 从轨线的这些特征可以明显看到，洛伦茨方程解的长期行为是无法预测的.

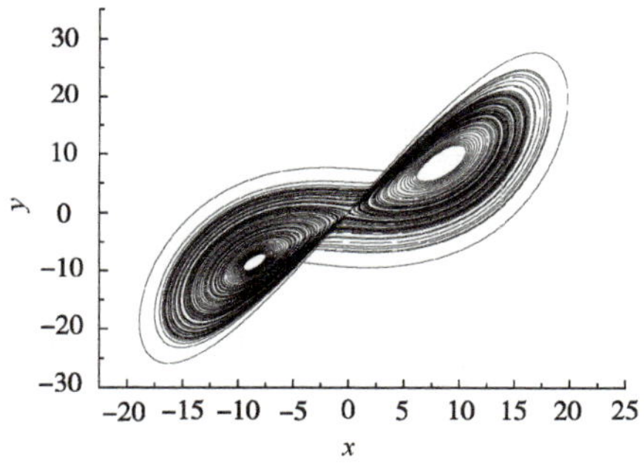

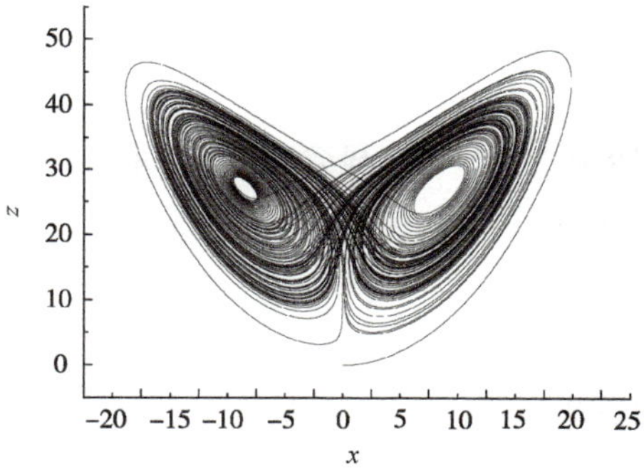

图 5.1.3 洛伦茨吸引子

(a)x-y 平面图；(b)x-z 平面图

5.2 相平面、奇点(平衡点)的类型与稳定性

由于非线性问题的解通常非常复杂，故常用相图来研究解的普遍性质. 例如，前面所讲的单摆的振动，其解的性质在相图上一目了然. 仍以一维振动为例，其运动方程一般可以写为

$$\ddot{x} = f(x, \dot{x}) \tag{5.2.1}$$

令

$$y = \dot{x} \tag{5.2.2}$$

则方程(5.2.1)可以化为下列方程组:

$$\begin{cases} \dot{x} = y \\ \dot{y} = f(x, y) \end{cases} \tag{5.2.3}$$

如果以 x(位置)和 y(速度)为独立坐标,建立一个二维相空间或**相平面**,系统在每一瞬时的运动状态$(x,\dot{x})$,就可以用相平面上的一个点(x,y)来表征;反之,相平面上的一点(x,y)也对应于系统的一个运动状态. 相平面上系统运动状态的代表点就是相点,相点在相平面上运动时所描绘的轨迹称为**相轨线**或**相轨迹(道)**. 但要注意,相轨线并不是系统运动在位形空间的真实轨迹. 此外,相点沿相轨线运动的速度称为**相速度**,它的两个独立分量满足方程(5.2.3).

由方程(5.2.3)中两式相除可得

$$\frac{\mathrm{d}y}{\mathrm{d}x} = \frac{f(x)}{y} \tag{5.2.4}$$

这是相轨迹曲线的微分方程,它定义了相平面上的一个方向场. 这样,原来求解方程(5.2.1)意味着求出相点在相平面上的运动方程,即相轨线的参量方程 $x=x(t)$ 和 $y=y(t)$;现在这一任务也可化为求解满足方程(5.2.4)的积分曲线族(相轨线),以及相点沿该曲线族运动的规律.

以上讨论还可以推广到更一般的情况,即运动方程为

$$\begin{cases} \dot{x} = P(x, y) \\ \dot{y} = Q(x, y) \end{cases} \tag{5.2.5}$$

如果函数 P,Q 不显含时间,则系统称为**自治系统**. 相应地,此时相轨迹曲线的微分方程为

$$\frac{\mathrm{d}y}{\mathrm{d}x} = \frac{Q(x, y)}{P(x, y)} \tag{5.2.6}$$

它同样确定了相平面上的一个方向场,并且它的积分曲线族即方程(5.2.5)相应的相轨线族. 式(5.2.6)有一个特殊情况,即

$$\begin{cases} P(x, y) = 0 \\ Q(x, y) = 0 \end{cases} \tag{5.2.7}$$

此时相点(x,y)处相轨迹切线的斜率 $\mathrm{d}y/\mathrm{d}x$ 具有不定值,在数学上称为**奇点**. 由式(5.2.5),这一情况相当于

$$\begin{cases} \dot{x} = 0 \\ \dot{y} = 0 \end{cases} \tag{5.2.8}$$

亦即在相点(x,y)处的速度和加速度均为零,这意味着该相点是一个力学**平衡点**,是相应于力学系统的一种平衡态,或定常状态. 对于非平衡点的其他任意相点,相轨迹切线的斜率有确定值. 这表明,除了奇点以外,不存在有两条或更多条相轨线相交的相点. 显然,这一结论实际上等价于微分方程解的存在唯一性定理. 另一方

面，如果 P,Q 是 (x,y) 的线性函数，则式(5.2.7)只有一个解，即相平面上只有一个奇点；而如果 P,Q 是 (x,y) 的非线性函数，则可能存在多个解，这些解都满足式(5.2.8)，因而在相平面上就会出现多个奇点.

现在来讨论奇点的类型和稳定性. 设 (x_0,y_0) 是一个奇点，并在其邻域将函数 P,Q 展开成泰勒级数，有

$$\begin{cases}P(x,y)=P(x_0,y_0)+\left.\dfrac{\partial P}{\partial x}\right|_{(x_0,y_0)}(x-x_0)+\left.\dfrac{\partial P}{\partial y}\right|_{(x_0,y_0)}(y-y_0)+\text{高阶项}\\ Q(x,y)=Q(x_0,y_0)+\left.\dfrac{\partial Q}{\partial x}\right|_{(x_0,y_0)}(x-x_0)+\left.\dfrac{\partial Q}{\partial y}\right|_{(x_0,y_0)}(y-y_0)+\text{高阶项}\end{cases} \tag{5.2.9}$$

令

$$\begin{cases}\delta_x=x-x_0\\ \delta_y=y-y_0\end{cases} \Rightarrow \begin{cases}x=x_0+\delta_x\\ y=y_0+\delta_y\end{cases} \tag{5.2.10}$$

把式(5.2.9)，(5.2.10)代入式(5.2.5)，注意到奇点处有 $P(x_0,y_0)=Q(x_0,y_0)=0$，并略去高阶项，则式(5.2.5)化为线性方程组

$$\begin{cases}\dot{\delta}_x=\dfrac{\partial P}{\partial x}\delta_x+\dfrac{\partial P}{\partial y}\delta_y\\ \dot{\delta}_y=\dfrac{\partial Q}{\partial x}\delta_x+\dfrac{\partial P}{\partial y}\delta_y\end{cases} \tag{5.2.11}$$

其中偏导数在点 (x_0,y_0) 处取值. 为书写简便，定义雅可比矩阵

$$\boldsymbol{J}=\begin{pmatrix}a_{11} & a_{12}\\ a_{21} & a_{22}\end{pmatrix} \tag{5.2.12}$$

其中

$$\begin{aligned}a_{11}&=\frac{\partial P}{\partial x}, \quad a_{12}=\frac{\partial P}{\partial y}\\ a_{21}&=\frac{\partial Q}{\partial x}, \quad a_{22}=\frac{\partial Q}{\partial y}\end{aligned} \tag{5.2.13}$$

方程(5.2.11)现在写为

$$\begin{pmatrix}\dot{\delta}_x\\ \dot{\delta}_y\end{pmatrix}=\begin{pmatrix}a_{11} & a_{12}\\ a_{21} & a_{22}\end{pmatrix}\begin{pmatrix}\delta_x\\ \delta_y\end{pmatrix} \tag{5.2.14}$$

因为方程(5.2.14)对于 δ_x 和 δ_y 是线性的，故存在形式为

$$\begin{cases}\delta_x=c_1\mathrm{e}^{\lambda t}\\ \delta_y=c_2\mathrm{e}^{\lambda t}\end{cases} \tag{5.2.15}$$

的解，称为简正模. 将方程(5.2.15)代回到方程(5.2.14)，可以得到对系数 c_1,c_2 为一阶的齐次代数方程组. 该方程组有非平凡解的条件是

$$|\boldsymbol{J}-\lambda\boldsymbol{I}|=\begin{vmatrix}a_{11}-\lambda & a_{12}\\ a_{21} & a_{22}-\lambda\end{vmatrix}=0 \tag{5.2.16}$$

其中 $\boldsymbol{I}$ 为单位矩阵. 式(5.2.16)称为特征方程，它可以化为

$$\lambda^2 - p\lambda + q = 0 \tag{5.2.17}$$

其中

$$p = a_{11} + a_{22} = \frac{\partial P}{\partial x} + \frac{\partial Q}{\partial y} \tag{5.2.18}$$

为雅可比矩阵 $\boldsymbol{J}$ 的迹

$$q = a_{11}a_{12} - a_{12}a_{21} = \frac{\partial P}{\partial x}\frac{\partial Q}{\partial y} - \frac{\partial P}{\partial y}\frac{\partial Q}{\partial x} \tag{5.2.19}$$

是雅可比行列式的值，注意以上两式中的偏导数都是在点(x_0, y_0)处计算的. 方程(5.2.17)的特征根很容易求出

$$\lambda_{1,2} = \frac{1}{2}\left(p \pm \sqrt{p^2 - 4q}\right) \tag{5.2.20}$$

这样，δ_x 和 δ_y 的解，即式(5.2.15)的一般形式是

$$\begin{cases} \delta_x = d_1 e^{\lambda_1 t} + d_2 e^{\lambda_2 t} \\ \delta_y = d_3 e^{\lambda_1 t} + d_4 e^{\lambda_2 t} \end{cases} \tag{5.2.21}$$

这里 d_1、d_2、d_3、d_4 为常数系数. 显然，对于不同的参数 p、q，即不同的雅可比矩阵元的取值，解(5.2.21)有不同的表现，奇点也具有不同的性质. 下面简单介绍一下奇点的分类.

1) $q>0$，$p^2-4q>0$

此时方程(5.2.20)具有两个不相等的实根 λ_1 和 λ_2. 当 $p>0$ 时，两个根皆为正，这意味着 $e^{\lambda t}$将随时间无限增长，即解将远离奇点(平衡点)，此时我们称平衡点是不稳定的. 当 $p<0$ 时，两个根皆为负，$e^{\lambda t}$将随时间的增长而趋于零，此时我们称平衡点是稳定的. 这两种情况下的奇点也称为**结点**，分别称为稳定结点和不稳定结点，如图 5.2.1 所示.

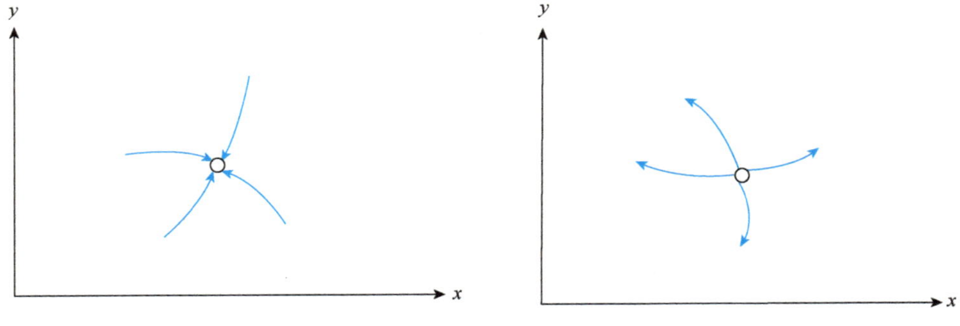

(a) (b)

图 5.2.1 (a)渐近稳定结点；(b)不稳定结点

2) $q<0$

此时式(5.2.20)给出的两个实根异号，故解(5.2.21)有两个分支，其中负实根相应的解趋向于平衡点，而正实根相应的解远离平衡点. 这样的平衡点(奇点)称为**鞍点**(图 5.2.2). 显然，鞍点是不稳定的.

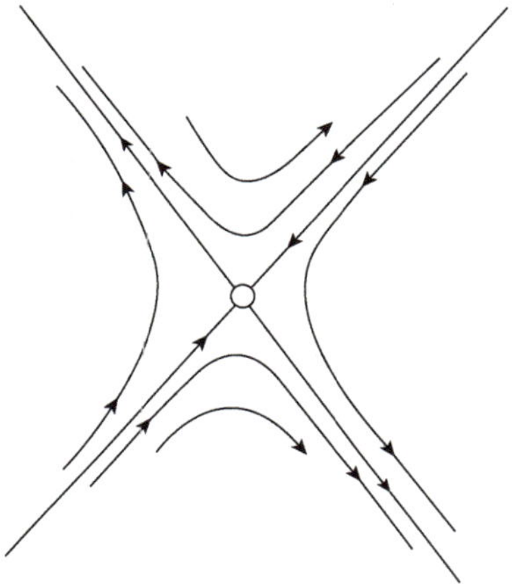

图 5.2.2 鞍点

3) $p\neq0, p^2-4q<0$

此时式(5.2.20)的两个根有非零的实部，λ_1 和 λ_2 为共轭复根，$\lambda=\mathrm{Re}\lambda\pm\mathrm{i}\mathrm{Im}\lambda$，其解为振荡形式，即 $e^{\alpha t}\cos\beta t$ 的形式，其中 $\alpha=\mathrm{Re}\lambda, \beta=\mathrm{Im}\lambda$. 当 $p>0$ 时，α 为正，振幅不断增大；而当 $p<0$ 时，α 为负，振幅不断衰减. 它们分别称为**不稳定焦点**和**稳定焦点**，如图 5.2.3 所示.

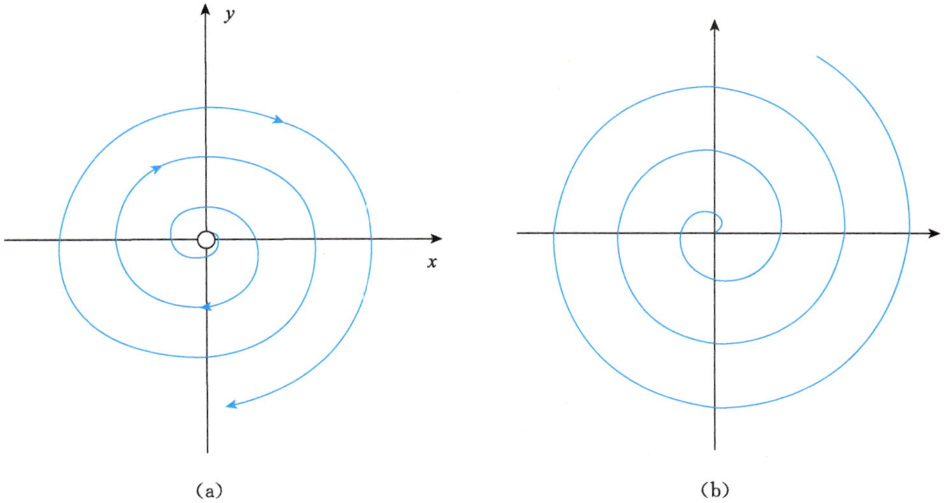

图 5.2.3 (a)不稳定焦点；(b)稳定焦点

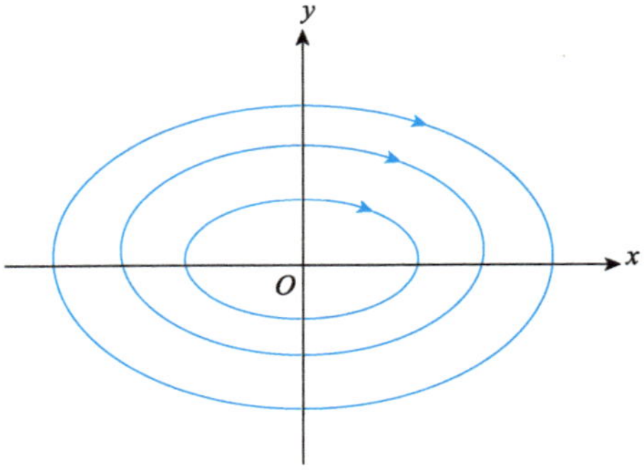

图 5.2.4　中心点

4) $p=0$，$q>0$

此时式(5.2.20)的根是纯虚数，解为 $\cos\beta t$ 形式的周期振荡解($\beta=\mathrm{Im}\lambda$). 在相平面上，轨迹是一些围绕平衡点的闭合曲线(图 5.2.4)，该平衡点称为**中心点**. 由于中心点附近的曲线只围绕中心而不渐近趋于中心，故称中心点是临界稳定的. 图 5.2.5 表示二维情况下，平衡点在 p-q 平面上的分布.

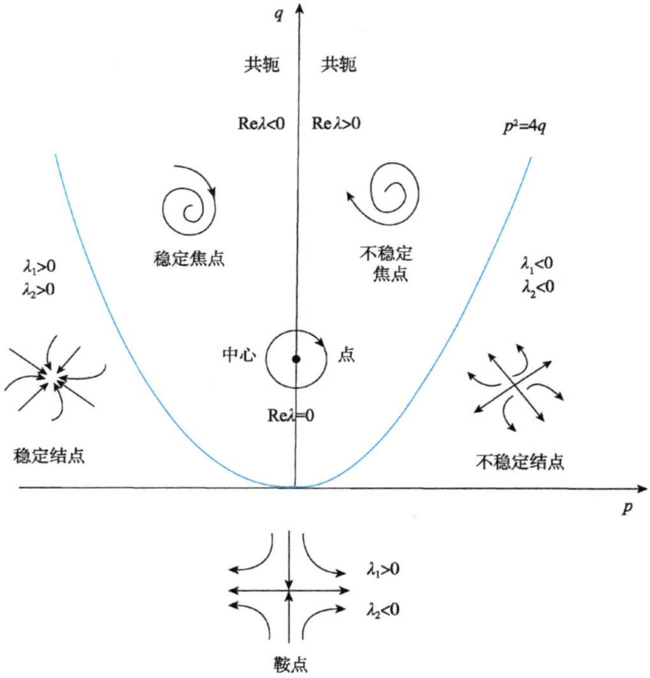

图 5.2.5　平衡点在相平面上的分布

例 5.1

方程

$$
\begin{cases}
\dot{x}=x \\
\dot{y}=x+4y
\end{cases}
\tag{5.2.22}
$$

相应给出

$$\begin{cases} P(x,y)=x \\ Q(x,y)=x+4y \end{cases} \tag{5.2.23}$$

它的奇点是(0,0),且在奇点处有

$$\begin{aligned} a_{11}&=\left.\frac{\partial P}{\partial x}\right|_{(0,0)}=1, \quad a_{12}=\left.\frac{\partial P}{\partial y}\right|_{(0,0)}=0 \\ a_{21}&=\left.\frac{\partial Q}{\partial x}\right|_{(0,0)}=1, \quad a_{22}=\left.\frac{\partial Q}{\partial y}\right|_{(0,0)}=4 \end{aligned} \tag{5.2.24}$$

又根据式(5.2.18)和(5.2.19),得

$$\begin{cases} p=a_{11}+a_{22}=5 \\ q=a_{11}a_{22}-a_{12}a_{21}=4 \\ p^2-4q=9 \end{cases} \tag{5.2.25}$$

由于 $q>0$,$p^2-4q>0$ 且 $p>0$,因而式(5.2.20)有两个不相等的正实根,故该奇点是一个不稳定结点.

例 5.2

对于三维自治系统也可进行类似的分析.例如,洛伦茨方程(5.1.9),我们取其一般形式为

$$\begin{cases} \dot{x}=-\sigma(x-y) \\ \dot{y}=rx-y-xz \\ \dot{z}=xy-bz \end{cases} \tag{5.2.26}$$

其中 σ,r,b 为常数系数(洛伦茨方程中 $\sigma=10$,$b=8/3$,$r=28$).显然,点(0,0,0)是方程(5.2.26)的一个奇点,我们在此奇点处可以作类似式(5.2.10)那样的小扰动展开,并得到类似(5.2.11)的一组方程

$$\begin{cases} \dot{\delta}_x=-\sigma(\delta_x-\delta_y) \\ \dot{\delta}_y=(r-z)\delta_x-\delta_y-x\delta_z \\ \dot{\delta}_z=y\delta_x+x\delta_y-b\delta_z \end{cases} \tag{5.2.27}$$

它相应的雅可比矩阵为

$$\left.\begin{pmatrix} -\sigma & \sigma & 0 \\ r-z & -1 & -x \\ y & x & -b \end{pmatrix}\right|_{(0,0,0)}=\begin{pmatrix} -\sigma & \sigma & 0 \\ r & -1 & 0 \\ 0 & 0 & -b \end{pmatrix} \tag{5.2.28}$$

由此得到的特征方程是

$$(b+\lambda)[\lambda^2+(\sigma+1)\lambda+\sigma(1-r)]=0 \tag{5.2.29}$$

它的解是

$$\lambda_1=-b$$

$$\lambda_{2,3}=\frac{-(\sigma+1)\pm\sqrt{(\sigma+1)^2-4\sigma(1-r)}}{2} \tag{5.2.30}$$

因此,当 $b>0,\sigma>0$ 且 $0<r<1$ 时,λ 的三个解都是负的实数,此时平衡点(0,0,0)为稳定的结点,既不动点吸引子.而当 $b>0,\sigma>0$ 但 $r>1$(如洛伦茨方程所取值)时,λ_2 和 λ_3 为一正一负的实数,此时点(0,0,0)就变为不稳定的鞍点了.实际上,当 $r>1$ 时,除了平衡点(0,0,0)以外,还有两个平衡点,即$(\pm\sqrt{b(r-1)},\pm\sqrt{b(r-1)},r-1)$,它们相应于图 5.1.3 中两个环套的中心.这里我们不再列出计算过程,有兴趣的读者可以参照上面的方法,自己尝试得到结果.附带指出的是,洛伦茨方程描写的是一个耗散系统(大气)的演化,奇怪吸引子的出现说明,在耗散系统中,决定论性的方程的确可以导致混沌的出现.

从以上分析我们看到,对于非线性系统的方程,一般是很难找到它的解析解的.但我们可通过相图以及平衡点的分布及其类型,了解到经过长时间演化后解的行为和归宿.这就是在对非线性问题的研究中,相图被广泛应用的原因.

5.3 保守系统和耗散系统,吸引子

力学系统分为保守系统和非保守(耗散)系统.我们知道,如果系统中的粒子所受到的力是有势的,则该系统的机械能保持守恒,这样的系统称为**保守系统**.如果粒子还受到摩擦力等耗散力,则系统就称为**耗散系统**.最典型的保守系统是哈密顿系统.以一维情况为例,设势函数为 $V(x)$,力场为 $F(x)$,则牛顿运动方程是

$$\ddot{x}=F(x)=-\frac{\mathrm{d}V(x)}{\mathrm{d}x} \tag{5.3.1}$$

它可以化为

$$\begin{cases}\dot{x}=y=\dfrac{\partial H}{\partial y}\\ \dot{y}=F(x)=-\dfrac{\partial H}{\partial x}\end{cases} \tag{5.3.2}$$

其中 $H(x,y)$ 为哈密顿函数,是动能和位能之和

$$H(x,y)=\frac{1}{2}y^2+V(x) \tag{5.3.3}$$

如果我们把 $\dot{x}$ 和 $\dot{y}$ 看成是相平面(x,y)上,相速度 $\boldsymbol{v}(\dot{x},\dot{y})$的两个分量,则相速度的散度为

$$\mathrm{div}\dot{\boldsymbol{v}}=\frac{\partial\dot{x}}{\partial x}+\frac{\partial\dot{y}}{\partial y}=\frac{\partial y}{\partial x}+\frac{\partial F(x)}{\partial y}=0 \tag{5.3.4}$$

这表明,保守系统中相空间的体积是守恒的,这就是 3.5 节讨论过的刘维尔定理.如果系统中有耗散力,例如,有阻尼的单摆,其运动方程可写为一般形式

$$\ddot{x}+\alpha\dot{x}+x=0 \tag{5.3.5}$$

它可以化为

$$\begin{cases}\dot{x}=y\\ \dot{y}=-\alpha y-x\end{cases} \tag{5.3.6}$$

此时相速度的散度是

$$\mathrm{div}\boldsymbol{v}=\frac{\partial\dot{x}}{\partial x}+\frac{\partial\dot{y}}{\partial y}=-\alpha<0 \tag{5.3.7}$$

它表明相空间体积将随时间不断收缩，最后趋于零. 对于洛伦茨方程(5.1.9)，不难得到

$$\mathrm{div}\boldsymbol{v}=\frac{\partial\dot{x}}{\partial x}+\frac{\partial\dot{y}}{\partial y}+\frac{\partial\dot{z}}{\partial z}=-\left(10+1+\frac{8}{3}\right)<0 \tag{5.3.8}$$

因而洛伦茨方程描述的系统也是一个耗散系统. 对于耗散系统，相空间体积不断收缩，从不同的初始条件出发，最终会趋向于同一个结果或少数几个不同结果. 耗散系统相空间中这样的极限集合就称为**吸引子**. 由于保守系统中相空间体积保持不变，故保守系统中不存在吸引子.

深入的分析表明，尽管保守系统中不存在吸引子，但仍然会存在无规运动甚至混沌. 这一分析需要运用复杂的数学表述，这里我们就不仔细讨论了，只给出一个简单的定性介绍. 对于一个具有 s 自由度的保守系统，其运动由哈密顿正则方程(3.1.20)所描述，这样的系统也称为哈密顿系统. 如果哈密顿系统是可积的，则由方程(3.1.20)可以得到 s 个运动积分，运动方程的解就可以通过这些积分表示出来. 此时方程的解是确定的，不会有随机性出现. 但实际上人们发现，完全可积的哈密顿系统只是极少数，绝大多数系统是不可积的. 对于不可积的哈密顿系统，只有在满足所谓 **KAM 定理**要求条件的情况下，即哈密顿函数 H 可以分解为可积的未扰动项 H_0 和扰动项 H_1 之和(称为近可积系统)，其中导致不可积性的扰动项 H_1 很小，且未扰动的 H_0 项对应的频率满足不相关(非共振)条件时，系统运动的总体图像才与未扰动的可积系统相同，此时方程的解不会有随机性产生. 而一般情况下的不可积哈密顿系统，就会出现随机运动甚至混沌.

再回到耗散系统的吸引子问题上来. 一般来说，力学系统中的吸引子可以分为两大类，即**平庸吸引子**和**奇怪(奇异)吸引子**. 平庸吸引子又可分为定常吸引子、周期吸引子和准周期吸引子. 5.2 节中谈到的稳定结点和稳定焦点就是典型的定常吸引子，它们相应于 $t\to\infty$ 时，系统趋向的一个与时间无关的定常态，这个定常态在相空间中是一个零维不动点. 对于式(5.1.7)给出的有阻尼的线性受迫振动，其长时间的结果趋于频率等于驱动力频率的简谐振动，在相图上是一个如图 5.1.1(a)所示的闭合曲线，称为**极限环**，表示系统最终只剩下一个周期振动. 显然，极限环是二维相空间中的一个一维周期吸引子. 以此类推，在三维相空间中，还可以出现二维的周期或准周期吸引子，它们的形状是二维的环面，如面包圈那样. 在环面的两个方向上，系统状态的变化可以有不同的频率.

奇怪吸引子的典型例子是前面谈到的洛伦茨吸引子. 总的来说,奇怪吸引子的主要物理特征是:①奇怪吸引子上的运动,对初始条件非常敏感. 进入奇怪吸引子的位置稍有差异,运动轨道就会截然不同. ②即使微分方程的某个参数可以连续变化,奇怪吸引子的结构也不是一直随该参数连续变化. 往往是在参数连续变化的过程中,奇怪吸引子的整体结构发生突然转变. ③奇怪吸引子具有无穷嵌套的自相似结构. ④作为相空间的子集合,奇怪吸引子一般具有非整数的维数(参见 5.6 节).

5.4 庞加莱映射

我们已经看到,利用相空间方法,可以把系统的运动状态形象地描绘出来,给动力学研究带来极大的方便. 但非线性问题给出的相图往往十分复杂,使得直接研究(求解)相轨线非常困难. 为了分析相空间中复杂的相轨线,庞加莱提出了一种截面的方法,即在相空间里取某一坐标为常数的截面,通过研究相轨线与该截面的交点来分析系统的复杂动力学行为. 设相空间是 n 维的,则原则上可以截取出一个 $n-1$ 维的相平面,称为**庞加莱截面**(图 5.4.1). 我们可以通过相轨线与截面的交点所构成的图像,来研究复杂轨线的一般行为. 这种把时间上连续的运动转换为离散图像的处理方法称为**庞加莱映射**(或称**庞加莱映象**).

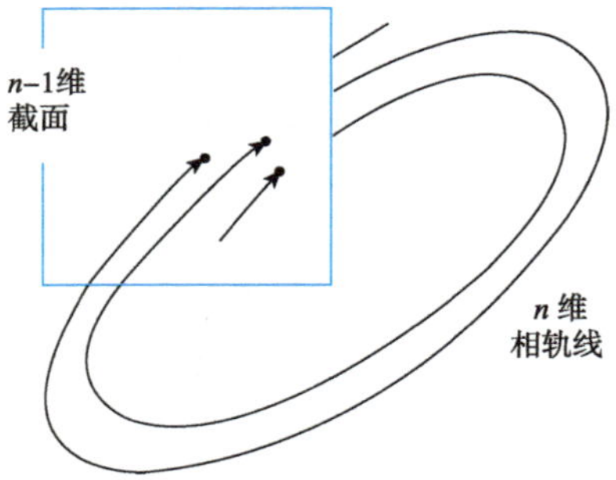

图 5.4.1 庞加莱截面

庞加莱映射的优点在于,它能保证在原连续动力学系统拓扑性质不变的前提下,将相空间的维数减少一维,从而使问题的复杂程度大为降低. 同时,在数学上映射是一个差分方程,而差分方程总是比连续方程要好计算得多.

我们再来通过熟悉的单摆运动,具体了解一下庞加莱映射的应用. 在频率为 ν 的周期驱动力作用下,阻尼单摆的运动方程是

$$\ddot{\theta}+2\beta\dot{\theta}+\omega_0^2\sin\theta=f\cos\nu t \tag{5.4.1}$$

现加进一个自变量即驱动力相位 $\varphi=\nu t$,方程(5.4.1)可以转换为不显含时间的自治系统的方程

$$
\begin{cases}
\dot{\theta} = \omega \\
\dot{\omega} = -2\beta\omega - \omega_0^2 \sin\theta + f\cos\varphi \\
\dot{\varphi} = \nu
\end{cases} \tag{5.4.2}
$$

这样就得到了描述单摆的三维相空间，如图 5.4.2(a)所示. 由于相位变化的周期为 2π，故可以把相图 5.4.2(a)上的 $\varphi=2n\pi$ 和 $\varphi=2(n+1)\pi$ 连接起来，构成图 5.4.2(b)所示的圆环. 原来图 5.1.1(a)上的圆形相轨线，现在变成环绕圆环面上的环线. 当我们取某一个常数相位，例如 $\varphi=2\pi$ 时，就等于在该相位处截取了一个平面，环线在穿过该平面时就得到一个交点. 如果运动是单周期的，在周期性的运动过程中，相轨线每次都重复运行在原来的轨道上，因此总是在同一点穿过截面，即与截面的交点保持不变. 如果运动是两倍周期，则相轨线将在两个不同位置穿过，与截面将有两个不同的交点，如此可以类推下去. 如果运动是无周期性的，则轨线每次都会在截面的不同位置处穿过，于是在截面上就有无穷多个交点. 图 5.4.3 和图 5.4.4 分别给出当 $f=1.093$ 和 $f=1.15$ 时，相平面上的图形，以及 $\varphi=2\pi/3$ 时的庞加莱截面图. 虽然庞加莱截面上的图形与所取截面的位置(相角 φ)有关，但庞加莱截面上的图形显然要比相平面上的图形简单得多. 同时，尽管相平面上的轨线十分复杂，但在庞加莱截面上却显示有一定的规律，这说明即使混沌出现，系统仍可能具有丰富的内部结构层次.

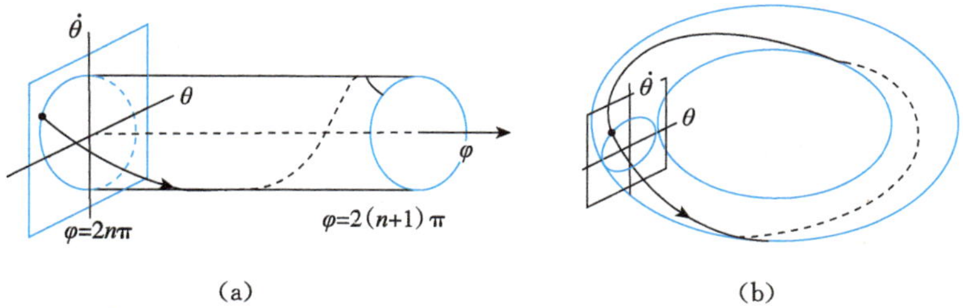

图 5.4.2　单摆的三维相空间

(a)扩展的单摆三维相空间；(b)单摆的圆环相空间

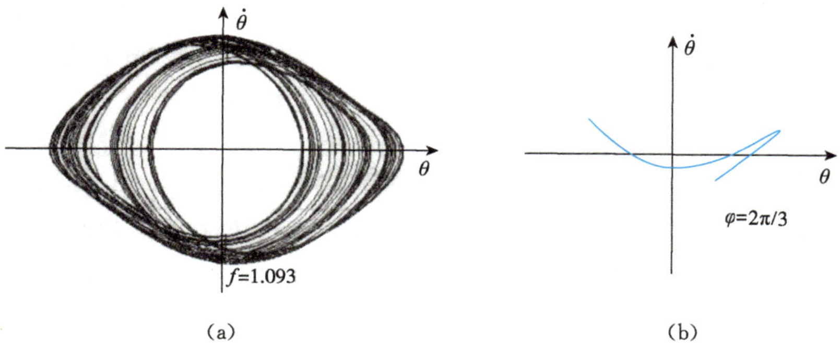

图5.4.3　(a)阻尼受迫单摆在 $f=1.093$ 时的相图；(b)$\varphi=2\pi/3$ 时的庞加莱截面

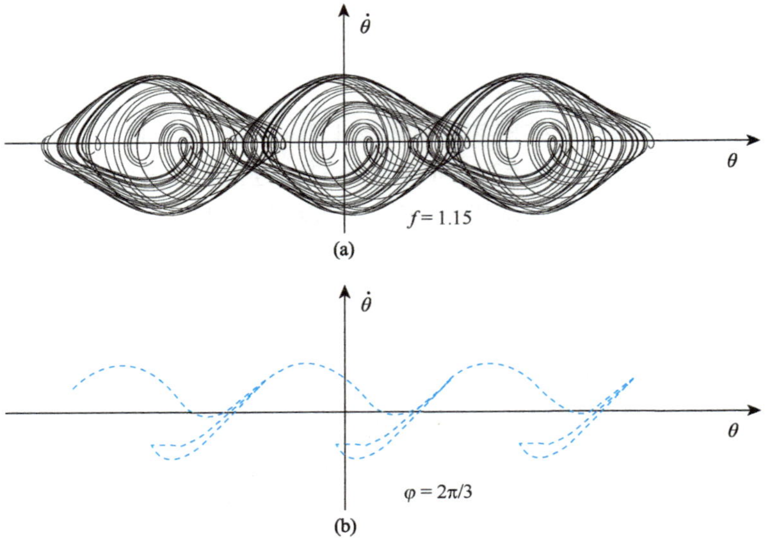

图5.4.4　(a)阻尼受迫单摆在 $f=1.15$ 时的相图；(b) $\varphi=2\pi/3$ 时的庞加莱截面

总之，利用庞加莱映射，可以不考虑相空间的复杂轨线，而只需求出相轨线与庞加莱截面的交点，就可以分析系统的动力学特征. 大致说来，如果庞加莱截面上只是一个不动点或少数离散点，则运动是周期性的；如果庞加莱截面上是一条曲线，则运动是准周期的；而如果庞加莱截面上是一些成片的密集点，则运动就是混沌的.

5.5　走向混沌的例子——倍周期分岔

决定论性混沌是如何从有序运动中发展起来的？这是对非线性动力学系统的研究所关注的主要问题之一. 目前已经知道，从有序运动转变为混沌有三种普遍方式，即**倍周期分岔**、**阵发混沌**及**准周期失稳**. 其中倍周期分岔和阵发混沌是两种最常见的通向混沌的道路. 下面我们主要讨论倍周期分岔的问题.

在决定论性的非线性系统中，常常存在着一些控制参量，当参量取不同的数值时，系统就可能处于不同的运动状态. 例如，式(5.4.1)描述的是有阻尼时的单摆受迫振动，当 β、f、ν 等参量取不同数值时，单摆的运动有可能处在混沌状态，也有可能处在非混沌状态. 如果系统的动态性质在某个参量变化时发生突变，就称为**分岔**. 在数学上，分岔就是当某一参量变化时，非线性微分方程的解在某一临界点发生突变.

首先解释一下倍周期分岔的含义. 对于一个非线性系统，当某一参量变化到某个临界值时，系统由原来频率为 ω、周期为 T 的运动，突然变到频率为 $\omega/2$、周期为

$2T$ 的运动，即出现了分频和周期倍化的现象，这样的分岔就称为倍周期分岔. 倍周期分岔的一个著名例子是**虫口模型**(援引社会学中“人口模型”的说法)，即在有限环境中，且无世代交叠的昆虫的生息繁衍模型. 这是一个生态学模型，也称为广义动力学模型.

假定有一种昆虫，每年夏季成虫产卵后全部死亡，第二年春天每个虫卵孵化成一只成虫. 设第 n 年的虫口数目为 x_n，每只成虫平均产卵 α 个，这样下一年的成虫数目将是

$$x_{n+1} = \alpha x_n \tag{5.5.1}$$

容易看出，这一方程的解为

$$x_n = \alpha^n x_0 \tag{5.5.2}$$

其中 x_0 是开始计算时的那一代虫口数目. 显然，只要 $\alpha>1$，x_n很快就将趋于无穷大. 但这样的考虑没有计入限制虫口增长的负因素，例如，昆虫为争夺有限的食物和生存空间而发生的咬斗，以及接触传染而导致的疾病蔓延等. 而这些事件往往发生在两两之间，因此造成昆虫数目减少的事件正比于 x_n^2. 考虑到这些负因素后，方程(5.5.1)现在应当修改为

$$x_{n+1} = \alpha x_n - \beta x_n^2 \tag{5.5.3}$$

我们可以通过适当地重新定义方程(5.5.3)的变量，并取最大的虫口数目为 1，得到一个抽象的标准虫口方程(生态平衡方程)

$$x_{n+1} = \mu x_n(1-x_n) \tag{5.5.4}$$

现在 x_n 的变化范围是[0,1]，而控制参数 μ 的取值通常在 0～4. 方程(5.5.4)是一个非线性差分方程，它看起来很简单，却可以展现丰富多彩的动力学行为. 但是，这个方程的解很难用解析方法写出的，通常必须用计算机进行数值研究.

我们现在采用迭代的方法计算一下方程(5.5.4). 设控制参数 μ 及初始值 x_0 给定，则有

$$\begin{aligned} x_1 &= \mu x_0(1-x_0) \\ x_2 &= \mu x_1(1-x_1) \\ &\cdots\cdots \end{aligned} \tag{5.5.5}$$

如此可以一直计算到任意 n 时的 x_n. 实际上，方程(5.5.4)是一种映射，且是取值范围不变的映射，即 x_n 从[0,1]取值，变换到左边的 x_{n+1}，其值仍然保持在[0,1]，对所有的 n 都如此. 式(5.5.4)称为**抛物线映射**(或**平方映射**，也称为**逻辑斯谛映射**(logistic map)).

上述迭代过程还可以采用图解的方法表示. 取式(5.5.4)的一般形式

$$x_{n+1} = f(\mu, x_n) \tag{5.5.6}$$

其中 $f(x)$是 x 的非线性函数(现在的情况下是平方函数，或抛物线函数). 如图5.5.1 所示，首先画出函数 $f(x)$及代表 $y=x$ 的对角线. 在横轴上取值 x_0，竖直

向上找到与 $f(x)$ 的交点就得到 x_1；为了把它作为下一次迭代的自变量，只需水平移动，找到与对角线的交点，其对应的横坐标就是 x_1，再在竖直方向找到与 $f(x)$ 的交点则得 x_2；之后水平移动到对角线，相应的横坐标即 x_2，然后在竖直方向与 $f(x)$ 的交点得 x_3；等等. 整个迭代过程就是不断地在函数 $f(x)$ 和对角线之间作直线. 这样得到的一组数列

$$x_0, x_1, x_2, \cdots, x_i, x_{i+1}, \cdots \tag{5.5.7}$$

称为一条轨道，其中每个 x_i 是一个轨道点.

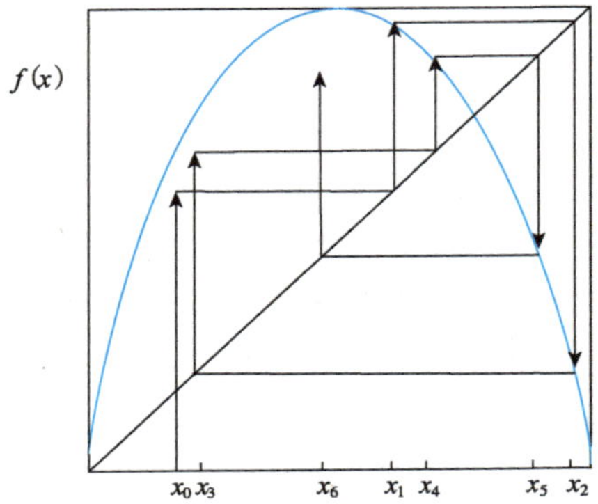

图 5.5.1　非线性函数 $f(x)$ 的迭代过程

我们再回到抛物线映射(5.5.4)上来. 我们主要关心的是所得轨道(5.5.7)的长期行为，即迭代次数足够多时，或 i 足够大时，x_i 的渐近行为. 下面讨论几种可能的结果.

(1)**不动点**.　计算结果表明，在某些初值条件下，式(5.5.4)的轨道最终可以到达一个不变的终点，称为映射的不动点. 一个映射的不动点就是，第 $i+1$ 次迭代的结果与第 i 次迭代的结果相同，并且当 i 继续增大时此结果不会变化. 按照这个定义，式(5.5.4)给出

$$x_i = \mu x_i(1 - x_i) \tag{5.5.8}$$

或

$$x_i(\mu - \mu x_i - 1) = 0 \tag{5.5.9}$$

它的解是

$$x_i = \begin{cases} 0 \\ \dfrac{\mu - 1}{\mu} \end{cases} \tag{5.5.10}$$

由此得到两个不动点，即 $x_n = 0$ 和 $x_n = (\mu - 1)/\mu$. 实际上，用作图的方法也可以得到这两个不动点(但第二个不动点要求 $\mu > 1$，否则只有一个不动点 $x_n = 0$). 由图 5.5.2(a)可见，从初始值 $x_0 = 0.5$ 开始，按照上面介绍的作图方法，迭代结果最

终走向 $x_n=0$. 图 5.5.2(b)表示 x_{n+1} 随迭代次数 n 变化的曲线，显然这是一条指数衰减曲线，最终趋向零点. 从生物学的角度来看，这就相当于这一生物种群的灭绝.

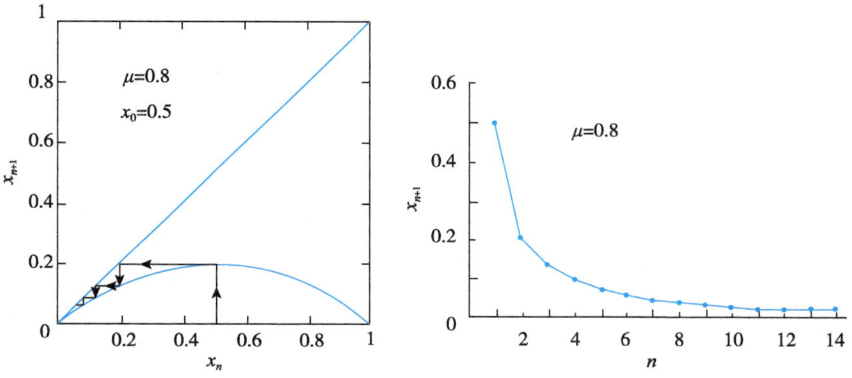

(a) (b)

图 5.5.2 $\mu=0.8$ 时只有一个不动点 $x_n=0$

(a)迭代过程；(b) x_{n+1} 随迭代次数 n 的变化

当 $\mu>1$ 时，第二个不动点就会出现. 这个不动点是非零的，意味着这一种群会达到一个稳定的生存数量. 图 5.5.3 就给出这样一个例子，相应的控制参数为 $\mu=2.1$，最后得到的不动点为 $x_n=(\mu-1)/\mu\approx0.52$，与式(5.5.10)的结果一致. 从图 5.5.2和图 5.5.3 看到，这两种情况下 x_{n+1} 在趋于不动点的过程中，数值的变化是单调的，没有振荡起伏. 但当 μ 增大到 $\mu=2.8$ 时，开始出现振荡(图 5.5.4)，但振荡很快衰减，最后还是趋于不动点.

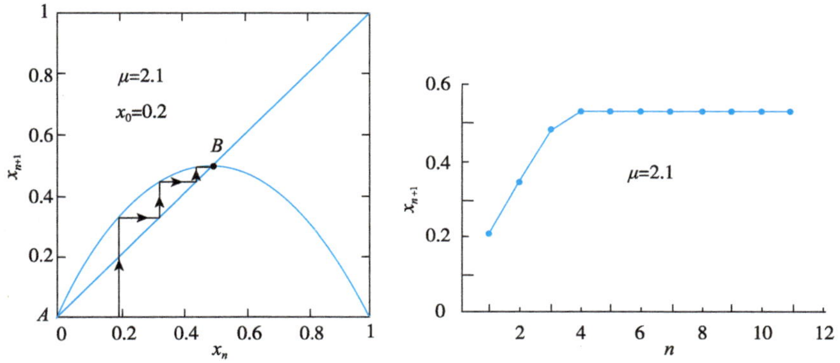

(a) (b)

图 5.5.3 $\mu=2.1$ 时有两个不动点 $x_n=0$ 和 $x_n\approx0.52$

(a)第二个不动点的迭代过程；(b) x_{n+1} 随迭代次数 n 变化

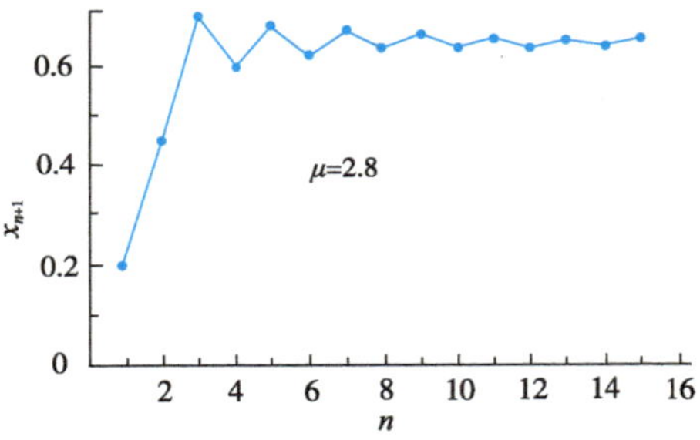

图 5.5.4　$\mu=2.8$ 时开始振荡，然后逐渐趋向不动点

(2)**周期轨道**. 计算结果表明，当 $\mu\geqslant 3$ 时，x_{n+1} 值的振荡就会一直保持下去，即迭代过程出现周期解或称周期轨道. 图 5.5.5 显示的就是一个 2 周期轨道，此时 x_{n+1} 的值始终在两个定值之间跳跃（通常也把前面谈到的不动点称为 1 周期轨道）. 当 μ 值进一步增大到 $\mu=3.4495$ 时，2 周期就变为 4 周期，如图 5.5.6 所示. 如果 μ 值再继续增大，则将相继出现 8 周期、16 周期……即周期数按 2^n（n 为正整数）规律增加. 这种现象就称为**倍周期分岔**. 通常把第 n 次分岔的控制参数值记为 μ_n. 计算发现，当 n 值增大时，相邻 μ_n 之间的间隔将越来越小. 例如，8 周期出现于 $\mu_3=3.5441$，16 周期出现于 $\mu_4=3.5644$，等等，且 μ_n 的值将很快趋于一个极限 $\mu_\infty=3.5699$. 趋近极限的方式很有规律，可以表示为

$$\mu_n=\mu_\infty-\frac{A}{\delta^n} \tag{5.5.11}$$

其中 A 是一个与映射类型有关的常数，而 δ 是一个普适常数，称为**费根鲍姆常数**，它的值是一个无理数

$$\delta=\lim_{n\to\infty}\frac{\mu_n-\mu_{n-1}}{\mu_{n+1}-\mu_n}=4.669201660910299\cdots \tag{5.5.12}$$

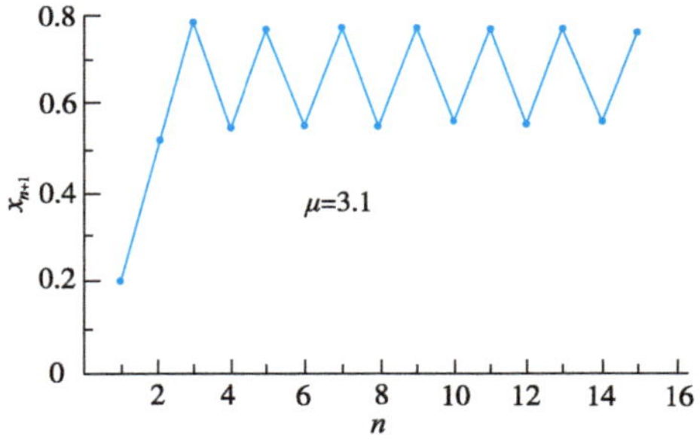

图 5.5.5　$\mu=3.1$ 时的 2 周期循环

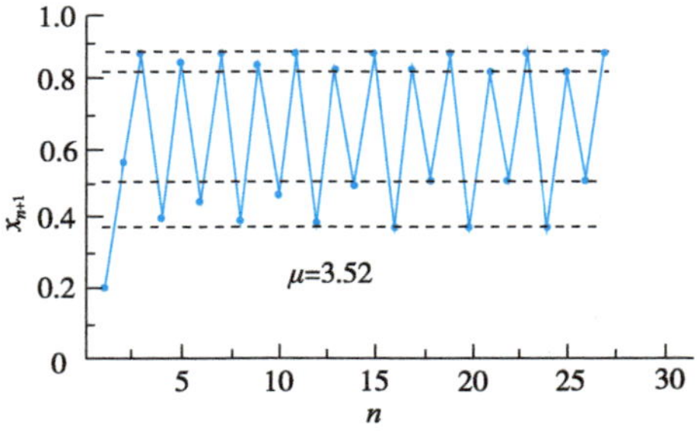

图 5.5.6　$\mu=3.52$ 时的 4 周期循环

这里所说的普适性很重要，因为无论是一维映射或是更复杂的微分方程，只要看到倍周期分岔现象，它们都遵从同样的规律式(5.5.11)，且其中的 δ 具有同一个

数值(5.5.12). 普适的性质应当有深刻的科学内涵,而正是对普适性的研究加深了人们对混沌现象的认识.

(3)**混沌轨道**. 当 $\mu \geqslant \mu_\infty$ 时,混沌就出现了. 此时周期轨道消失,x_{n+1} 值的跳跃看上去完全是随机的,迭代的终态结果为图 5.5.7 所示的混沌图像. 然而,仔细观察不难发现,进入混沌后,初看上去似乎模糊一片,但在模糊的背景中仍然可以看到深浅不同的层次,同时还可见一些大大小小的窗口. 这说明混沌并不是完全无规和随机的,局部区域仍可能存在有规则的运动. 图 5.5.7 中还包含许多自相似结构,例如,从 2 周期的起点,到这两个周期各自不断分岔而分别形成的两条带状区域的最先交汇点,这一段分岔图的上半支与下半支,适当放大后都可以得到与整个分岔图相似的图形. 再如,图 5.5.7 右边有一个很宽的空隙,它的开始处相应于一个 3 周期窗口,随后 3 周期发生倍周期分岔,导致一个 3×2^n 序列. 序列中各次分岔点也收敛到一个极限点,收敛速率也由同一个普适常数 δ 决定. 越过极限点后,可以看到上、中、下三组倍周期分岔序列及相应的混沌带并合序列. 图 5.5.8 显示的就是这样一个 3 周期窗口附近的分岔结构图. 与图 5.5.7 不同的是,这个结果是映射方程

$$x_{n+1} = 1 - \mu x_n^2, \qquad \mu \in (0,2], \qquad x \in [-1,1] \tag{5.5.13}$$

的迭代结果,但它同样属于抛物线映射,且经一定的变量代换可以化为式(5.5.4)的形式. 因而除了 x 和 μ 的取值范围有所不同外,其他性质与式(5.5.4)的结果(图 5.5.7)完全相同. 附带说明的是,与倍周期分岔不同,3 周期的产生是由于所谓的**切分岔**,但这里我们就不再仔细讨论它了. 最后,细心的读者可能已经注意到,在图 5.5.7和图 5.5.8 中,有一些清晰可见的暗线从混沌区中穿过,它们时而彼此相交,时而成为混沌带的边界.

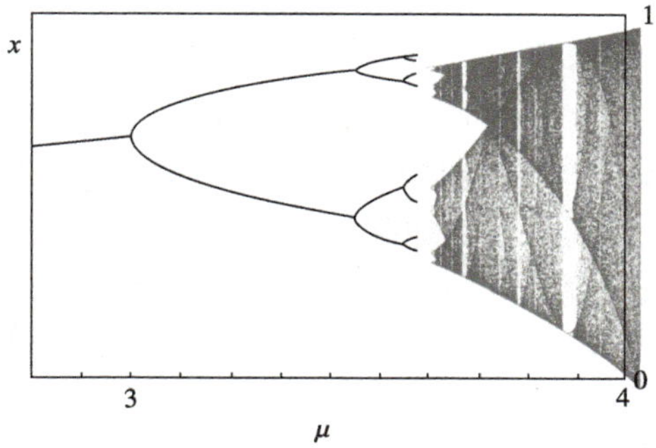

图 5.5.7 抛物线映射的分岔图

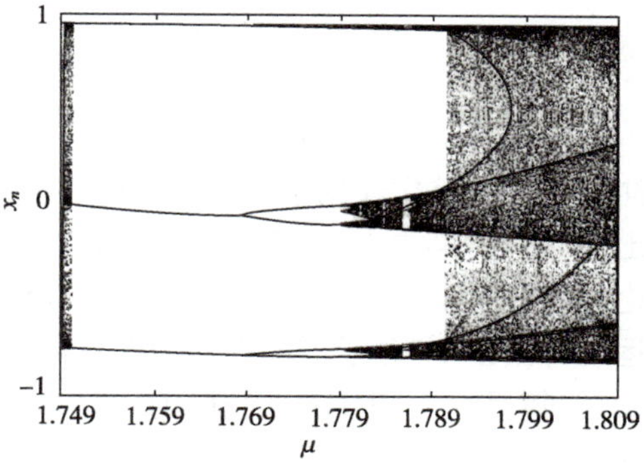

图 5.5.8 3 周期窗口附近的分岔图

总之,当 $\mu \geqslant \mu_\infty$ 时,随着 μ 值的连续增加,迭代结果展现的是一幅规则与随机交织起来的丰富多彩的图像. 由此可见,混沌运动是一种内容丰富,包含无穷层次的运动形态,这正是大自然所展现的无穷魅力所在. 要注意的是,迭代方程(5.5.6)

是一个完全确定性的演化方程，不包含任何随机因素，但它确实可能导致随机的轨道. 认识到这一可能性，是现代数理科学的一大进步.

除了倍周期分岔产生混沌外，还有一种产生混沌的重要机制，即**阵发混沌**. 如图 5.5.9 所显示的，映射(5.5.13)在控制参量 $\mu=1.749$ 时的迭代过程. 图中可见，有些时候轨道十分接近周期轨道，而有时在规则的轨道段落之间，夹杂着看起来很随机的跳跃. 人们常把规则的运动称为“层流相”，而把随机跳跃称为“湍流相”. 当然这只是一种比喻上的称呼，意味着迭代的结果就像溪流中某个点的流速变化，呈现湍流和层流交替出现那样的阵发行为. 实际上，在自然界和科学实验甚至社会经济生活中，与此类似的突发性不规则现象是常常可以见到的. 例如，气候变化的厄尔尼诺现象，地震发生，野生动物种群数量的增减，电学、声学及非线性光学中的反常振荡和噪声，化学反应中某些离子浓度的变化，人的脑电图，以及股市的波动等，从中都可以看到不同程度的阵发性混沌. 但详细分析阵发混沌产生的机理已超出本书的讨论范围，有兴趣的读者可以参阅非线性科学的有关书籍.

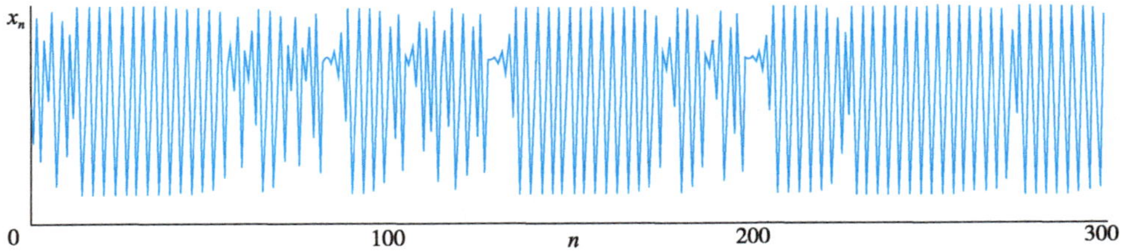

图 5.5.9　阵发混沌的图像

5.6　混沌的刻画——李雅普诺夫指数

1975 年，美国马里兰大学的李天岩和约克发表了一篇题为《周期 3 意味着混沌》的论文，首次使用了“混沌”(chaos)一词，用它代表某些一维映射的随机迭代输出. 实际上，早在 19 世纪末，法国数学家哈达玛尔和庞加莱就已经了解，某些决定论性的数学模型会表现出与随机过程无法区分的运动形态. 玻尔兹曼在研究分子运动时提出了“分子混沌性假设”，实际上原文中并没有使用“混沌”这个词，使用的词是“随机性”.“混沌”是我国前辈物理学家翻译时采用的中文说法，意义是混乱无规. 李天岩和约克使用的“chaos”一词，来源于古希腊文，其原意和中文的意思差不多，是指天地未分、宇宙洪荒那样的状态. 他们的论文证明，只要在映射中存在周期 3 轨道，由不同初值出发的两条轨道就会有时靠得很近，有时又必定分离得足够远. 但至今为止，对于混沌的准确定义还有不同的说法，例如，我们前面谈到的奇怪吸引子和蝴蝶效应，强调了运动轨道对初值细微变化的敏感依赖性，这也是混沌的另一种定义.

为了刻画混沌的特征，人们采用不同的特征量来描述. 这里我们讨论一个重要的特征量，即**李雅普诺夫指数**，它描述不同初值轨道互相分离开的平均速度.

考虑式(5.5.6)所给出的一维映射，并取两个靠得很近的初值 x_0 和 $x_0+\Delta_0$ 来进行迭代. 对于这两个不同的初值，迭代一次后它们之间的距离是

$$\Delta_1 = f(x_0+\Delta_0) - f(x_0) \approx f'(x_0)\Delta_0 \tag{5.6.1}$$

其中 f' 是 $f(x)$ 的一阶导数. 因为 Δ_0 很小，故 $f(x_0+\Delta_0)$ 只展开到 Δ_0 的一次项. 如此迭代 n 次后，距离变为

$$\Delta_n = f^n(x_0+\Delta_0) - f^n(x_0) \approx \left.\frac{\mathrm{d}f^n}{\mathrm{d}x}\right|_{x_0}\Delta_0 \tag{5.6.2}$$

这里的 $f^n(x)$ 表示 $f(x)$ 迭代 n 次，或自己嵌套 n 次，例如

$$f^3(x) = f(f(f(x))) \tag{5.6.3}$$

而根据复合函数求导的法则，有

$$\frac{\mathrm{d}f^n(x_0)}{\mathrm{d}x} = \prod_{i=0}^{n-1} f'(x_i) \tag{5.6.4}$$

其中 x_i 就是式(5.5.7)给出的轨道点. 通常情况下，对初值敏感的轨道会按指数函数规律迅速分离，即可以写成

$$\Delta_n = \mathrm{e}^{\lambda n}\Delta_0 \tag{5.6.5}$$

这里的常数 λ 表示相邻轨道的分离速度，它的取值原则上可能依赖于初值 x_0. 如果 $\lambda<0$，则 $\Delta_n\to 0$，表示两条轨道不分离. 而如果 $\lambda>0$，初始的细微差别会迅速放大. 当 $n\to\infty$ 时，式(5.6.5)定义的 λ 就称为李雅普诺夫指数. 此时由式(5.6.2)及式(5.6.4)有

$$\lambda = \lim_{n\to\infty}\frac{1}{n}\sum_{i=0}^{n-1}\ln|f'(x_i)| \tag{5.6.6}$$

图 5.6.1 给出对于式(5.5.4)的映射，相应于分岔图 5.5.7 的李雅普诺夫指数随 μ 的变化.

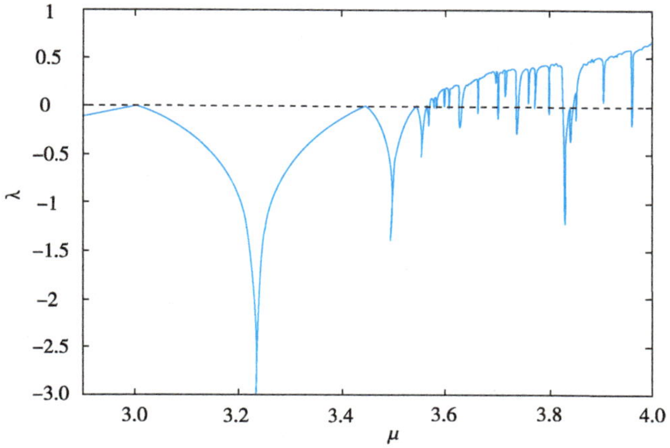

图 5.6.1 李雅普诺夫指数随 μ 的变化

一维映射只有一个李雅普诺夫指数，它可能大于零、小于零或等于零．正的李雅普诺夫指数表明运动轨道在每个局部都不稳定，相邻的轨道按指数函数分离，形成混沌吸引子．因此，$\lambda>0$ 可以作为混沌行为出现的判据．一个系统中只要出现一个正的 λ，就可以产生混沌运动．$\lambda<0$ 表明轨道在局部也是稳定的，对应于周期运动．从图 5.6.1 中我们看到，当 $\mu<\mu_\infty=3.5699$ 时，尽管 λ 的值随 μ 有很大变化，但始终处于负值，最多只升高到零附近．而当 $\mu>\mu_\infty$ 以后，λ 的值开始转为正值，这表明运动由有规律向混沌转变．同时，由图中还可以看到，在进入混沌以后，λ 的值仍不断有起伏变化，特别是在某些 μ 值处 λ 又突然由正转变到负，说明在这些地方映射又转为规则运动．因此，从 λ 值的变化可以看出，抛物线映射具有规则和随机交织的复杂运动状态．

以上谈的是一维映射的情况．对于三维映射，求导应对三维空间进行，这样就得到三个李雅普诺夫指数 λ_1、λ_2 和 λ_3．这里我们只列出三维情况下的主要结果：①当 λ_1、λ_2 和 λ_3 均为负值时，相点收缩到一点，即存在不动点；②三个指数 λ_1、λ_2 和 λ_3 中有一个为零，另外两个为负，相点收缩为极限环；③三个指数中有两个为零，一个为负，相点收缩为二维环面，即二维环面吸引子；④三个指数中有一个为正值，系统出现奇怪吸引子并出现混沌运动．

5.7 分形与分维

前面谈到，奇怪吸引子往往具有无穷嵌套的自相似结构，倍周期分岔产生的混沌图像实际也包含许多自相似结构．对这些自相似结构的一种现代描述方法称为**分形**几何，它是由美国科学家曼德布罗特首创的，用来形容那些形状复杂且不规则的物体结构和自然现象．长期以来，我们习惯采用的形体几何描述是直线、平面、三角形、圆、球体、锥体等简单规则的图形．但是，利用这些标准的几何图形，很难描述山石嶙峋的峰峦、支干交错的江河、蜿蜒曲折的海岸线、千姿百态的云朵等复杂的形状结构．正如曼德布罗特在其名著《自然界的分形几何》一书中所说："浮云不呈球形，山峰不是锥体，海岸线不是弧线，树干表面并不光滑，闪电也决不会沿直线前进．"面对复杂多变、形态万千的大自然，能够用简单规则的几何图形来描述的对象实际上只有极少数，而分形几何却为科学地阐述这类复杂性提供了全新的概念和方法．分形（fractal）一词是从拉丁文"fractus"转化而来的，它的原意是"不规则的，分数的，支离破碎的"物体．今天，分形理论已经成为一门描述自然界中不规则事物的规律性的科学，它的应用已经扩展到许多学科和领域，从自然科学、工程技术到人文科学，其所蕴藏的科学奥秘正在被不断地挖掘出来．

分形最重要的一个特征是具有**自相似性**或称**标度不变性**．我们熟知的布朗运动就是这样一个例子（图 5.7.1）．观察发现，如果把每次记录布朗粒子瞬时位置的时间间隔延长或缩短，例如，从每隔 1 分钟记录一次变为每隔 10 秒钟记录一次，虽然得到的图像不尽相同，但它们具有一样的复杂程度，前者可以看成是后者在尺度上的适当放大. 这说明布朗粒子的轨迹图具有自相似性. 对海岸线的测绘也有类似情况. 海岸有平坦的沙滩，但更多的是凸凹的岩石、曲折的港湾等不规则形状，即使是最详尽的地图也无法准确地把这些细节一一标出. 但人们发现，利用卫星以数千米为标度画出的海岸图，与利用皮尺以数米为标度画出的海岸图，所得图像的复杂程度是很相似的. 这种用不同标度(尺度)所做测量得到相似结果的性质，就称为标度不变性.

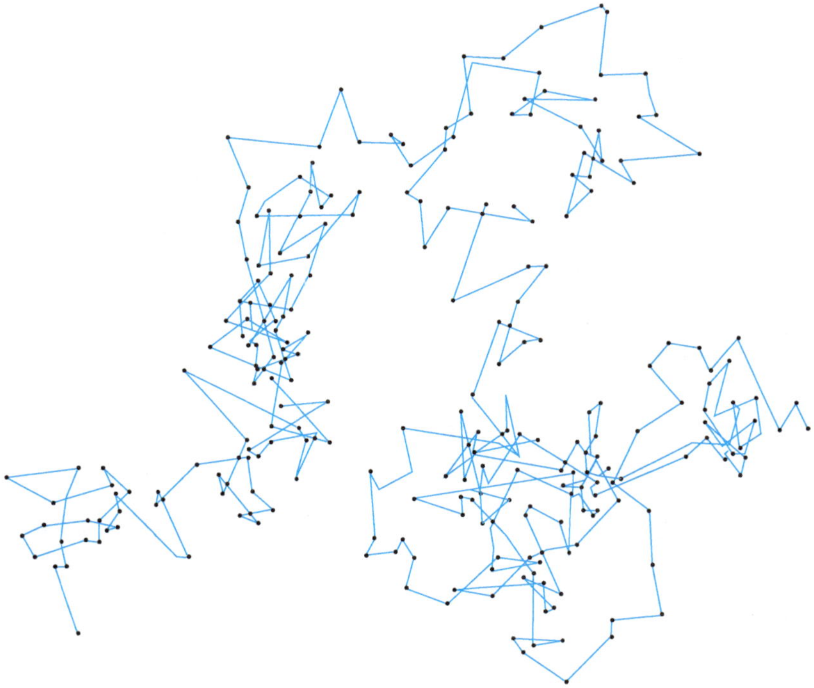

图 5.7.1 布朗粒子的运动轨迹

标度不变性表明，这些尺度不同的几何图形具有某个共同的几何参数，即这一参数是一个与尺度大小无关的不变量. 这就是分形几何中的**分数维**或称**分维**. 我们知道，通常几何形体的维数是整数，例如，一条直线或一段圆弧的维数是 1，一个平面或球面的维数是 2，一个立方体或圆球的维数是 3，等等. 维数的定义可以作如下理解. 考虑平面中一个边长为 L 的正方形，它的面积是 L^2. 当把它的边长放大 l 倍，就会得到一个大的正方形，它的面积相当于 l^2 个原来的面积. 如果对一个三维空间中的立方体作同样的变换，则大的立方体的体积将为原来体积的 l^3 倍. 一般地说，如果 D 维空间中有一个几何形体，则把它在每个方向的长度都放大 l 倍后，

得到的“体积”与原来“体积”之比将是

$$N = l^D \tag{5.7.1}$$

对于普通形状的物体,这一关系与我们的日常生活经验是相符的. 现在我们把式(5.7.1)变换一下,使之成为维数的普遍定义

$$D = \frac{\log N}{\log l} \tag{5.7.2}$$

对于形状正常的几何体,D 是整数,且与经典的欧几里得维数一致. 定义(5.7.2)对于不规则的几何形体也成立,且在一般情况下 D 可以是一个非整数,即分数维或分维. 而分形就是维数是分数的形体,因而,除自相似性之外,维数不是整数就成为分形的第二个显著特征. 下面我们通过几个典型例子来讨论分形的维数.

1. 康托尔集合

康托尔集合是一个经典的分形实例:如图 5.7.2 所示,取[0,1]线段,三等分之后舍去中段;再三等分剩下的两段,同样舍去相应的中段;如此无限重复下去,最终剩下的点的集合称为康托尔集合. 康托尔集合由零维的点组成,这样的点有无穷多个,但处处稀疏. 它们的分布是非均匀的,然而具有自相似性. 康托尔集合的维数可以如下计算:取[0,1/3]线段,并把尺度放大 $l=3$ 倍,只得到[0,1/3]和[2/3,1]两个与原来相当的图像,这样它的维数就是

$$D = \frac{\log 2}{\log 3} = 0.6309\cdots \tag{5.7.3}$$

由于 $0<D<1$,所以康托尔集合是一种介于点和线段之间的几何图形.

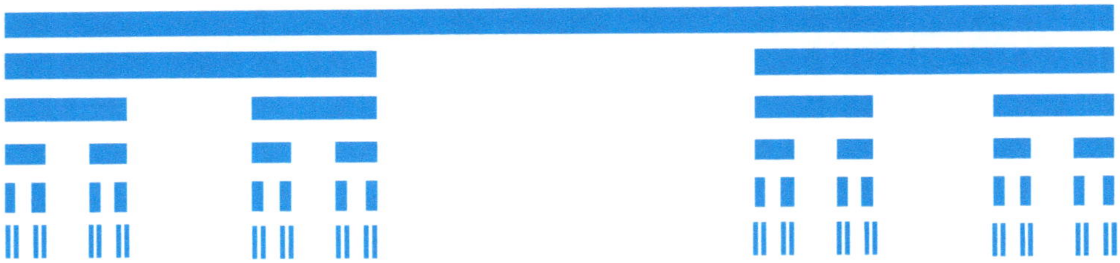

图 5.7.2 康托尔集合

2. 科克曲线

科克曲线的生成如图 5.7.3 所示. 把一条单位长的直线等分成三段,将中间的一段用两条折线来代替,称为一个生成元. 然后再把每条直线段用生成元代换,这样经无穷多次迭代后,就呈现出一条有无穷多弯曲的科克曲线,它可以用来模拟自然界中海岸线或雪花的周边轮廓. 从图 5.7.3 可以看出科克曲线具有典型的分形特征:它的总体与局部相似,曲线的复杂结构是由简单的生成元迭代而成的. 此外,它虽然是一条连续的折线,但处处不可求导. 由于科克曲线由四个与整体相似的局

部组成，相似比为 3，故由式(5.7.2)的定义得

$$D=\frac{\log 4}{\log 3}=1.2618\cdots \tag{5.7.4}$$

可见 $1<D<2$，因而科克曲线是一种介于一维线段和二维面之间的几何图形.

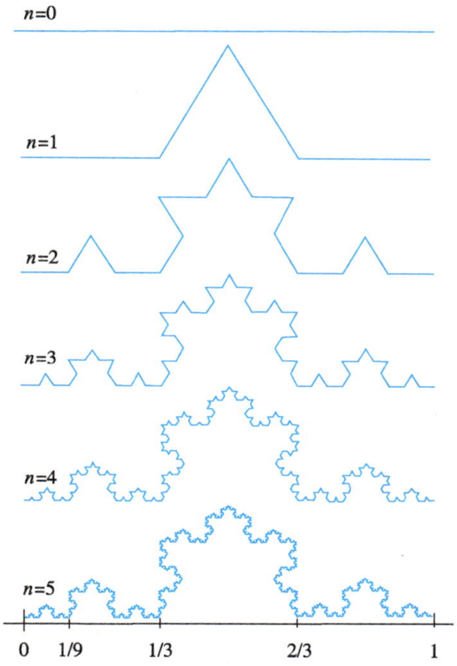

图 5.7.3　科克曲线的生成

定义(5.7.2)还可以改写为另外的形式. 把放大 l 倍改为缩小 r 倍，并取 $r\to 0$ 的极限，这样得到

$$D=-\lim_{r\to 0}\frac{\log N(r)}{\log r} \tag{5.7.5}$$

它相当于把几何对象所在的空间划分成一个个边长为 r 的小方盒(一维时是长度为 r 的线段，二维时为边长等于 r 的正方形，三维时则为边长等于 r 的立方体，等等)，数一下有多少小方盒中含有我们关心的几何对象的点，所得结果就是 $N(r)$. 换句话说，这也等于用一定边长的小方盒去覆盖所研究的几何对象，统计出覆盖所需要的小方盒数目. 这样定义的 D 也称为**容量维**. 由式(5.7.5)得到

$$N(r)\sim r^{-D} \tag{5.7.6}$$

此式可以用于估算几何对象所占空间的大小，即其相应的长度、面积或体积的大小，而此时 r 就相当于测量这一大小所用的尺子的长度. 以科克曲线为例，它的长度可以表示为

$$L(r)=rN(r)=r^{1-D} \tag{5.7.7}$$

由于 $D\approx1.26$，故当 $r\to0$ 时 $L(r)\to\infty$. 这说明科克曲线的长度值是与测量用尺的大小有关的. 一般正常物体的长度是一个恒量，无论用什么尺来测量，结果都一样. 但科克曲线这样的分形曲线却显出特别的性质，其长度值取决于测量用尺的大小，并不是一个恒量. 把式(5.7.7)中的 $rN(r)$ 换成 $r^2N(r)$ 就可得科克曲线的面积，结果是 r^{2-D}，显然当 $r\to0$ 时面积趋于零. 无穷大的长度和零面积表明，经典的长度和面积概念不能用来描述科克曲线的大小. 因此，$D\approx1.26$ 这一分形维数正好表明了科克曲线的不规则性和复杂程度，所以从某种意义上说，分形维数是几何形体不规则性的一种度量.

3. 布朗运动

以上两个例子属于规则的分形结构，因其生成过程遵循严格确定的法则. 但自然界中主要存在的却是不规则的分形，因此式(5.7.5)定义的容量维数用起来更方便一些. 我们来讨论一下布朗运动轨迹的分形. 设布朗粒子在 Δt 时间间隔内的位移是 $\Delta X(\Delta t)$，根据无规行走理论，ΔX 的空间分布为一高斯分布函数，其表达式为

$$P(\Delta X,\Delta t)=\frac{1}{\sqrt{4\pi D\Delta t}}\exp\left(-\frac{\Delta X^2}{4D\Delta t}\right) \tag{5.7.8}$$

这里 D 是粒子的扩散系数. 由此得到 ΔX 的平均值和方均值为

$$\langle\Delta X(\Delta t)\rangle=0 \tag{5.7.9}$$

$$V(\Delta t)=\langle\Delta X^2(\Delta t)\rangle=2D\Delta t \tag{5.7.10}$$

如果将观察的时间间隔作一标度变换，即令 $\tau=b\Delta t$，则有

$$\langle\Delta X^2(b\Delta t)\rangle=2Db\Delta t=b\langle\Delta X^2(\Delta t)\rangle \tag{5.7.11}$$

此式表明，自变量 Δt 与随机函数 $V(\Delta t)$ 的标度变换是一致的，这意味着布朗运动具有时间标度变换下的不变性，因而也是一种分形.

为求出布朗运动轨迹的分形维数，我们取某一瞬时位置为坐标原点，计算粒子走了 N 步后与原点的距离. 粒子的总位移矢量可以写为

$$\boldsymbol{X}=\sum_{i=1}^{N}\boldsymbol{x}_i \tag{5.7.12}$$

由式(5.7.9)可知 $\langle\boldsymbol{X}\rangle=0$，故应取 $\langle\boldsymbol{X}^2\rangle$ 来度量粒子的位移大小. 而

$$\langle\boldsymbol{X}^2\rangle=\sum_{i=1}^{N}\langle\boldsymbol{x}_i^2\rangle+\sum_{i\neq j}^{N}\langle\boldsymbol{x}_i\cdot\boldsymbol{x}_j\rangle \tag{5.7.13}$$

因为每一步位移的随机性，上式等号右边第二项为零. 再设每步位移大小的平均值为 r，则有

$$\langle\boldsymbol{X}^2\rangle=Nr^2 \tag{5.7.14}$$

由此得到

$$\log\langle \boldsymbol{X}^2 \rangle = \log N + 2\log r \tag{5.7.15}$$

它可以化为

$$\frac{\log N}{\log r} = \frac{\log\langle \boldsymbol{X}^2 \rangle}{\log r} - 2 \tag{5.7.16}$$

按照定义(5.7.5)，这就给出

$$D = -\lim_{r\to 0}\frac{\log N(r)}{\log r} = -\left(\lim_{r\to 0}\frac{\log\langle \boldsymbol{X}^2 \rangle}{\log r} - 2\right) \tag{5.7.17}$$

当总位移一定时，$\langle \boldsymbol{X}^2 \rangle$为有限值，故 $r\to 0$ 使得上式括号中的第一项趋于零，因而最后得到布朗运动的分维数是 $D=2$. 这一结果也可以从另一个方面来理解：如果把观察图 5.7.1 的布朗运动的时间间隔缩短，则图中的每一条直线段将会变为若干折线，这意味着粒子运动的轨迹将会变长. 如果把此时间间隔缩短到极小，且整个观察时间延续到足够长，我们就会发现，粒子的轨迹最终将填满整个平面.

以上几个例子所讨论的分维数实际上都属于容量维. 由于研究对象的复杂性，分维数还有其他形式的定义，如信息维、关联维、李雅普诺夫维及谱维数等. 且对于不规则的分形，确定分形维数的过程一般都比较复杂，我们就不再详细讨论它们了. 前面讨论过的奇怪吸引子，它们也具有自相似的分形结构，因而也有一定的分形维数. 例如，图 5.1.3 所示的洛伦茨吸引子，虽然它的相轨线非常稠密且永不重复，但相轨线却永远不会填满所在的全部空间，因此其维数不会是整数. 计算表明，对于式(5.2.26)所示的一般形式的洛伦茨方程，当 $r=40, \sigma=16, b=4$ 时，其分维数是 $D=2.04$.

关于混沌的小结.

到目前为止，我们通过一些典型的非线性方程导致混沌的例子，了解了决定论性方程可以导致混沌的出现. 我们知道，自然科学中有决定论和概率论两套描述体系，但自牛顿以来的传统科学观念(包括爱因斯坦)，比较推崇的是决定论体系，而把概率论描述作为“不得已而为之”的补充. 实际上，完全的决定论和纯粹的概率都是抽象的极端情况，而大自然真正的表现介于二者之间. 混沌现象的研究，有助于我们从更为接近实际的一种角度观察世界，对必然性和偶然性的认识也会由此而更加深刻. 从前面关于混沌的讨论中，我们得到了些什么启示呢？至少，我们看到了以下几点：①简单的方程式可能给出无法预测的结果，使我们过去以为简单的事物变得复杂了；②我们过去以为复杂的事物倒可能变得简单了，很多不同领域的、看来无结构和无规的现象，实际上可能遵循着相同或相似的简单规律；③如果描述系统演化的动力学是决定论性的，而系统的演化却敏感地依赖于初始条件，使得系统的长期行为具有不可预测性，则我们很可能是在同混沌打交道；④混沌行为与外界随机作用无关，完全是系统中的内禀随机行为. 英国数学家斯图尔特曾写过一段著名的话为混沌画像，我们把这段话引述在下面，作为本章对混沌问题讨论的结束语：

> 混沌是振奋人心的，因为它开启了简化复杂现象的可能性．混沌是令人忧虑的，因为它导致对科学的传统建模程序的新怀疑．混沌是迷人的，因为它体现了数学、科学及技术的相互作用．但混沌首先是美的．这并非偶然，而是数学美可以看得见的证据；这种美曾被局限于数学家的视野之内，由于混沌，它正在渗透到人类感觉到的日常世界之中．

5.8 非线性波与孤立子

我们熟悉的波通常是线性波，即描写波传播的波动方程是线性的．例如，在机械波的情况下，简谐振动（线性振动）在弹性介质中传播时，所产生的波就是线性波．但是实际介质并非都像弹性介质那样简单，在一些情况下，波动方程中将含有非线性项．此时介质的非线性效应将使波的传播不再满足线性叠加原理，波的传播速度不仅依赖于介质的性质，而且还可能与波源的振动状态有关．这样的**非线性波**可能产生一些新的效应，如高次谐波、调制，以及和频与差频等．这里我们只介绍在色散和非线性共同作用下所产生的一种奇特的波，即**孤立波**．

早在100多年前，苏格兰工程师罗素在从爱丁堡到格拉斯哥的运河上，就观察到孤立波的现象．他对此有一段生动的记载：

> 我正在观察一条船的运动，这条船被两匹马拉着，沿着狭窄的河道迅速前进．船忽然停下了，而被水所带动的水团却没有停下来，它们积聚在船头周围激烈扰动，然后突然形成一个圆形平滑、轮廓分明、巨大的孤立波峰，急速地离开船头滚滚向前．这水峰约有三十英尺①长，一至一英尺半高，在河道中行进一直保持着起初的形状，且速度未见减慢．我骑着马紧紧跟着，发觉它大约以每小时八至九英里②的速度前进．后来波的高度渐渐减小，跟踪了一至二英里后终于消失在蜿蜒的河道之中．这就是我在1834年8月第一次偶然发现这奇异而美妙的现象的经过……

为了对上述现象作进一步研究，罗素本人和其他一些学者曾在浅水槽中做过许多实验．他们用多种方式激励水波，结果都观察到了类似的孤立波现象，可见这种现象的出现并非偶然．但对于孤立波现象，线性理论始终无法给出合理的解释．因为按照传统的观点，上述平滑且轮廓分明的水团只能是一个波包，而波包又是由

---

① 1ft（英尺）$=3.048\times10^{-1}$m．

② 1mi（英里）$=1.609344$km．

一系列不同频率的平面波叠加而成的. 由于介质中的波速与频率有关(色散),所以波包中不同频率的平面波将以不同速度传播,这样就使波的合成图像随时间发生变化. 经历一段时间后,最终波包会完全消失. 即使在无阻尼的介质中,情况也是如此:仅仅由于色散,波包也将很快弥散而最终消失.

这一问题直到半个多世纪之后,即 1895 年,才由两位荷兰数学家科特韦格和德弗雷斯从理论上解决. 他们认为,这种不弥散的波包是非线性效应与色散效应相互抵消所致,并称之为孤立波. 它不仅以水波的形式出现,也出现于固体和其他凝聚态的物质中. 科特韦格和德弗雷斯建立的方程即著名的 **KdV 方程**,它的形式是

$$\frac{\partial u}{\partial t}-6u\frac{\partial u}{\partial x}+\frac{\partial^3 u}{\partial x^3}=0 \tag{5.8.1}$$

方程中第二项为非线性项,第三项为色散项. KdV 方程是非线性色散流体力学方程中的基本方程,但由于它是一个非线性的偏微分方程,故很难求解. 如果只求它的一个行波解,即

$$u(x,t)=f(\zeta)=f(x-ct) \tag{5.8.2}$$

其中 c 为常量,则方程(5.8.1)可以化为对变量 ζ 的常微分方程

$$f'''-(6f+c)f'=0 \tag{5.8.3}$$

对它积分一次得

$$f''-3f^2-cf=m \tag{5.8.4}$$

此式乘以 f',再积分一次得

$$f'^2-2f^2-cf^3-2mf=n \tag{5.8.5}$$

这里 m,n 是积分常数,特别取 $m=n=0$,式(5.8.5)的解为

$$Af(\zeta)=-\frac{1}{2}c\cdot\mathrm{sech}^2\left[\frac{1}{2}\sqrt{c}(\zeta+x_0)\right] \tag{5.8.6}$$

其中 x_0 是积分常数,因而

$$u(x,t)=f(x-ct)=-\frac{1}{2}c\cdot\mathrm{sech}^2\left[\frac{1}{2}\sqrt{c}(x-ct+x_0)\right] \tag{5.8.7}$$

式中

$$\mathrm{sech}^2\zeta=\frac{1}{\cosh^2\zeta}=\frac{4}{(\mathrm{e}^{\zeta}+\mathrm{e}^{-\zeta})^2} \tag{5.8.8}$$

解(5.8.7)即孤立波解,它的波形如图 5.8.1 所示,像一口悬挂的钟. 从式(5.8.7)和(5.8.8)可以看到,当 $\zeta=x-ct\to\pm\infty$时,函数以指数方式衰减,且孤立波随时间 t 增长向右运动. 同时还可以看到,波的振幅 $c/2$ 正比于传播速度 c,而波的宽度反比于$\sqrt{c}/2$. 这就是说,波的速度越大,波包就越高越瘦;反之,波的速度越小,波包就越矮越胖.

虽然 KdV 方程及其解得到了,但这一方程的重要性当时并没有引起学术界的

足够重视，因而在此后漫长的 65 年间，它几乎被人们忘记了. 直到 1965 年，它才被重新发现并作为分析无碰撞磁流体的一个模型. 从此，KdV 方程在描述多种多样物理现象的方程中不断出现，至今已经成为数学物理的基本方程之一. 此后人们又进一步发现，还有一些方程也像 KdV 方程一样有孤立波解，从此开拓了一个范围广阔的孤立波研究领域.

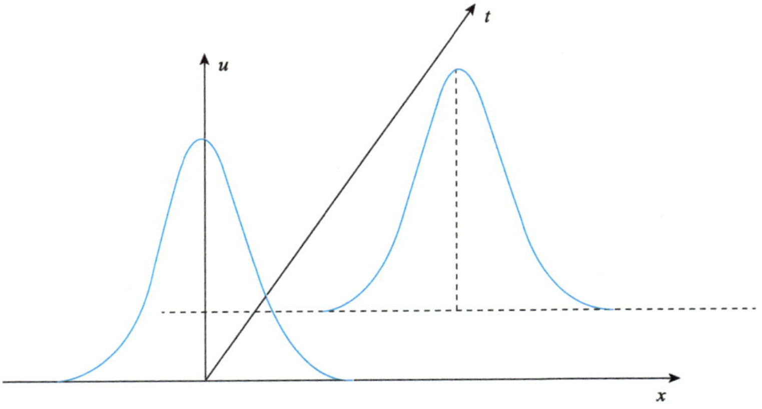

图 5.8.1　KdV 方程给出的孤立波的形状

因为 KdV 方程是非线性的，所以孤立波解经任意叠加的结果都不再是原方程的解，这一点可能使人认为，孤立波的重要性是有限的. 但 1965 年美国数学家扎布斯基和克鲁斯卡尔的研究工作给了人们新的启示. 他们把描述孤立波的函数记为

$$f(\zeta,c)=-\frac{1}{2}c\cdot\operatorname{sech}^2\left(\frac{1}{2}\sqrt{c}\zeta\right) \tag{5.8.9}$$

并设想下述实验：当 $t=0$ 时，KdV 方程的解为

$$u(x,0)=f(x,c_1)+f(x-Z,c_2) \tag{5.8.10}$$

其中 Z 是一个充分大的正数，且 $c_1>c_2$，即式(5.8.10)表示一前一后两个孤立波，且后面的波比前面的波跑得快. 因为孤立波指数地衰减，所以在初始时这两个波之间没有互相干扰. 但由于 $c_1>c_2$，后面较高的孤立波势必赶上前面较矮的孤立波，随后两波发生碰撞. 碰撞后将发生什么情况呢？扎布斯基和克鲁斯卡尔通过计算机数值计算得出下面的结果：当 $t=T>0$，且 T 足够大时，有

$$u(x,T)=f(x-c_1T-\theta_1,c_1)+f(x-c_2T-\theta_2,c_2) \tag{5.8.11}$$

其中 θ_1、θ_2 是常数. 这一结果说明，两个孤立波在碰撞后仍表现为两个原来形状的孤立波，唯一的变化是发生了相位移 θ_1 和 θ_2，其他性质均保持不变(图 5.8.2). 这样的碰撞完全像是粒子之间的碰撞，因此扎布斯基和克鲁斯卡尔把孤立波称为孤立子(soliton)，意思是它们具有粒子般的行为.

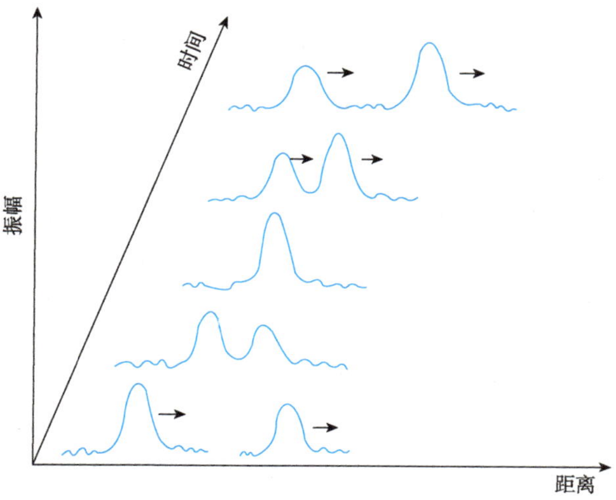

图 5.8.2 两个孤立波的碰撞过程

孤立子的奇特性质引起了众多物理学家和数学家的极大兴趣，并很快在世界范围内形成研究孤立子的热潮. 人们从理论上和实验上对孤立子作了大量的研究，并总结出它的如下特征：①它的空间分布是定域的；②它是一种行波；③孤立子是稳定的，其波动形式(即轮廓)不随时间而改变；④孤立子在碰撞时像粒子那样发生弹性碰撞. 从物理的本质来看，孤立子是一种形态稳定的准粒子，它们由非线性场所激发，能量不会弥散. 这种准粒子具有粒子的一切特征，如能量、动量、质量、电荷及自旋等；同时又具有波动的特征，在一切可以出现波动的介质里，在一定条件下都可以存在. 除了在浅水层外，在深水层乃至固体介质、电磁场、等离子体，以及生物体和微观粒子的表现中都可以观察到孤立子现象. 孤立子在理论上是一种行波，但它既可以以一定的波速运动，也可以驻留在空间某处，像一个静止的粒子. 孤立子遵循经典牛顿力学的规律，其运动可以用牛顿运动方程或哈密顿方程来描述，并遵守能量、动量、角动量等守恒定律.

除了 KdV 方程以外，现已知道还有一些偏微分方程也可以给出孤立子解，如正弦-高登方程、户田非线性晶格方程及非线性薛定谔方程(即 NLS 方程)等. 只要色散与非线性同时存在，并在一定条件下达到“平衡”，就会产生孤立子. 另一方面，孤立子也可以具有不同于图 5.8.1 的其他形状，如波包型、凹陷型、扭结型和反扭结型等. 在不同的领域中，由于参与波动过程的物理量不同，孤立子的物理含义也不同. 如在等离子体物理中，参与波动过程的物理量是电场强度，这时孤立子代表的就是局域电场. 再例如，激光束在非线性介质(如光纤)中的自聚焦产生光孤立子(也称光孤子)；超导电子与晶格畸变相互作用生成超导孤立子；过剩电子或激子与晶格畸变相互作用产生有机分子或蛋白质中的孤立子，等等. 光孤子能把能量稳定地集中在局域空间内传播，且相互碰撞时互不影响，故可以大大延长传输距离，增加信息容量，且信号失真极小. 在生物物理中，蛋白质与核酸都是典型的非线性系统，因而可以使 DNA 中产生孤立子，这对于 DNA 的解链和复制具有重要的作用.

学海泛舟 5：还原论的得与失

还原论是主张把高级运动形式还原为低级运动形式的一种科学观. 还原论者注意到事物不同层次间的联系，试图用低层次规律诠释高层次的规律，以达到研究的深入和简化，出发点无疑是积极和正确的，还原论的方法也确实成功构建了庞大而完整的科学体系.

但正如在本章所介绍的，如果研究系统的各子系统间存在非线性关联，其整体性质就不再是各子系统局部性质的简单叠加，子系统数量上的巨大又将进一步放大整体与部分之和的差距. 这时研究关联对整个系统的影响，就成为除了掌握局部性质之外的另一项任务. 比如生命体不能视为仅仅是若干细胞的堆砌，除了要研究每个细胞的功能，它们如何构成一个个组织、器官和系统，乃至各大系统如何协调地工作，也是研究生命现象的重要方面. 有时候这种关联对整体的效应如此强大和复杂，会变成进入下一层次研究的最关键之处，比如高温超导现象中电子-电子间的强关联.

习题与答案

第 1 章　拉格朗日方程

约束和广义坐标

1.1　对完整约束、非完整约束、定常约束、非定常约束、单侧约束和双侧约束六种约束形式各举一个例子.

1.2　半径为 r 的小球在内半径为 R 的固定球壳内做无滑动的滚动，球心不必保持在同一竖直平面内. 求小球的自由度及其球心的直角坐标所满足的约束关系.

答：自由度 3，$x_C^2+y_C^2+z_C^2=(R-r)^2$.

1.3　半径为 R 的匀质半球在水平面上做无滑动的摆动，质心保持在同一竖直平面内. 求此半球的自由度及其质心的直角坐标所满足的约束关系.

答：自由度 1，$\begin{cases} x_C = 3R\sin\theta/8 - R\theta, \\ y_C = -3R\cos\theta/8, \end{cases}$ 其中坐标原点取平衡位置的球心处，θ 为摆动角.

1.4　验证式 (1.1.14) 为不完整约束.

达朗贝尔原理与拉格朗日方程

1.5　质量为 $2m$ 的质点 A 和质量为 m 的质点 B 由长为 l 的无质量杆相连，质点 A 限制在水平的 x 轴上运动，质点 B 只能沿铅直的 y 轴运动. 给出 A 点横坐标和 B 点纵坐标间的约束关系，并用达朗贝尔原理求运动方程.

答：$x_A^2+y_B^2=l^2$，$2\ddot{x}_A y_B - x_A\ddot{y}_B - gx_A = 0$.

1.6　用达朗贝尔原理求双摆的运动方程，设两个摆具有相同的摆长及摆锤质量.

答：$\begin{cases} l[2\ddot{\theta}_1+\cos(\theta_1-\theta_2)\ddot{\theta}_2+\sin(\theta_1-\theta_2)\dot{\theta}_2^2]+2g\sin\theta_1=0, \\ l[\ddot{\theta}_2+\cos(\theta_1-\theta_2)\ddot{\theta}_1-\sin(\theta_1-\theta_2)\dot{\theta}_1^2]+g\sin\theta_2=0. \end{cases}$

1.7　质量为 m 的质点可在半径为 R 的固定金属圆环上无摩擦地滑动，而圆环位于铅直平面内. 设质点坐标为 (x, y)，极角为 θ，证明质点的运动方程 $y\ddot{x}+x\ddot{y}-gx=0$ 和 $R\ddot{\theta}+g\cos\theta=0$ 是等价的.

1.8　长为 l、质量为 m 的均匀细直棒，其上端固定，棒与铅直方向成 θ 角进行匀速转动，试用达朗贝尔原理求转动周期.

答：$T=2\pi\sqrt{\dfrac{2l\cos\theta}{3g}}$.

1.9　一根长为 l 的直棒的下端与光滑的铅直墙壁接触，棒搭在固定而光滑的钉子上，钉与墙壁的距离为 d，试用虚功原理求下面两种平衡情形下棒和铅直方向所成的角.

(1) 棒有均匀分布的质量；

(2) 棒的质量可以忽略，其上端 B 挂一重物 Q.

答：(1) $\arcsin\sqrt[3]{2d/l}$；(2) $\arcsin\sqrt[3]{d/l}$.

1.10 质量分别为 m 和 $3m$ 的两个质点由长为 $\sqrt{2}r$ 无质量杆相连而构成一个哑铃. 它可以在半径为 r 的碗内无摩擦地滑动，用虚功原理求出静平衡时杆与水平方向的夹角.

答：$\arctan\dfrac{1}{2}=26.57°$.

1.11 弹性圈的自然长度为 l_0，刚度系数为 k，质量为 m，水平地套在竖直放置的顶角为 2α 的光滑圆锥面上，试用虚功原理求平衡时圆锥顶点与弹性圈所在平面的距离.

答：$\dfrac{1}{2\pi\tan\alpha}\left(l_0+\dfrac{mg}{2\pi k\tan\alpha}\right)$.

1.12 用拉格朗日方法求第 1.6 题.

1.13 用拉格朗日方法求第 1.8 题.

哈密顿原理与拉格朗日方程

1.14 求平面内两点之间的短程线.

答：通过这两个固定点的直线段 $y=C_1x+C_2$，其中 C_1 和 C_2 是由两端点决定的常数.

1.15 求圆柱面上两点间的短程线.

答：$z=C_1\theta+C_2$，其中 θ 和 z 是柱坐标的后两个分量，C_1 和 C_2 是由两端点决定的常数.

1.16 求圆锥面上两点间的短程线.

答：$\dfrac{1}{r}=C_1\cos(\varphi\sin\alpha)+C_2\sin(\varphi\sin\alpha)$，其中 r、α 和 φ 是球坐标分量，C_1 和 C_2 是由两端点决定的常数.

1.17 如果质点具有初始速度 v_0，求解最速落径问题.

答：$\begin{cases}x=c_1\left(\theta-\dfrac{1}{2}\sin2\theta\right)+c_2,\\ y+\dfrac{v_0^2}{2g}=c_1\sin^2\theta,\end{cases}$ 是旋轮线的一部分，起始点是质点从完整旋轮线的起点静止下滑，加速至速度为 v_0 时的位置.

1.18 最小回转表面. 假定在两个固定端点之间作一条曲线，并让它绕 y 轴旋转而形成一个旋转表面，找出使表面积为极小的曲线.

答：$x=c_1\cosh\dfrac{y+c_2}{c_1}$，这是一条悬链线，$c_1$ 和 c_2 由两端点确定.

1.19 一个质点受到形如 $V(x)=-Fx$ 的势能，其中 F 是常数，质点在 t_0 的时间里从 $x=0$ 运动到 $x=a$. 设质点的运动可以表示为 $x(t)=A+Bt+Ct^2$. 试确定 A、B 和 C，以满足作用量最小化.

答：$A=0,B=\dfrac{a}{t_0}-\dfrac{Ft_0}{2m},C=\dfrac{F}{2m}$. 注意：由于 x 的起点和终点的时间和位置都已知，三个参数中仅有一个独立. 将作用量表示为这个独立参量的函数，再求最小值即可.

1.20 一质点自高 20m 处释放，2s 后落地. 在时间 t 内下降距离 s 的方程式可以设想为下列形式中的任一种（此处 g 在三种表示中具有不同的单位）：

$s=gt$；　$s=\dfrac{1}{2}gt^2$；　$s=\dfrac{1}{4}gt^3$.

所有这些表达式都能在 $t=2\mathrm{s}$ 时得出 $s=20\mathrm{m}$. 证明正确的形式导致哈密顿原理中的积分有一最小值.

1.21 试由一般形式的哈密顿原理式(1.3.21)建立一般情形的拉格朗日方程式.

拉格朗日力学的进一步讨论

1.22 质量为 m、长为 l 的均匀细杆被限制在 xy 平面内运动，且其 A 端恒保持在 x 轴上. 若采用 (x,θ) 作为广义坐标，其中 θ 是细杆与 x 轴的夹角，试求动能和广义动量 p_θ 的表达式.

答：$T=\frac{1}{2}m\dot{x}^2+\frac{1}{6}ml^2\dot{\theta}^2-\frac{1}{2}ml\sin\theta\dot{x}\dot{\theta}, p_\theta=\frac{1}{3}ml^2\dot{\theta}-\frac{1}{2}ml\sin\theta\dot{x}$.

1.23 半径为 r、质量为 m 的圆盘可以在细杆上无滑动地滚动，细杆同时以匀角速度 ω 绕固定点 O 转动，滚动和转动在同一平面内. 试写出形式为 $T(q,\dot{q})$ 的圆盘总动能的表达式.

答：$T=\frac{3}{4}m\dot{q}^2-\frac{3}{2}m\omega r\dot{q}+\frac{1}{2}m\omega^2q^2+\frac{3}{4}m\omega^2r^2$.

1.24 质量为 m 的质点被嵌入半径为 r 的无质量圆盘. 质点到盘中心的距离为 l. 竖直圆盘沿平面无滑动地滚下，平面对于水平面的倾角为 α. 试应用拉格朗日方法写出该系统的运动微分方程.

答：$m(r^2+l^2-2lr\cos\theta)\ddot{\theta}+mlr\dot{\theta}^2\sin\theta-mgr\sin\alpha+mgl\sin(\theta+\alpha)=0$.

1.25 光滑刚性抛物线 $R^2=2pz$ 以常角速度 ω 绕铅直轴 z 旋转，其上套有质量为 m 的小环. 求小环的拉格朗日函数及运动方程. 如果小环稳定在抛物线的某处，求 ω.

答：$L=\frac{m}{2}\left(\frac{R^2\dot{R}^2}{p^2}+\dot{R}^2+R^2\omega^2\right)-\frac{mgR^2}{2p}$,

$\frac{R^2}{p^2}\ddot{R}+\ddot{R}+\frac{R}{p^2}\dot{R}^2-R\omega^2+\frac{gR}{p}=0, \omega=\sqrt{\frac{g}{p}}$.

1.26 将 1.4.2 节中例 1.10 中的轨道由锥形螺旋线换成圆柱螺旋线 $r=a,\theta=bz$ 时，求珠子的运动方程和解. 如果轨道的方程变成 $r=az,\theta=b\ln z$，再次求解.

答：$(a^2b^2+1)\ddot{z}+g=0, z=-\frac{g}{2(a^2b^2+1)}t^2+C_1t+C_2$.

$$(a^2b^2+a^2+1)\ddot{z}+g=0, z=-\frac{g}{2(a^2b^2+a^2+1)}t^2+C_1t+C_2.$$

1.27 设广义力可以写为 $Q_i=-\frac{\partial V}{\partial q_i}+\frac{\mathrm{d}}{\mathrm{d}t}\left(\frac{\partial V}{\partial \dot{q}_i}\right)$，其中 $V=V(q,\dot{q},t)$ 是广义坐标、广义速度和时间的函数，称广义势能. 今引入 $L'=T-V$，试证 $\frac{\mathrm{d}}{\mathrm{d}t}\left(\frac{\partial L'}{\partial \dot{q}_i}\right)-\frac{\partial L'}{\partial q_i}=0$.

1.28 一个做平面运动的质点除了受到有心力 $\boldsymbol{F}_1=-\frac{\mu m}{r^3}\boldsymbol{r}$ 外，还受到与速度大小成正比、方向相反的阻力 $\boldsymbol{F}_2=-a^2\boldsymbol{v}$ 作用. 试求其拉格朗日方程式.

答：$\begin{cases} m\ddot{r}-mr\dot{\theta}^2=-\mu m/r^2-a^2\dot{r}, \\ m(r^2\ddot{\theta}+2r\dot{r}\dot{\theta})=-a^2r^2\dot{\theta}. \end{cases}$

1.29 光滑空心细管绕通过其一端 O 的水平轴在竖直面内以匀角速度 ω_0 转动. 管中有一以 O 点为悬挂点的弹簧振子, 弹簧自然长度为 l_0, 倔强系数为 k, 振子质量为 m. 试由拉格朗日方程求振子相对于管的运动微分方程.

答: $\ddot{x}+(k/m-\omega_0^2)x=kl_0/m-g\sin\omega_0 t$.

1.30 质点可以在弯成圆环形的刚性金属丝上滑动, 圆环的半径为 r, 圆心为 O', 并以角速度 ω 绕其圆周上一点 O 在圆环平面内转动. 假定质点的位置由直线 OO' 量起的角 θ 来规定, 试求动能和广义动量 p_θ.

答: $T=mr^2\left[\dfrac{1}{2}\dot{\theta}^2+\omega(1-\cos\theta)(\dot{\theta}+\omega)\right]$,

$p_\theta=mr^2[\dot{\theta}+\omega(1-\cos\theta)]$.

1.31 一质点在弯成螺旋形的光滑固定金属线上滑动. 螺旋线半径为 R, 相对于水平线的不变倾角为 α, 螺旋线中心轴是铅直的.

(1)螺旋线固定, 质点由静止释放, 求释放后质点滑下铅直距离 H 所需的时间.

(2)螺旋线绕中心轴以匀角速 Ω 转动, 质点相对于螺旋线由静止释放, 求释放后质点滑下铅直距离 H 所需的时间.

答: $t=\dfrac{1}{\sin\alpha}\sqrt{\dfrac{2H}{g}}$ (两种情况答案相同).

1.32 用拉格朗日方法求解第 1.9 题.

1.33 用拉格朗日方法求解第 1.10 题.

1.34 质量为 m 的三足架各足长相同, 与铅垂线之间的夹角都是 α. 将它置于光滑水平面上, 并用一绳圈套在三足上, 以使三足与铅垂线的夹角不变. 用拉格朗日方法求绳的张力.

答: $T=\dfrac{mg\tan\alpha}{3\sqrt{3}}$.

拉格朗日方程的运动积分与守恒定律

1.35 已知一系统在惯性系 1 中的拉格朗日函数为 L_1, 惯性系 2 相对于惯性系 1 以速度 $\boldsymbol{v}_{12}$ 运动, 求该系统在惯性系 2 中的拉格朗日函数.

答: $L_2=L_1+\dfrac{1}{2}Mv_{12}^2-\boldsymbol{v}_{12}\cdot\boldsymbol{P}_1$, 其中 M 是系统总质量, $\boldsymbol{P}_1$ 为系统在惯性系 1 中的总动量.

1.36 某力学系统 $T=\dfrac{1}{2}\left(\dfrac{\dot{q}_1^2}{a+bq_2}+q_2^2\dot{q}_2^2\right)$, $V=a_1+b_1q_2$, 其中 a、b、a_1 和 b_1 为常数. 试证 q_2 与 t 之间以 $(q_2-k)(q_2+2k)^2=h(t-t_0)^2$ 相联系, 其中 k、h 和 t_0 为常数.

1.37 考虑一自然系统, 系统具有 $T=\dfrac{1}{2}m(q)\dot{q}^2$ 和 $V=V(q)$. 求运动方程, 并验证: 如令总能量 $E=T+V$ 对时间的导数等于零, 也能得到此结果.

答：$m\ddot{q}+\frac{1}{2}\frac{\mathrm{d}m}{\mathrm{d}q}\dot{q}^2+\frac{\mathrm{d}V}{\mathrm{d}q}=0$.

1.38 已知一个 N 自由度的保守完整系统. 试证明，若令能量积分对时间的全导数等于零，则由此得到的微分方程和第 α 个拉格朗日方程乘以 $\dot{q}_\alpha$ 然后对 α 求和所得的方程相同.

第 2 章　拉格朗日方程的应用

两体的碰撞与散射

2.1 两个质点做弹性碰撞，它们的质量分别是 m_1 和 m_2，初速度分别是 $\boldsymbol{u}_1$ 和 $\alpha\boldsymbol{u}_1$. 如果初始两个质点动能相同，碰撞后第一个质点静止，求 α.

答：$-1\pm\sqrt{2}$.

2.2 两个质点质量相同，碰撞后两质点的速度方向垂直. 求初始两质点速度的关系.

答：方向垂直或其中一个静止.

2.3 一质点与初始静止的另一质点发生弹性碰撞，碰撞后两质点的速度方向垂直，则可以知道它们的什么信息？

答：质量相等.

2.4 证明在 $m_1=m_2$ 和 $m_1\ll m_2$ 两种情形，实验室系中刚球势散射的总截面均为 πR^2.

2.5 求粒子在势场 $V=\alpha/r^2$ 中的散射截面.

答：$\mathrm{d}\sigma=\frac{2\alpha\pi^2}{mv_\infty^2}\cdot\frac{\pi-\theta}{(2\pi\theta-\theta^2)^2}\cdot\frac{1}{\sin\theta}\mathrm{d}\Omega$.

2.6 求粒子在势场 $V=\begin{cases}0 & (r>a)\\ V_0 & (r\leqslant a)\end{cases}$ 中的散射截面.（提示：先证明粒子通过两个不同等势区的界面时发生折射，折射角和入射角之间有关系 $\frac{\sin\alpha}{\sin\beta}=\sqrt{1+\frac{2}{mv_1^2}(V_1-V_2)}$，其中 V_1 和 V_2 分别是入射和折射区域的势能.）

答：$\mathrm{d}\sigma=\frac{a^2n^2}{4\cos\frac{\theta}{2}}\frac{\left(n\cos\frac{\theta}{2}-1\right)\left(n-\cos\frac{\theta}{2}\right)}{\left(n^2+1-2n\cos\frac{\theta}{2}\right)^2}\mathrm{d}\Omega$.

多自由度体系的小振动

2.7 半径为 r 的均匀重球可以在一具有水平轴的，半径为 R 的固定球壳内表面滚动. 试求圆球围绕平衡位置作微振动的运动方程及其周期.

答：$\ddot{\theta}+\frac{5g}{7(R-r)}\theta=0$，　$T=2\pi\sqrt{\frac{7(R-r)}{5g}}$.

2.8 质量为 m、摆长为 l 的两个单摆悬挂在同一水平线上相距为 d 的两个固定点，两个摆锤带有等量异号电荷 q 和 $-q$. 求体系小振动的频率.

答：$\omega_1=\sqrt{\frac{g}{l}}$，　$\omega_2=\sqrt{\frac{g}{l}-\frac{q^2}{\pi\varepsilon_0 md^3}}$.

2.9 计算线性非对称三原子分子的振动频率.

答：纵振动的两个频率满足

$$\omega^4-\left[k_1\left(\frac{1}{m_1}+\frac{1}{m_2}\right)+k_2\left(\frac{1}{m_2}+\frac{1}{m_3}\right)\right]\omega^2+\frac{k_1k_2(m_1+m_2+m_3)}{m_1m_2m_3}=0,$$

横振动的频率为 $\omega^2=\dfrac{k'(l_1+l_2)^2}{4l_1^2l_2^2}\left[\dfrac{l_2^2}{m_1}+\dfrac{(l_1+l_2)^2}{m_2}+\dfrac{l_1^2}{m_3}\right].$

2.10 固有频率为 ω_0、质量为 m 的两个一维振子以相互作用 αx_1x_2 耦合起来(即增加势能项 $-\alpha x_1x_2$)，x_1 和 x_2 分别为两振子偏离平衡位置的位移，求该体系的拉格朗日函数，并求振动频率.

答：$L=\dfrac{m}{2}(\dot{x}_1^2+\dot{x}_2^2)-\dfrac{m\omega_0^2}{2}(x_1^2+x_2^2)+\alpha x_1x_2$，$\omega_{1,2}=\sqrt{\omega_0^2\pm\alpha/m}$.

2.11 如果有固有频率为 ω_0、质量为 m 的三个一维振子依次相连，相邻的振子间有题 2.10 所述的耦合作用，求体系的拉格朗日函数和振动频率. 并尝试讨论 N 个振子的情形.

答：$L=\dfrac{m}{2}(\dot{x}_1^2+\dot{x}_2^2+\dot{x}_3^2)-\dfrac{m\omega_0^2}{2}(x_1^2+x_2^2+x_3^2)+\alpha x_1x_2+\alpha x_2x_3$，

$\omega_1=\omega_0,\omega_2=\omega_0\sqrt{\omega_0^2+\sqrt{2}\alpha/m},\omega_3=\omega_0\sqrt{\omega_0^2-\sqrt{2}\alpha/m}.$

2.12 三个质点由一根弹性杆相连，考虑该系统在某平面内的横向微振动. 设位能为 $V=\dfrac{1}{2}k(y_1-2y_2+y_3)^2$，其中常数 k 正比于弯曲刚度，y_1,y_2,y_3 是三个质点的横向偏移. 试求该系统的固有频率及相应的一组正交模态列.

答：$\omega_1=\omega_2=0,\omega_3=\sqrt{6k/m}$，

$$\boldsymbol{Y}_1=\frac{1}{\sqrt{3}}\begin{pmatrix}1\\1\\1\end{pmatrix},\boldsymbol{Y}_2=\frac{1}{\sqrt{2}}\begin{pmatrix}1\\0\\-1\end{pmatrix},\boldsymbol{Y}_3=\frac{1}{\sqrt{6}}\begin{pmatrix}1\\-2\\1\end{pmatrix}.$$

2.13 质量为 m、摆长为 l 的单摆在阻尼介质中作小振动，阻力 $F=-2mkv$，求单摆的振动周期.

答：$T=2\pi\sqrt{\dfrac{l}{g-k^2l}}.$

2.14 三个相同的滑块和两个相同的弹簧组成力学体系，开始时弹簧处于固有长度. 体系运动时，滑块所受阻力与速度的一次方成正比，比例系数为 c，求体系的振动频率.

答：当 $4mk<c^2<12mk$ 时，振动频率为 $\omega_1=\sqrt{\dfrac{3k}{m}-\left(\dfrac{c}{2m}\right)^2}$；当 $c^2<4mk$ 时，振动频率为 ω_1 和 $\omega_2=\sqrt{\dfrac{k}{m}-\left(\dfrac{c}{2m}\right)^2}$.

2.15 物体 A、B 和 C 质量均为 m，用两根刚度系数均为 k 的轻弹簧连接成直线排列，开始时三个物体均静止在平衡位置，之后物体 A 受沿直线的外力 $F(t)=f\cos\omega t$ 策动，三者与各自平衡点的相对位移分别是 x_1,x_2 和 x_3，系统的耗散函数为 $\mathscr{F}=\dfrac{1}{2}\gamma[(\dot{x}_1-\dot{x}_2)^2+(\dot{x}_2-\dot{x}_3)^2]$. 列出系统的拉格朗日函数和运动微分方程.

答：$L=\dfrac{1}{2}m(\dot{x}_1^2+\dot{x}_2^2+\dot{x}_3^2)-\dfrac{1}{2}k[(x_1-x_2)^2+(x_2-x_3)^2]$，

$$\begin{cases} m\ddot{x}_1+\gamma(\dot{x}_1-\dot{x}_2)+k(x_1-x_2)=f\cos\omega t, \\ m\ddot{x}_2+\gamma(-\dot{x}_1+2\dot{x}_2-\dot{x}_3)+k(-x_1+2x_2-x_3)=0, \\ m\ddot{x}_3+\gamma(-\dot{x}_2+\dot{x}_3)+k(-x_2+x_3)=0. \end{cases}$$

2.16 电感 L 与电阻 R_1 串接，再与电容 C 并联，有一个内阻为 R_2、频率为 ω、振幅为 A 的简谐电源给它们供应能量. 写出电路的微分方程.

答：$\begin{cases} L\ddot{e}_1+R_1\dot{e}_1-(e_2-e_1)/C=0, \\ R_2\dot{e}_2+(e_2-e_1)/C=A\sin\omega t, \end{cases}$ 其中 $\dot{e}_1$ 和 $\dot{e}_2$ 分别是 R_1 和 R_2 所在回路的电流.

非线性振动

2.17 令 $\omega^2=\omega_0^2+\varepsilon\omega_1+\varepsilon^2\omega_2$，其余条件不变，用二阶微扰法求解单摆问题.

2.18 用微扰论方法求解非线性振动方程 $\ddot{x}+\omega_0^2x=(1-x^2)\dot{x}$ 的二阶近似解.

答：$x=2\cos\phi-\dfrac{1}{4\omega}\sin(3\phi)-\dfrac{3}{32\omega^2}\cos(3\phi)-\dfrac{5}{96\omega^2}\cos(5\phi)$，

其中 $\phi=\omega t+\varphi$，$\omega=\sqrt{\omega_0^2-\dfrac{1}{8}}$.

带电粒子在电磁场中的拉格朗日函数

2.19 证明：由带电粒子在电磁场中的拉格朗日函数可以导出运动方程 $m\ddot{\boldsymbol{r}}=e(\boldsymbol{E}+\boldsymbol{v}\times\boldsymbol{B})$.

2.20 质量为 m、电荷为 q 的粒子在轴对称电场 $\boldsymbol{E}=E_0\boldsymbol{e}_R/\boldsymbol{R}$ 和均匀磁场 $\boldsymbol{B}=B_0\boldsymbol{e}_z$ 中运动. 求粒子的运动微分方程.

答：$\begin{cases} m\ddot{R}-mR\dot{\theta}^2-qB_0R\dot{\theta}-qE_0/R=0, \\ mR^2\dot{\theta}+qB_0R^2/2=C_1, \\ m\dot{z}=C_2, \end{cases}$ 其中 C_1 和 C_2 是常数.

2.21 一个粒子受到中心力 $F=\dfrac{1}{r^2}\left(1-\dfrac{\dot{r}^2-2r\ddot{r}}{c^2}\right)$ 的作用而在一个平面内运动，求产生这个力的广义势能，并给出该体系的拉格朗日函数.

答：$U=\dfrac{1}{r}+\dfrac{\dot{r}^2}{c^2r}$， $L=\dfrac{1}{2}m(\dot{r}^2+r^2\dot{\theta}^2)-\dfrac{1}{r}\left(1+\dfrac{\dot{r}^2}{c^2}\right)$.

第3章　哈密顿力学

哈密顿正则方程

3.1 写出自由质点在柱坐标和球坐标中的哈密顿函数.

答：$H=\dfrac{1}{2m}\left(p_r^2+\dfrac{p_\theta^2}{r^2}+p_z^2\right)+V(r,\theta,z)$，$H=\dfrac{1}{2m}\left(p_r^2+\dfrac{p_\theta^2}{r^2}+\dfrac{p_\varphi^2}{r^2\sin^2\theta}\right)+V(r,\theta,\varphi)$.

3.2 一质点 m 在 $F(x,t)=\dfrac{k}{x^2}\mathrm{e}^{-t/\tau}$ 作用下做一维运动，其中 k 和 τ 均为正的常数. 给出该体系的哈密顿函数，并与其总能量比较.

答：$H=\dfrac{p^2}{2m}+\dfrac{k}{x}\mathrm{e}^{-t/\tau}$，是体系能总量，但不守恒.

3.3 写出相对论粒子的哈密顿正则方程.

答：$\dot{\boldsymbol{r}}=\dfrac{\boldsymbol{p}}{\sqrt{m_0^2+p^2/c^2}}$，$\dot{\boldsymbol{p}}=-\dfrac{\partial V}{\partial \boldsymbol{r}}$.

3.4 计算非相对论情形电磁场中带电粒子的哈密顿正则方程.

答：$\dot{\boldsymbol{r}}=\dfrac{\boldsymbol{p}-e\boldsymbol{A}}{2m}$，$\dot{\boldsymbol{p}}=e\dot{\boldsymbol{A}}+e(\boldsymbol{E}+\dot{\boldsymbol{r}}\times\boldsymbol{B})$.

3.5 计算相对论情形电磁场中带电粒子的哈密顿正则方程.

答：$\dot{\boldsymbol{r}}=\dfrac{(\boldsymbol{p}-e\boldsymbol{A})c^2}{\sqrt{(\boldsymbol{p}-e\boldsymbol{A})^2c^2+m_0^2c^4}}, \dot{\boldsymbol{p}}=e\dot{\boldsymbol{A}}+e(\boldsymbol{E}+\dot{\boldsymbol{r}}\times\boldsymbol{B})$.

3.6 一系统的拉格朗日函数为 $L=\dot{q}^2+q$，用哈密顿正则方程求解该系统的 $q(t)$.

答：$q=\dfrac{t^2}{4}+At+B$，其中 A 和 B 为由初始条件决定的常数.

3.7 一个单位质量的质点在极坐标表达的势能 $k\cos\theta/r^2$ 的一个平面上运动，其中 k 为常数. 求哈密顿正则方程.

答：$\dot{r}=p_r, \dot{p}_r=\dfrac{p_\theta^2}{r^3}+\dfrac{2k\cos\theta}{r^3}, \dot{\theta}=\dfrac{p_\theta}{r^2}, \dot{p}_\theta=\dfrac{k\sin\theta}{r^2}$.

3.8 抛物线状的光滑金属丝 $y=ax^2$ 绕其竖直方向的对称轴以匀角速度 ω 转动，一质量为 m 的小环套在金属丝上可自由滑动. 以小环的 x 坐标写出小环的哈密顿函数，并由此导出 x 所满足的运动微分方程.

答：$H=\dfrac{1}{2m}\dfrac{p^2}{1+4a^2x^2}-\dfrac{1}{2}m\omega^2x^2+mgax^2$，

$(1+4a^2x^2)\ddot{x}+4a^2x\dot{x}^2-(\omega^2-2ga)x=0$.

3.9 质点 m 在重力下沿 $z=k\theta, r=a$ 的螺线运动，其中 k 和 a 为常数. 求哈密顿正则方程.

答：$\dot{\theta}=\dfrac{p_\theta}{m(k^2+a^2)}, \dot{p}_\theta=-mgk$.

3.10 质量为 m 的质点受重力作用，被约束在半顶角为 α 的竖直光滑圆锥面内运动. 以柱坐标 r 和 θ 为广义坐标，写出质点的哈密顿函数和关于 r 的运动微分方程.

答：$H=\dfrac{\sin^2\alpha}{2m}p_r^2+\dfrac{1}{2mr^2}p_\theta^2+mgr\cot\alpha$，

$\ddot{r}-\left(\dfrac{p_\theta\sin\alpha}{m}\right)^2\dfrac{1}{r^3}+g\sin\alpha\cos\alpha=0$，其中 p_θ 是运动积分.

3.11 一个质量为 m 的质点在重力作用下在旋转抛物面 $z=x^2+y^2$ 内滑动，z 轴竖直向上. 用劳斯方法导出柱坐标中非循环坐标的运动方程.

答：$(1+4r^2)\ddot{r}+4r\dot{r}^2-\dfrac{p_\theta^2}{m^2r^3}+2gr=0$，其中 p_θ 是运动积分.

3.12 一个力学体系的动能和势能分别为 $\dfrac{1}{2}\left(\dot{q}_1^2+\dfrac{\dot{q}_2^2}{a+bq_1^2}\right)$ 和 $\dfrac{1}{2}(k_1q_1^2+k_2)$，式中 a、b、k_1 和 k_2 均为常量，写出劳斯函数并给出运动方程.

答：$R=\dfrac{1}{2}p_2^2(a+bq_1^2)-\dfrac{1}{2}\dot{q}_1^2+\dfrac{1}{2}(k_1q_1^2+k_2)$，

$\ddot{q}_1+(bp_2^2+k_1)q_1=0, \dot{q}_2=p_2(a+bq_1^2), \dot{p}_2=0$.

泊松括号

3.13 证明泊松括号的前 5 个性质.

3.14 证明：以 r^2、p^2 和 $\boldsymbol{r}\cdot\boldsymbol{p}$ 为自变量的任意函数 f 与角动量分量 J_z 的泊松括号为零.

3.15 已知系统的哈密顿函数为 $H=H[f(q_1, p_1), q_2, p_2, t]$，证明 $\mathrm{d}f/\mathrm{d}t=0$.

3.16 证明上题结论可进一步推广为：若系统的哈密顿函数可写成下列形式，则 f 守恒.

$H=H[f(q_1,q_2,\cdots,q_m;p_1,p_2,\cdots,p_m);q_{m+1},\cdots,q_s;p_{m+1},\cdots,p_s;t]$.

3.17 带电粒子在匀强磁场中的哈密顿量 $H=\dfrac{1}{2m}\left[\left(p_x+\dfrac{eBy}{2}\right)^2+\left(p_y-\dfrac{eBx}{2}\right)^2\right]$，

(1) 求泊松括号 $\left[p_x+\frac{eBy}{2},\ H\right]$，$\left[p_y-\frac{eBx}{2},\ H\right]$；

(2) 已知零时刻的 $p_x+\frac{eBy}{2}=mv_{x0}$，$p_y-\frac{eBx}{2}=mv_{y0}$，利用泊松括号求 $p_x+\frac{eBy}{2}$ 在任意 t 时刻的值.

答:(1) $\left[p_x+\frac{eBy}{2},H\right]=\frac{eB}{m}\left(p_y-\frac{eBx}{2}\right)$，$\left[p_y-\frac{eBx}{2},H\right]=-\frac{eB}{m}\left(p_x+\frac{eBy}{2}\right)$；

(2) $p_x+\frac{eBy}{2}=mv_{x0}\cos\frac{eBt}{m}+mv_{y0}\sin\frac{eBt}{m}$.

正则变换

3.18 证明 $Q_1=\frac{\sqrt{3}}{2}q_1-\frac{1}{2}q_2$，$Q_2=\frac{1}{2}q_1+\frac{\sqrt{3}}{2}q_2$，$P_1=\frac{\sqrt{3}}{2}p_1-\frac{1}{2}p_2$，$P_2=\frac{1}{2}p_1+\frac{\sqrt{3}}{2}p_2$ 是正则变换.

3.19 证明 $q=\sqrt{\frac{2Q}{k}}\cos P$，$p=\sqrt{2kQ}\sin P$ 是正则变换. 若原哈密顿函数 $H=\frac{1}{2}(p^2+k^2q^2)$，求用新的正则变量表示的哈密顿函数和哈密顿正则方程.

答：$K=kQ$，$\dot{Q}=0$，$\dot{P}=-k$.

3.20 证明 $Q=q^2+\frac{p^2}{n^2}$，$P=\frac{n}{2}\arctan\left(\frac{p}{nq}\right)$ 是正则变换，其中 n 是常数.

3.21 证明 $Q=q+te^p$，$P=p$ 是正则变换，并求生成函数 $F_1(q,\ Q,\ t)$.

答：$F_1=(Q-q)\left(1-\ln\frac{Q-q}{t}\right)$.

3.22 质量为 m 的粒子在圆柱对称的势场中运动，对称轴为 z 轴. 作变换

$$X=x\cos\omega t+y\sin\omega t,\quad Y=-x\sin\omega t+y\cos\omega t,\quad Z=z,$$

如果这是一个正则变换，写出变换的母函数和新的哈密顿函数.

答：$F_2=(x\cos\omega t+y\sin\omega t)P_X+(-x\sin\omega t+y\cos\omega t)P_Y+zP_Z$，

$$K=\frac{1}{2m}(P_X^2+P_Y^2+P_Z^2)+\omega(YP_X-XP_Y)+V(\sqrt{X^2+Y^2+Z^2}).$$

3.23 已知 $F_1(q,Q)=2e^{Q_1+2q_1}+3e^{2Q_2+q_2}-4q_1q_2$.

(1) 求此生成函数对应的正则变换（用旧变量表示新变量）；

(2) 求该变换的辛矩阵 $\boldsymbol{M}$，并计算 $\boldsymbol{MJM}^{\mathrm{T}}$.

答:(1) $Q_1=\ln\frac{p_1+4q_2}{4}-2q_1$，$P_1=-\frac{p_1+4q_2}{2}$，

$Q_2=\frac{1}{2}\ln\frac{p_2+4q_1}{3}-\frac{q_2}{2}$，$P_2=-2(p_2+4q_1)$；

(2) $$\boldsymbol{M}=\begin{pmatrix}-2 & \frac{4}{p_1+4q_2} & \frac{1}{p_1+4q_2} & 0\\ \frac{2}{p_2+4q_1} & -\frac{1}{2} & 0 & \frac{1}{2(p_2+4q_1)}\\ 0 & -2 & -\frac{1}{2} & 0\\ -8 & 0 & 0 & -2\end{pmatrix},\quad \boldsymbol{MJM}^{\mathrm{T}}=\boldsymbol{J}.$$

哈密顿-雅可比方程

3.24　质点在势场 $V=\frac{a}{r^2}-\frac{bz}{r^3}$ 中运动，a 和 b 是常数．求哈密顿主函数和哈密顿特征函数．

答：$S=-Et+W$，

$$W=C_2\varphi+\int\sqrt{2mE-\frac{C_1}{r^2}}\,\mathrm{d}r+\int\sqrt{C_1+2mb\cos\theta-\frac{C_2^2}{\sin^2\theta}-2ma}\,\mathrm{d}\theta.$$

3.25　用哈密顿-雅可比方程求解第 3.6 题．

3.26　用哈密顿-雅可比方程求哈密顿函数为 $H=p^2-q$ 的体系的运动．

答：$p=t+\xi,\quad q=(t+\xi)^2-E.$

3.27　体系的哈密顿函数 $H=\frac{p_1^2}{2m}+\frac{1}{2m}(p_2-kq_1)^2$，用哈密顿-雅可比方程求解轨道方程．

答：$\left(q_1-\frac{C_1}{k}\right)^2+(q_2-C_2)^2=\frac{2mE}{k^2}.$

3.28　质点 m 做斜抛运动，初速度为 v_0，水平仰角为 α．用哈密顿-雅可比方程求解．

答：轨道方程 $y=x\tan\alpha-\frac{gx^2}{2v_0^2\cos^2\alpha}$．

3.29　一系统 $T=\frac{1}{2}(A_1+A_2+\cdots+A_s)(B_1\dot{q}_1^2+B_2\dot{q}_2^2+\cdots+B_s\dot{q}_s^2)$，$V=\frac{V_1+V_2+\cdots+V_s}{A_1+A_2+\cdots+A_s}$，其中 A_α、B_α 和 V_α 都只是一个参数 q_α 的函数．证明此系统的运动问题可用积分法求解．

经典力学的延伸

3.30　验证玻尔氢原子模型满足位力定理．

3.31　验证行星的椭圆轨道运动满足位力定理．

第4章　刚体的运动

刚体运动的描述

4.1　证明刚体上任意两点的速度在两点连线方向的分量相等．

4.2　半球形碗的半径为 R，长为 l 的杆的 A 端在碗内滑动，并斜靠在碗的边缘 P．如果杆始终处于一个固定的竖直平面内，求杆上任一点的轨迹及转动瞬心的轨迹．

答：杆上任一点轨迹 $r=2R\cos\theta-a$，其中 a 为 P 点到 A 点的距离，θ 是杆的倾斜角；转动瞬心的空间极迹是圆 $x'^2+y'^2=R^2$ 的上半部分，本体极迹是圆 $x^2+y^2=4R^2$ 的上半部分．

4.3　陀螺以常数角速度 ω 自转，其 z 轴以常角速度 ω_1 绕铅直线扫出一个顶角为 2θ 的圆锥．求此陀螺总角速度的大小和方向．

答：$\sqrt{\omega^2+\omega_1^2+2\omega\omega_1\cos\theta}$，

总角速度以夹角 $\arccos\frac{\omega_1+\omega\cos\theta}{\sqrt{\omega^2+\omega_1^2+2\omega\omega_1\cos\theta}}$ 绕铅直线进动．

欧拉刚体运动学方程

4.4　证明式(4.2.8)．

4.5　刚体的欧拉角随时间的变化关系为 $\varphi=4t,\theta=\pi/3,\psi=\pi/2-2t$．求本体系中的角速度分量．

答：$\omega_x=2\sqrt{3}\cos2t,\omega_y=2\sqrt{3}\sin2t,\omega_z=0.$

4.6 刚体的欧拉角随时间的变化关系为 $\varphi=\varphi_0+n_1t,\theta=\theta_0,\psi=\psi_0+n_2t$，其中 φ_0，θ_0，ψ_0，n_1，n_2 均为常量，求刚体总角速度的大小、转动瞬轴的本体极迹和空间极迹.

答：$\omega=\sqrt{n_1^2+n_2^2+2n_1n_2\cos\theta_0}$，

本体极迹是顶角为 $2\arcsin\dfrac{n_1\sin\theta_0}{\omega}$ 的圆锥面 $x^2+y^2-\dfrac{n_1^2\sin^2\theta_0}{(n_1\cos\theta_0+n_2)^2}z^2=0$，

空间极迹是顶角为 $2\arcsin\dfrac{n_2\sin\theta_0}{\omega}$ 的圆锥面 $x'^2+y'^2-\dfrac{n_2^2\sin^2\theta_0}{(n_1+n_2\cos\theta_0)^2}z'^2=0$.

转动惯量张量和惯量主轴

4.7 证明 4.3.3 小节中惯量主轴非唯一性的性质.

4.8 一个质点系由位于点$(a,-a,a)$质量为 $4m$ 的质点、位于点$(-a,a,a)$质量为 $3m$ 的质点和位于点(a,a,a)质量为 $2m$ 的质点组成. 求关于坐标原点的惯量张量，并求过原点、方向为(1,1,0)的轴的转动惯量.

答：$\begin{pmatrix}18 & 5 & -3\\ 5 & 18 & -1\\ -3 & -1 & 18\end{pmatrix}ma^2, 23ma^2$.

4.9 一个质点系由位于点$(a,-a,0)$质量为 $4m$ 的质点、位于点$(-a,a,0)$质量为 $3m$ 的质点和位于点$(a,a,0)$质量为 $2m$ 的质点组成. 求关于坐标原点的惯量张量、主转动惯量和惯量主轴.

答：$\begin{pmatrix}9 & 5 & 0\\ 5 & 9 & 0\\ 0 & 0 & 18\end{pmatrix}ma^2$，$\begin{cases}I_1=4ma^2,\\ I_2=14ma^2,\\ I_3=18ma^2,\end{cases}$ $\begin{cases}\boldsymbol{e}_1=(\boldsymbol{e}_x-\boldsymbol{e}_y)/\sqrt{2},\\ \boldsymbol{e}_2=(\boldsymbol{e}_x+\boldsymbol{e}_y)/\sqrt{2},\\ \boldsymbol{e}_3=\boldsymbol{e}_z.\end{cases}$

4.10 已知 $\hat{\boldsymbol{I}}=\begin{pmatrix}A & B & B\\ B & A & B\\ B & B & A\end{pmatrix}$，求主转动惯量和惯量主轴.

答：$I_1=I_2=A-B,I_3=A+2B,\boldsymbol{e}_3=\dfrac{1}{\sqrt{3}}(1,1,1)^{\mathrm{T}}$，$\boldsymbol{e}_1$ 和 $\boldsymbol{e}_2$ 不唯一，只需它们彼此正交，且各自三个分量之和为零，例如 $\boldsymbol{e}_1=\dfrac{1}{\sqrt{2}}(1,-1,0)^{\mathrm{T}},\boldsymbol{e}_2=\dfrac{1}{\sqrt{6}}(1,1,-2)^{\mathrm{T}}$.

4.11 均质薄圆盘半径为 R，质量为 m. 求当质心在坐标原点，z 向主轴与圆盘法线夹 θ 角时的惯量张量.

答：如果题中主轴 z 轴处于 xz 平面内，则 $\hat{\boldsymbol{I}}'=\begin{pmatrix}1+\sin^2\theta & 0 & -\sin\theta\cos\theta\\ 0 & 1 & 0\\ -\sin\theta\cos\theta & 0 & 1+\cos^2\theta\end{pmatrix}\dfrac{1}{4}mR^2$.

4.12 一匀质圆柱形刚体半径为 R，如果以圆柱质心为原点，其惯量矩阵正比于单位矩阵，求圆柱的高. 如果取底面中心为原点，其惯量矩阵正比于单位矩阵，再求圆柱的高.

答：$\sqrt{3}R,\sqrt{3}R/2$.

4.13 若刚体对某一点的主转动惯量满足 $I_1=I_2\neq I_3$，证明刚体绕该定点转动时，角动量 $\boldsymbol{J}$、角速度 $\boldsymbol{\omega}$ 和 z 坐标轴三者共面.（提示：关键是证明$(\boldsymbol{J}\times\boldsymbol{\omega})\cdot\boldsymbol{e}_z=0$.）

4.14 已知均匀椭球的三个半轴长度分别为 a、b 和 c，质量 m，绕 c 轴以角速度 $\dot{\varphi}$ 转动，而 c 轴又以角速度 $\dot{\theta}$ 绕 b 轴转动，求椭球的动能和角动量.

答：$T=\frac{m}{10}[(b^2+c^2)\dot{\theta}^2\sin^2\varphi+(c^2+a^2)\dot{\theta}^2\cos^2\varphi+(a^2+b^2)\dot{\varphi}^2]$，

$$\boldsymbol{J}=\frac{m}{5}[(b^2+c^2)\dot{\theta}\sin\varphi\,\boldsymbol{e}_x+(c^2+a^2)\dot{\theta}\cos\varphi\,\boldsymbol{e}_y+(a^2+b^2)\dot{\varphi}\,\boldsymbol{e}_z].$$

4.15　已知均匀圆锥体的半径为 r，高为 h，求在什么条件下它对质心的惯量椭球退化为圆球.

答：$h=2r$.

欧拉动力学方程和应用

4.16　刚体的惯量张量为 $\hat{\boldsymbol{I}}=\begin{pmatrix}150 & 0 & -100\\ 0 & 250 & 0\\ -100 & 0 & 300\end{pmatrix}\text{kg}\cdot\text{m}^2$，质心为原点，求主转动惯量.

如果它以角速度 $10\boldsymbol{e}_x+0\boldsymbol{e}_y+0\boldsymbol{e}_z$ 转动，求外力矩.

答：$I_1=100\text{kg}\cdot\text{m}^2$，$I_2=250\text{kg}\cdot\text{m}^2$，$I_3=350\text{kg}\cdot\text{m}^2$，$N_y=10000\text{N}\cdot\text{m}$，$N_x=N_z=0$.

4.17　一回转仪绕中心做规则进动，$I_1=I_2=2I_3$. 已知其自转角速度为 ω_1，自转轴与进动轴夹角 60°，求进动角速度 ω_2 的大小.

答：$\omega_2=2\omega_1$.

4.18　一个半径为 r 的均质圆盘绕其质心旋转，开始时角速度为 ω_0，轴与盘面法线成 α 角. 求进动角速度及进动轴与盘面法线的夹角.

答：$\omega=\omega_0\sqrt{1+3\cos^2\alpha}$，$\tan\theta=\frac{1}{2}\tan\alpha$.

4.19　一回转仪绕其质心做自由转动，$I_1=I_2=nI_3$. 初始时对称轴与进动轴间的夹角为 θ_0. 证明：

(1) 刚体做规则进动；

(2) 自转角速度与进动角速度以 $\dot{\psi}=(n-1)\dot{\varphi}\cos\theta_0$ 相联系.

4.20　物体绕质心自由转动，$I_1>I_2>I_3$. 初始 $\omega_z>0$，$\omega_x<0$，角动量与动能有关系 $J^2=2I_2T$. 证明：

$$\omega_x=-\frac{J}{I_2}\left[\frac{I_2(I_2-I_3)}{I_1(I_1-I_3)}\right]^{1/2}\operatorname{sech}\tau,\ \omega_y=\frac{J}{I_2}\tanh\tau,\ \omega_z=\frac{J}{I_2}\left[\frac{I_2(I_1-I_2)}{I_3(I_1-I_3)}\right]^{1/2}\operatorname{sech}\tau,$$

其中 $\tau=\frac{J}{I_2}\left[\frac{(I_1-I_2)(I_2-I_3)}{I_1I_3}\right]^{1/2}t$. 并讨论 $t\to\infty$ 时的运动状态.

答：$t\to\infty$ 时 $\omega_x=\omega_z=0$，$\omega_y=J/I_2$.

4.21　一个有固定点的重对称陀螺，以恒定角速度 Ω 绕竖直轴进动，章动角 θ_0 不变，陀螺质量为 m，质心离固定点的距离为 h. 求自转角速度.

答：$\frac{(I_1-I_3)\Omega^2\cos\theta_0+mgh}{I_3\Omega}$.

4.22　如果拉格朗日陀螺初始 $\theta=60°$，$\dot{\theta}=0$，$\dot{\varphi}=2\sqrt{\frac{mgl}{3I_1}}$，$\omega_z=\frac{I_1}{I_3}\sqrt{\frac{3mgl}{I_1}}$，求证在以后的运动中，满足条件 $\sec\theta=1+\operatorname{sech}\sqrt{\frac{mgl}{I_1}}t$.

4.23　质量为 m 的拉格朗日陀螺，质心到固定点的距离为 l，

(1) 写出关于欧拉角的哈密顿函数；

(2) 列出哈密顿正则方程.

答：(1) $H=\frac{1}{2I_1}\left[\frac{(p_\varphi-p_\psi\cos\theta)^2}{\sin^2\theta}+p_\theta^2\right]+\frac{p_\psi^2}{2I_3}+mgl\cos\theta$；

(2) $\dot{\varphi}=\frac{p_\varphi-p_\psi\cos\theta}{I_1\sin^2\theta}, \dot{p}_\varphi=0, \dot{\theta}=\frac{p_\theta}{I_1}$,

$\dot{p}_\theta=-\frac{(p_\varphi-p_\psi\cos\theta)(p_\psi-p_\varphi\cos\theta)}{I_1\sin^3\theta}+mgl\sin\theta$,

$\dot{\psi}=-\frac{p_\varphi-p_\psi\cos\theta}{I_1\sin\theta\tan\theta}+\frac{p_\psi}{I_3}, \dot{p}_\psi=0$.

4.24 质量为 m 的拉格朗日陀螺，质心到固定点的距离为 l，求陀螺轴绕竖直方向稳定转动的条件.

答：$\omega_z^2>4I_1mgl/I_3^2$.

4.25 证明当拉格朗日陀螺做规则进动时，在 $\theta=\theta_0$ 处 $\partial^2V_{\text{eff}}/\partial\theta^2>0$.

参考书目

陈滨. 2012. 分析动力学. 2 版. 北京：北京大学出版社

郝柏林. 1993. 从抛物线谈起——混沌动力学引论. 上海：上海科技教育出版社

金尚年，马永利. 2002. 理论力学. 2 版. 北京：高等教育出版社

李书民. 2007. 经典力学概论. 合肥：中国科学技术大学出版社

梁昆淼. 2009. 力学(下册). 4 版. 鞠国兴，施毅，修订. 北京：高等教育出版社

陆同兴. 2002. 非线性物理概论. 合肥：中国科学技术大学出版社

强元棨. 2003. 经典力学(下册). 北京：科学出版社

沈惠川，李书民. 2006. 经典力学. 合肥：中国科学技术大学出版社

张建树，孙秀泉，张正军. 2005. 理论力学. 北京：科学出版社

周乐柱. 2005. 理论力学简明教程. 北京：北京大学出版社

卓崇培，等. 1996. 非线性物理学. 天津：天津科学技术出版社

Goldstein H，Poole C，Safko J. 2002. Classical Mechanics. 3rd ed. Mass：Addison Wesley

Greewood D T. 1982. 经典动力学. 孙国锟，译. 北京：科学出版社

Kaplan D，Glass L. 1995. Understanding Nolinear Dynamics . 北京：世界图书出版公司

Landau L D，Lifshitz E M. 2007. 理论力学教程(第一卷)力学. 5 版. 李俊峰，译. 北京：高等教育出版社

Marion J B. 1985. 质点与系统的经典动力学. 李笙，译. 北京：高等教育出版社

中英文人名对照

阿达马	Hadamard J，1865～1963，法国数学家
伯努利	Bernoulli J，1654～1705，瑞士数学家
泊松	Poisson S D，1781～1840，法国数学家
达朗贝尔	D'Alembert J，1717～1783，法国物理学家、数学家和天文学家
德弗雷斯	de Vries G，1858～1939，荷兰物理学家
狄利克雷	Dirichlet P G L，1805～1859，德国数学家
笛卡儿	Descartes R，1596～1650，法国物理学家、数学家、生理学家
费根鲍姆	Feigenbaum M J，1944～2019 ，美国物理学家
费马	Fermat P de，1601～1665，法国数学家、物理学家
哈密顿	Hamilton W R，1805～1865，爱尔兰数学家、物理学家
户田	Toda M，1917～2010，日本物理学家
科特韦格	Korteweg D J，1848～1941，荷兰物理学家
克鲁斯卡尔	Kruskal M D，1925～2006，美国数学家
拉格朗日	Lagrange J L，1736～1813，意大利/法国数学家、物理学家
拉普拉斯	Laplace P S，1749～1827，法国数学家、天文学家
莱布尼茨	Leibniz G W，1646～1716，德国数学家、物理学家
劳斯	Routh E J，1831～1907，英国数学家，物理学家
勒让德	Legendre A M，1752～1833，法国数学家
李天岩	Li TY，1945～2020，旅美华人数学家
李雅普诺夫	Lyapunov A M，1857～1918，俄国数学家
刘维尔	Liouville J，1809～1882，法国数学家
罗素	Russell J S，1808～1882,英国海军工程师
洛伦茨	Lorenz E N，1917～2008，美国数学家、气象学家
洛伦兹	Lorentz H A，1853～1928，荷兰物理学家
麦克斯韦	Maxwell J C，1831～1879，英国物理学家
芒德布罗	Mandelbrot B B，1924～2010 ，美国数学家
莫培督	Maupertuis P L M de，1698～1759，法国数学家
牛顿	Newton I，1643～1727，英国物理学家、数学家
欧拉	Euler L，1707～1783，瑞士数学家
庞加莱	Poincaré H，1854～1912，法国数学家
沙勒	Chasles M，1793～1880，法国数学家
斯图尔特	Stewart I，1945～ ，英国数学家
薛定谔	Schrödinger E，1887～1961，奥地利物理学家

雅可比	Jacobi C G L，1804～1851，德国数学家
约克	Yorke J，1941～ ，美国数学家
扎布斯基	Zabusky N J，1929～ ，美国数学家

附录　数学知识

1. 小振动 T 和 V 系数矩阵同时对角化的证明

证明　因为 $\boldsymbol{M}$ 是正定的实对称阵，所以可以用一个正交矩阵 $\boldsymbol{S}$ 将其对角化为对角元大于零的对角矩阵 $\boldsymbol{D}_{\sigma^2}$，即

$$\boldsymbol{M}=\boldsymbol{S}\boldsymbol{D}_{\sigma^2}\boldsymbol{S}^{\mathrm{T}}=\boldsymbol{S}\boldsymbol{D}_{\sigma}(\boldsymbol{S}\boldsymbol{D}_{\sigma})^{\mathrm{T}} \tag{A.1.1}$$

其中 $\boldsymbol{D}_{\sigma^2}=\boldsymbol{D}_{\sigma}^2$. 记 $\boldsymbol{P}=(\boldsymbol{S}\boldsymbol{D}_{\sigma})^{-\mathrm{T}}$，则

$$\boldsymbol{P}^{\mathrm{T}}\boldsymbol{M}\boldsymbol{P}=\boldsymbol{I} \tag{A.1.2}$$

也即 $\boldsymbol{M}$ 矩阵可以经过一个相合变换变成单位矩阵. 再令一个过渡矩阵

$$\boldsymbol{K}_1=\boldsymbol{P}^{\mathrm{T}}\boldsymbol{K}\boldsymbol{P} \tag{A.1.3}$$

由于相合变换不改变矩阵的对称性和正定性，$\boldsymbol{K}_1$ 也能用一个正交矩阵 $\boldsymbol{Q}$ 对角化，且对角矩阵的对角元都大于零，即

$$\boldsymbol{Q}^{\mathrm{T}}\boldsymbol{K}_1\boldsymbol{Q}=\boldsymbol{D}_{\lambda^2} \tag{A.1.4}$$

将式(A.1.3)代入上式得

$$(\boldsymbol{P}\boldsymbol{Q})^{\mathrm{T}}\boldsymbol{K}(\boldsymbol{P}\boldsymbol{Q})=\boldsymbol{D}_{\lambda^2} \tag{A.1.5}$$

而

$$(\boldsymbol{P}\boldsymbol{Q})^{\mathrm{T}}\boldsymbol{M}(\boldsymbol{P}\boldsymbol{Q})=\boldsymbol{Q}^{\mathrm{T}}\boldsymbol{I}\boldsymbol{Q}=\boldsymbol{I} \tag{A.1.6}$$

可见，正定矩阵 $\boldsymbol{M}$ 和 $\boldsymbol{K}$ 能被相合变换 $\boldsymbol{Q}\boldsymbol{P}$ 同时对角化，前者变换为单位矩阵，后者变换为对角元都大于零的对角矩阵. 证毕.

由证明过程可知，简正坐标和原广义坐标之间以下面的线性变换相联系：

$$\xi=(\boldsymbol{P}\boldsymbol{Q})^{-1}\boldsymbol{a} \tag{A.1.7}$$

2. 泊松恒等式的证明

证明　不失一般性，选式(3.2.13)左边的第一项进行展开，则有

$$\begin{aligned}
[u,[v,w]]&=\left[u,\sum_{\beta}\left(\frac{\partial v}{\partial q_\beta}\frac{\partial w}{\partial p_\beta}-\frac{\partial v}{\partial p_\beta}\frac{\partial w}{\partial q_\beta}\right)\right]\\
&=\sum_{\alpha,\beta}\left[\frac{\partial u}{\partial q_\alpha}\left(\frac{\partial^2 v}{\partial p_\alpha\partial q_\beta}\frac{\partial w}{\partial p_\beta}+\frac{\partial v}{\partial q_\beta}\frac{\partial^2 w}{\partial p_\alpha\partial p_\beta}-\frac{\partial^2 v}{\partial p_\alpha\partial p_\beta}\frac{\partial w}{\partial q_\beta}-\frac{\partial v}{\partial p_\beta}\frac{\partial^2 w}{\partial p_\alpha\partial q_\beta}\right)\right.
\end{aligned}$$

$$
\begin{aligned}
&-\frac{\partial u}{\partial p_\alpha}\left(\frac{\partial^2 v}{\partial q_\alpha \partial q_\beta}\frac{\partial w}{\partial p_\beta}+\frac{\partial v}{\partial q_\beta}\frac{\partial^2 w}{\partial q_\alpha \partial p_\beta}-\frac{\partial^2 v}{\partial q_\alpha \partial p_\beta}\frac{\partial w}{\partial q_\beta}-\frac{\partial v}{\partial p_\beta}\frac{\partial^2 w}{\partial q_\alpha \partial q_\beta}\right)\Bigg]\\
=&\sum_{\alpha,\beta}\Bigg[\frac{\partial^2 v}{\partial q_\alpha \partial p_\beta}\left(\frac{\partial u}{\partial p_\alpha}\frac{\partial w}{\partial q_\beta}+\frac{\partial u}{\partial q_\beta}\frac{\partial w}{\partial p_\alpha}\right)+\frac{\partial^2 w}{\partial q_\alpha \partial q_\beta}\frac{\partial u}{\partial p_\alpha}\frac{\partial v}{\partial p_\beta}+\frac{\partial^2 w}{\partial p_\alpha \partial p_\beta}\frac{\partial u}{\partial q_\alpha}\frac{\partial v}{\partial q_\beta}\\
&-\frac{\partial^2 w}{\partial q_\alpha \partial p_\beta}\left(\frac{\partial u}{\partial p_\alpha}\frac{\partial v}{\partial q_\beta}+\frac{\partial u}{\partial q_\beta}\frac{\partial v}{\partial p_\alpha}\right)-\frac{\partial^2 v}{\partial q_\alpha \partial q_\beta}\frac{\partial u}{\partial p_\alpha}\frac{\partial w}{\partial p_\beta}-\frac{\partial^2 v}{\partial p_\alpha \partial p_\beta}\frac{\partial u}{\partial q_\alpha}\frac{\partial w}{\partial q_\beta}\Bigg]
\end{aligned}
\tag{A.2.1}
$$

跟踪表达式中某一个二阶偏导数的系数，比如查看 $\frac{\partial^2 v}{\partial q_\alpha \partial p_\beta}$ 的系数，为

$$
\frac{\partial u}{\partial p_\alpha}\frac{\partial w}{\partial q_\beta}+\frac{\partial u}{\partial q_\beta}\frac{\partial w}{\partial p_\alpha} \tag{A.2.2}
$$

在$[w,\ [u,\ v]]$中 $\frac{\partial^2 v}{\partial q_\alpha \partial p_\beta}$ 的系数可以这样求得：由对称性，它等于$[u,\ [v,\ w]]$中 $\frac{\partial^2 w}{\partial q_\alpha \partial p_\beta}$ 的系数在坐标下变换 $u\to w$，$v\to u$，$w\to v$ 后的表达式，即

$$
-\frac{\partial u}{\partial p_\alpha}\frac{\partial v}{\partial q_\beta}-\frac{\partial u}{\partial q_\beta}\frac{\partial v}{\partial p_\alpha}\to-\frac{\partial w}{\partial p_\alpha}\frac{\partial u}{\partial q_\beta}-\frac{\partial w}{\partial q_\beta}\frac{\partial u}{\partial p_\alpha} \tag{A.2.3}
$$

恰与$[u,\ [v,\ w]]$中的系数相反．而在$[v,\ [w,\ u]]$中，该二阶偏导数的系数对应$[u,\ [v,\ w]]$中 $\frac{\partial^2 u}{\partial q_\alpha \partial p_\beta}$ 的系数，等于零．于是三个两重泊松括号中 $\frac{\partial^2 v}{\partial q_\alpha \partial p_\beta}$ 的系数之和为零．

类似，我们可以证明所有其他二阶偏导数的系数之和均为零．由于泊松恒等式左边的展开式中每一项都含有二阶偏导数，既然它们的系数都为零，这三个两重泊松括号的总和

$$
[u,[v,w]]+[v,[w,u]]+[w,[u,v]]=0 \tag{A.2.4}
$$

也就为零．问题得证．